装饰工程计量计价与实务
(第2版)

宋巧玲　主　编

清华大学出版社
北　京

内 容 简 介

本书依托校企合作企业的真实业务，采用国家最新工程量计算规范，全面叙述了消耗量定额与工程量清单计价的相关说明及计算规则，重点阐述了应用案例的解答与3个典型工作任务，即装饰工程定额计价范例、装饰工程工程量清单、装饰工程工程量清单计价范例。本书内容共分5个部分，包括装饰工程消耗量定额计量与计价、装饰工程工程量清单计量与计价、基于工作过程的典型任务、工作过程指导、办公楼装饰施工图及住宅楼精装修施工图。每章的课前任务单、课后任务单均以两套真实业务的施工图为载体，注重新工艺、新技术的应用，在本书第1版畅销6年的基础上，应用互联网+进行改编，书中载有42个微课二维码，力求手算与电算相结合，内容与时俱进，讲解通俗易懂。

本书既可作为高职高专、职业本科、应用型本科建筑类工程造价专业、工程管理专业、土木工程专业、装饰设计专业、室内装饰专业的选用教材，也可作为学生的实训指导书，还可作为建筑企业管理培训教材，以及企事业单位中、高层管理人员与技术人员的参考用书。

图书在版编目(CIP)数据

装饰工程计量计价与实务/宋巧玲主编. —2版. —北京：清华大学出版社，2021.1
ISBN 978-7-302-57192-6

Ⅰ. ①装…　Ⅱ. ①宋…　Ⅲ. ①建筑装饰—工程造价　Ⅳ. ①TU723.3

中国版本图书馆CIP数据核字(2020)第260226号

责任编辑： 石　伟
封面设计： 刘孝琼
责任校对： 李玉茹
责任印制： 杨　艳

出版发行： 清华大学出版社
　　网　　址： http://www.tup.com.cn, http://www.wqbook.com
　　地　　址： 北京清华大学学研大厦A座　　**邮　　编：** 100084
　　社 总 机： 010-62770175　　**邮　　购：** 010-62786544
　　投稿与读者服务： 010-62776969, c-service@tup.tsinghua.edu.cn
　　质量反馈： 010-62772015, zhiliang@tup.tsinghua.edu.cn
　　课件下载： http://www.tup.com.cn, 010-62791865
印 装 者： 小森印刷霸州有限公司
经　　销： 全国新华书店
开　　本： 185mm×260mm　**印　张：** 15　**插页：** 9　**字　数：** 375千字
版　　次： 2012年3月第1版　2021年3月第2版　**印　次：** 2021年3月第1次印刷
定　　价： 49.00元

产品编号：086677-01

前　言

近年来，伴随我国经济的快速增长，城镇化进程加快，我国房地产、建筑业持续增长，建筑装饰行业显现出了巨大的发展潜力。装饰工程计量计价能力是工程造价及相关专业高职、职业本科、应用本科毕业生应具备的一项重要的职业能力。目前，我国营改增已全面覆盖，国家最新的工程量清单计算规范也即将发布。为了使学生能够熟练运用最新的工程量清单计算规范，实现零距离接触工作岗位，我们依托校企合作企业的真实业务，以办公楼和住宅楼两个真实的装饰施工项目为载体，编写了本教材。

本书以《山东省建筑工程消耗量定额》(2016 版)、《山东省建筑工程费用及计算规则》以及《房屋建筑与装饰工程工程量清单计算规范》(2018 版)为依据，以工作过程为导向，以三大典型工作任务为范例，详细讲解了装饰计价的重点、难点，以及除税基价、甲供退料等，大大提高了学生的装饰工程计价能力。本书力求做到内容精练、体系完整、逻辑性强、紧密结合实际。在第 1 版畅销 6 年的基础上，应用“互联网+”进行修订，书中载有 42 个微课二维码，力求手算与电算相结合。另外，结合新形态活页式教材的特点，每章编写了课前任务单、课后任务单及考核与评价，并在之后的印刷版次中还会不断增加微课二维码。

本书由烟台职业学院工程造价教研室主任、副教授宋巧玲主编，烟台职业学院许春生副教授、徐春媛讲师、董菲讲师提供了教材编写建议，编写过程中得到了烟台职业学院教务处原宪瑞处长、建筑工程系鞠洪海主任、李菊芳硕士、张英兰硕士的大力支持，在此一并表示感谢！

限于编者水平有限，书中不足和疏漏在所难免，恳请读者批评、指正。

编　者

目　　录

第 1 篇　装饰工程消耗量定额计量与计价

第 2 篇　装饰工程工程量清单计量与计价

第3篇 基于工作过程的典型任务

第4篇 工作过程指导

第 1 篇　装饰工程消耗量定额计量与计价

本篇根据山东省住房和城乡建设厅发布的《山东省建筑工程消耗量定额》(SD 01-31-2016，以下简称《消耗量定额》)第 11～15 章、第 17 章、第 20 章以及《山东省建设工程费用项目组成及计算规则》(2016 年 11 月，以下简称《费用组成》)编写。案例中用到砂浆的项目，基价与山东省住建厅发布的 2018 价目表不同，因为 2018 价目表采用现场搅拌砂浆，案例中均采用预拌干粉砂浆。

【学习要点及总目标】

- 了解《消耗量定额》的总说明及各章说明。
- 熟悉《消耗量定额》的项目设置及计算规则。
- 掌握工程类别判定标准。
- 熟悉《费用组成》。
- 掌握定额计价程序。
- 会编制装饰工程定额计价文件。

定额项目.mp4

【核心概念】

分部分项工程　措施项目　规费　增值税　基价　地区价

【总工作任务单】

编制某办公楼一层装饰工程定额预算。施工图见附图 1。

第 0 章　定额计价思路

【导学】定额计价模式历时半个多世纪，至今已基本为清单计价模式所替代，但定额的作用不可否认，定额计价已成为清单计价的主要途径。施工图预算书编制什么内容呢？工程量计算规则与清单计算规则一致吗？学习本课程需要以装饰构造与识图为基础知识，在熟练识读装饰施工图的基础上运用本课程内容进行装饰工程计量与计价。

【学习目标】通过对本章内容的学习，了解定额总说明，熟悉施工图预算书的编制内容、工程量计算要求、定额计价程序和建设工程费用组成及计算规则。

0.1　施工图预算书的编制内容和步骤

建设工程的计价方式多种多样，考虑的角度也不同，但都是以单位工程施工图预算为基础，以施工图纸为对象，对工程预先合理定价。因此，施工图预算是对建筑安装工程费用的预测行为，是清单计价的基础和依据。

0.1.1　单位工程施工图预算书的编制内容

建筑安装单位工程施工图预算书的编制内容，按装订顺序主要包括预(结)算书封面、编制说明、取费程序表、单位工程预(结)算表、工程量计算表、工料分析及汇总表等。

1. 预(结)算书封面

预算书的封面有统一的格式，分为建筑、安装、装饰等不同种类。每一单位工程预算用一张封面，填写相应内容，如结构类型应填砖混结构、框架结构等。在编制人位置加盖造价师或造价员印章，在公章位置加盖单位公章，预算书即时产生法律效力。预算书封面内容如图 0-1 所示。

施工图预（结）算书		
结构类型：		建筑面积：
建设单位：		工程造价：
施工单位：		平方米造价：
建设单位（印）		
	负责人：	
	审核人：	审核人资格证号：
编制单位（印）		
	负责人：	
	编制人：	编制人资格证号：
审核单位（印）		
	审核人：	审核人资格证号：

图 0-1　建筑工程预(结)算书封面

2. 编制说明

每个单位工程预算之前，都列有编制说明。编制说明的内容没有统一要求，一般包括以下几点。

(1) 编制依据。编制依据部分包括以下内容。

定额与清单的区别.mp4

① 所编预算的工程名称及概况。

② 采用的图纸名称和编号。

③ 采用的定额和地区价格。

④ 采用的费用定额。

⑤ 按几类工程计取费用。

⑥ 采用了项目管理实施规划或施工组织设计方案中的哪些措施。

(2) 编制预(结)算时是否考虑了设计变更或图纸会审记录的内容。

(3) 特殊项目或暂估项目有哪些并说明其原因。

(4) 遗留项目或暂估项目有哪些并说明其原因。

(5) 存在的问题及以后处理的办法。

(6) 其他应说明的问题。

3. 取费程序表

按《消耗量定额》计算工程造价时，需按取费程序计算各项费用。取费程序及计算方法详见 0.4 节“建设工程费用项目组成及计算规则”的内容。应该注意，取费时，费用项目不能随意增减和颠倒。

4. 单位工程预(结)算表

单位工程预(结)算表也有标准格式，必须按要求认真填写。定额编号应按分部分项工程从小到大填写，以便于预算的审核；单位应和定额单位统一，工程量保留的位数一般为 2～3 位。单位工程预(结)算表的填写如表 0-1 所示。[说明：本书表中价格与费用的单位未标明时默认为“元(人民币)”]

表 0-1 单位工程预(结)算表

工程名称：某装饰工程

序号	编号	项目名称	单位	工程量	基价	合价	人工费	地区单价	地区合价
1	11-1-4s	C20 细石混凝土找平层 40mm [商品混凝土]	$10m^2$	32.096	301.82	9687.21	2842.42	306.11	9824.91
2	11-3-8s	石材块料楼地面 拼图案(成品)干硬性水泥砂浆[干拌]	$10m^2$	1.017	3768.39	3832.45	398.10	3417.35	3475.44

续表

序号	编号	项目名称	单位	工程量	基价	合价	人工费	地区单价	地区合价
3	11-3-9	石材块料楼地面 图案周边异形块料铺贴另加工料	10m^2	1.287	511.54	658.35	508.15	523.84	674.18
4	11-3-1hs	石材块料楼地面 水泥砂浆不分色[干拌]	10m^2	29.792	2127.51	63382.78	7408.38	2138.18	63700.66
5	11-1-3hs	水泥砂浆找平层 每增减 5mm (2.00 倍)[干拌]	10m^2	29.792	59.93	1785.43	442.71	55.22	1645.11
6	11-3-7h	石材块料楼地面点缀/点缀块料为加工成品(人工×0.40)	10 个	10.00	181.26	1812.60	275.50	181.93	1819.30
7	11-5-10	石材表面刷保护液	10m^2	64.192	52.46	3367.51	3316.16	53.72	3448.39
8	补充定额	石材结晶处理	m^2	320.96				44.25	14202.48
合计						84526.34	15191.4		98790.49

5. 工程量计算表

在全面了解建筑做法说明的基础上，根据地面布置图计算地面工程量，根据索引图及立面图计算墙面工程量，根据顶面(天花)布置图及节点详图计算顶棚工程量。工程量计算一般采用 CAD 快速看图等相关软件进行测量，或通过相关计量软件绘图输入后导出工程量表，较少采用列式计算。当采用 CAD 快速看图量取面积或长度时，注意比例的换算，正确读取量取数据。

6. 工料分析及汇总表

工料分析表为每一项的人材机数量，如表 0-2 所示。将每一项的人材机数量合计汇总到单位工程工料分析汇总表中，如表 0-3 所示。表 0-1 至表 0-3 都可以通过计价软件分析完成。

表 0-2　工料分析表

工程名称：某装饰工程

编码	名称规格	单位	数量	省单价(除税)	省金额	单价(含税)	单价(除税)	金额	税率
11-1-4s	C20 细石混凝土找平层 40mm[商品混凝土]	10m^2	32.096						
00010020	综合工日(装饰)	工日	23.109	120.00	2773.08	123.00	123.00	2842.41	—
80050057	素水泥浆	m^3	0.324	692.95	224.52	994.35	880.22	285.19	—
80210077	C20 细石混凝土(预拌)	m^3	12.967	514.56	6672.30	530.00	514.56	6672.30	3
34110003	水	m^3	1.926	5.87	11.31	10.10	9.81	18.89	3
990618510	混凝土振捣器 平板式	台班	0.77	7.74	5.96	8.14	7.74	5.96	—

表 0-3　单位工程工料分析汇总表

工程名称：某装饰工程

序号	材料名称规格	单位	数量	省价(含税)	省价(除税)	小计	市地价(含税)	市地价(除税)	小计	税率
1	综合工日(装饰)	工日	123.507	120.00	120.00	14820.8	123.00	123.00	15191.3	—
2	石材块料	m^2	302.389	179.17	173.95	52600.5	179.17	173.95	52600.5	3
3	石材块料(点缀)	个	101.5	15.67	15.21	1543.82	15.67	15.21	1543.82	3
4	花岗岩板(图案)	m^2	10.323	360.00	318.58	3288.70	320.00	283.19	2923.37	13
5	石材保护液	kg	16.048	9.32	8.25	132.40	9.32	8.25	132.40	13
6	水	m^3	9.936	6.05	5.87	58.33	10.10	9.81	97.48	3
7	干硬性水泥砂浆 1∶3 地面(干拌)	m^3	0.313	445.29	432.32	135.32	393.65	382.18	119.62	3
8	……									
9	干混砂浆罐式搅拌机	台班	0.389	228.71	225.86	87.80	228.71	225.86	87.80	—
10	石料切割机	台班	8.45	49.74	48.43	409.26	49.74	48.43	409.26	—

将以上内容按顺序装订成册，单位工程预算书便编制完成。

0.1.2　单位工程施工图预算书的编制步骤

1. 收集编制预算的基础文件和资料

在编制施工图预算书之前，首先应把所需的依据资料搜集齐全。编制预算的基础文件和资料主要包括施工图设计文件、施工组织设计文件、设计概算文件、《消耗量定额》《费用组成》、工程承包合同文件、材料市场价格、人工和机械台班单价以及个人积累的工作手册等文件和资料。

2. 熟悉施工图设计文件

施工图纸是编制单位工程预算的基础。在编制工程预算之前，必须结合“图纸会审纪要”，对工程结构、建筑做法、材料品种及其规格质量、设计尺寸等进行充分熟悉和详细审查。如发现问题，造价员有责任及时向设计部门和设计人员提出修改意见，其处理结果应取得设计人员同意，以便作为修改图纸、设计说明书和编制预算的依据。遇有设计图纸和说明书的规定与定额内容不符(如材料品种、规格或定额缺项等)情况时，要详细记录下来，以便编制工程预算时进行调整或补充。

对施工图纸和设计说明书的阅读和审核不仅可以发现和改正图纸中的问题，而且可以在造价员头脑中形成一个完整、系统和清晰的工程实物形象，以免在选用定额子目和工程量计算时发生错误。同时，对于加快预算速度也十分有利。

熟悉图纸的步骤如下。

(1) 首先熟悉图纸目录及总说明，了解工程性质、建筑面积、建设单位、设计单位、图纸张数等，做到对工程情况有一个初步了解。

(2) 按图纸目录检查各类图纸是否齐全；建筑、装饰、设备安装图纸是否配套；施工图纸与设计说明是否一致；各单位工程施工图纸之间有无矛盾。

(3) 熟悉建筑总平面，了解建筑物的地理位置、高程、朝向及有关情况；掌握工程结构形式、特点和全貌。

(4) 熟悉建筑平面图，了解房屋的长度、宽度、轴线尺寸、开间大小、平面布局，并核对分尺寸之和是否等于总尺寸。然后再看立面图和剖面图，了解建筑做法、标高等。同时要核对平面图、立面图、剖面图之间有无矛盾。

(5) 根据索引查看详图，如做法不明，应及时提出问题、解决问题，以便于施工。

(6) 熟悉建筑构件、配件、标准图集及设计变更。根据施工图中注明的图集名称、编号及编制单位，查找选用图集。阅读图集时要注意了解图集的总说明，了解编制该图集的设计依据，使用范围，选用标准构件、配件的条件，施工要求及注意事项。同时还要了解图集编号及表示方法。

3. 熟悉施工组织设计和施工现场情况

施工组织设计是由施工单位根据工程特点、建筑工地的现场情况等各种有关条件编制的，它与预算的编制有密切关系。造价员必须熟悉施工组织设计，对分部分项工程施工方

法、预制构件及加工方法、运输方式和运距、大型预制构件的安装方案和起重机械选择、脚手架形式和安装方法、生产设备订货和运输方式等与编制预算有关的问题均应了解清楚。

为编制出符合施工实际情况的单位工程预算，除了要全面掌握施工图设计文件和施工组织设计文件外，还必须掌握施工现场的实际情况。例如，施工现场障碍物拆除状况；施工顺序和施工项目划分状况；主要装饰材料、构配件和制品的供应状况以及其他施工条件、施工方法和技术组织措施的实施状况。这些现场施工状况，对单位工程预算的准确性影响很大，必须随时观察和掌握，并做好记录以备应用。

4. 划分工程项目与计算工程量

1) 合理划分工程项目

工程项目的划分主要取决于施工图纸的要求、施工组织设计所采用的方法和定额规定的工程内容。因此，要在熟悉定额和有关施工组织设计资料的基础上，根据设计要求，确定应该计算的分项工程。一般情况下，项目内容、排列顺序和计量单位均应与定额一致。这样不仅能够避免重复和漏项，也有利于选套定额和确定分项工程的单价。

2) 正确计算工程量

工程量是编制单位工程预算的原始数据，工程量的计算是一项工作量大而又细致的工作，整个编制过程约占预算编制工作量的 70%以上。工程量计算的准确程度和快慢与否，将直接影响预算编制的质量和速度。因此，在编制预算时，不仅要求认真、细致和准确，而且要按照一定的计算顺序进行，计算式力求简单、明了并按一定次序排列，从而防止重算和漏算等现象出现，做到既快又准。工程量计算要根据定额子目，按照相应工程量计算规则的要求，逐个计算出各个分项工程的工程量；复核后，可按定额规定的分部分项工程顺序进行列表汇总。

5. 工料分析及汇总

工料分析是单位工程预算书的重要组成部分，也是施工企业内部经济核算和加强经营管理的重要措施；工料分析是建筑安装企业施工管理工作中必不可少的一项技术经济指标。其具体作用如下。

(1) 它为单位工程及其分部分项工程提供了人工、材料、构(配)件、机械的预算数量。

(2) 它是生产计划部门编制施工计划、安排生产、统计完成工作量的依据。

(3) 它是劳动工资部门组织、调配劳动力，编制工资计划的依据。

(4) 它是材料部门编制材料供应计划、储备材料、加工订货和组织材料进场的依据。

(5) 它是财务部门进行各项经济活动分析的依据。

(6) 它是施工企业进行“两算”(施工图预算与施工预算)对比的依据。

分部工程的工料分析，首先根据单位工程中的分项工程，逐项从定额中查出定额用工量和定额材料用量等数据，并将其分别乘以相应分项工程量，得出该分项工程各工种和各材料消耗量。计算公式为

$$人工消耗量=\sum 工程量\times 某分项工程定额用工量$$

$$材料消耗量=\sum 工程量\times 某分项工程定额材料用量$$

对于由工厂制作和现场安装的各种构件和制品，如柜类、门等项目，它们的工料分析

应按照制作和安装分别列表计算。

工料分析使用规范的计价软件又快又准。

6. 计算各项费用

1) 计算人工费、材料费和机械费

人工费、材料费和机械费的计算方法有两种：第一种用实物法计算，即将分析的人工、材料、机械的数量，分别与人工、材料和机械的单价相乘，得到单位工程人工费、材料费和机械费；第二种用单价法计算，即用各分项工程量分别乘以价目表中的人工费、材料费和机械费单价，再分别合计，得到单位工程人工费、材料费和机械费。

采用实物法计算时，人工、材料和机械单价应根据市场行情合理定价或参考造价管理部门提供的即时价格计算。

套价目表时，通常应按以下 3 种情况分别处理。

(1) 当计算项目工程内容与定额规定工程内容一致时，可以直接选套价目表。将工程量由“工程量计算表”中分类汇总，分项工程量的名称、计量单位、定额编号均应与价目表要求相符。特别应注意，价目表的计量单位为 10m、$10m^2$ 或 $10m^3$。

(2) 当计算项目工程内容与定额规定的工程内容不一致，而定额规定允许换算时，应进行工程单价换算，并在定额编号的后面注明“换”或“h”字样。

(3) 当计算项目工程内容与定额规定的工程内容不一致，而定额规定不允许换算时，应按照编制补充定额的要求，重新编制补充定额，并报请当地工程造价管理部门批准，作为一次性定额纳入预算文件。编制补充定额时，应在定额编号位置注明“补”字样。

2) 计算单位工程总造价及技术经济指标

工程预算造价的计算程序和公式，详见 0.4.3 小节。

技术经济指标通常根据工程类别，分别以不同的计量单位，确定相应的技术经济指标。如每平方米建筑面积造价指标、每平方米建筑面积劳动量消耗指标以及每平方米建筑面积主要材料消耗指标等。

7. 编制说明、填写封面

施工图预算书一般应编写编制说明，主要叙述编制依据、编制范围、人工/材料单价的选取、工程类别、图纸疑义的处理、特殊项存在的问题等内容。

预算书的封面不仅能起到装饰的作用，更重要的是可以成为一份内容提要，如建筑面积、总造价、工程名称、施工单位等一目了然。在编制人位置加盖造价师或造价员印章，在公章位置加盖单位公章，预算书即成为一份具有法律效力的经济文件。

8. 复核、装订和审核

复核是指一个单位工程预算编制出来后，由本企业进行造价员—项目经理—技术负责人三级复核，以便发现可能出现的差错，及时改正，提高工程预算的准确性。审核无误后，一式多份，装订成册，报送建设单位、财政或审计部门，审核批准。

0.2 工程量的计算

0.2.1 工程量的作用和计算依据

1. 工程量的作用

工程量是以规定的计量单位表示的工程数量。它是编制建设工程招投标文件和编制建筑装饰工程预算、施工组织设计、施工作业计划、材料供应计划、建筑统计和经济核算的依据，也是编制基本建设计划和基本建设财务管理的重要依据。

2. 工程量的计算依据

工程量是根据施工图纸所标注的分项工程尺寸和数量，以及构配件和设备明细表等的数据，按照施工组织设计和定额的要求，逐个分项进行计算，并经过汇总而计算出来的。具体依据有以下几个方面。

(1) 施工图设计文件。

(2) 项目管理实施规划(施工组织设计)文件。

(3) 建筑工程消耗量定额。

(4) 预算工作手册。

工程量计算注意.mp4

0.2.2 工程量的计算要求和技巧

1. 工程量计算的要求

(1) 工程量计算若采取表格形式，定额编号要正确，项目名称要完整，要在工程量计算表中列出计算式，以便于计算和审查。

(2) 工程量是根据设计图纸规定的各个分部分项工程的尺寸、数量以及构件、设备明细表等，以一定计量单位计算出来的各个构配件的数量。工程量的计量单位应与定额中各个项目的单位一致，一般以 m、m^2、t、个、把等为计量单位。即使有些计量单位一样，其含义也有所不同，如抹灰工程的计量单位 m^2，有的项目按水平投影面积，有的按垂直投影面积，也有的按展开面积计算。因此，对定额中的工程量计算规则应很好地理解。

(3) 必须在熟悉和审查图纸的基础上进行，要严格按照定额规定和工程量计算规则，结合施工图所注位置与尺寸为依据进行计算。施工图设计文件上的标志尺寸通常有两种：一是标高均以 m 为单位；二是其他尺寸均以 mm 为单位。为了简单明了和便于检查核对，在列计算式时，应将图纸上标明的毫米数换算成米数。各个数据应按长、宽(高)、数量的次序填写，计算式一定要注明部位。

(4) 数字计算要精确。在计算过程中，小数点后要保留三位数字。汇总时一般可以取小数点后两位。

(5)　要按一定的顺序计算。为了便于计算和审核工程量，防止重复和漏算，计算工程量时除了按定额项目的顺序进行计算外，对于每个工程分项也要按一定的顺序进行计算，如分层计算、内装饰分房间计算、外装饰分立面计算。

(6)　计算底稿要整齐，数字要清楚、数值应准确。

2. 计算工程量的技巧

1)　熟记消耗量定额说明和工程量计算规则

在建筑工程消耗量定额中，除了最前面的总说明外，各章都有相应说明。这些内容都应牢牢记住。

2)　结合设计说明看图纸

在计算工程量时，切不可忘记建筑设计总说明、每张图纸的说明以及选用标准图集的总说明和分项说明等。另外，对于初学者来说，最好是在计算每项工程量的同时，随即采项，防止因不熟悉《消耗量定额》而造成的返工。

3)　电算法

设计单位一般都提供电子版图纸，利用电子图采用各种软件计算工程量既快又准。CAD快速看图是一款用得较多的软件，其测量功能使用尤为广泛。对于异形轮廓的周长及面积优先选用软件测量工具。测量时注意图纸比例的换算。例如，当图纸比例为 1∶50 时，测量数据显示“面积：7000，周长：550”，则实际面积=7000×(50/1000)×(50/1000)=17.5(m^2)，实际周长=550×50/1000=27.5(m)。CAD 快速看图工具栏常用按钮如图 0-2 所示。

图 0-2　CAD 快速看图工具栏常用按钮

0.3　定额总说明

(1)　《山东省建筑工程消耗量定额》(SD01-31-2016，以下简称本定额)，包括：土石方工程，地基处理与边坡支护工程，桩基础工程，砌筑工程，钢筋及混凝土工程，金属结构工程，木结构工程，门窗工程，屋面及防水工程，保温、隔热、防腐工程，楼地面装饰工程，墙、柱面装饰与隔断、幕墙工程，天棚工程，油漆、涂料及裱糊工程，其他装饰工程，构筑物及其他工程，脚手架工程，模板工程，施工运输工程，建筑施工增加共 20 章。

(2)　本定额适用于山东省行政区域内的一般工业与民用建筑的新建、扩建和改建工程及新建装饰工程。

(3)　本定额是完成规定计量单位分部分项工程所需的人工、材料、施工机械台班消耗量的标准，是编制招标标底(招标控制价)、施工图预算、确定工程造价的依据，以及编制概算定额、估算指标的基础。

(4)　本定额以国家和有关部门发布的国家现行设计规范、施工验收规范、技术操作规程、质量评定标准、产品标准和安全操作规程，现行工程工程量清单计价规范、计算规范，

并参考有关地区和行业标准定额为依据编制的。

(5) 本定额是按照正常的施工条件，合理的施工工期、施工组织设计编制的，反映建筑行业平均水平。

(6) 本定额中人工工日消耗量是以《全国建筑安装工程统一劳动定额》为基础计算的，人工每工日按 8h 工作制计算，内容包括基本用工、辅助用工、超运距用工及人工幅度差。人工工日不分工种、技术等级，以综合工日表示。

(7) 本定额中材料(包括成品、半成品、零配件等)是按施工中采用的符合质量标准和设计要求的合格产品确定的，主要包括以下内容。

① 本定额中的材料包括施工中消耗的主要材料、辅助材料和周转性材料。

② 本定额中材料消耗量包括净用量和损耗量。损耗量包括从工地仓库、现场集中堆放点(或现场加工点)至操作(或安装)点的施工场内运输损耗、施工操作损耗、施工现场堆放损耗等。

$$材料消耗量=材料净用量\times(1+施工损耗率)$$

③ 本定额中所有(各类)砂浆均按现场拌制考虑，若实际采用预拌砂浆时，各章定额项目按以下规定进行调整。

a. 使用预拌砂浆(干拌)的，除将定额中的现拌砂浆调换成预拌砂浆(干拌)外，另按相应定额中每立方米砂浆扣除人工 0.382 工日、增加预拌砂浆罐式搅拌机 0.041 台班，并扣除定额中灰浆搅拌机台班的数量。

b. 使用预拌砂浆(湿拌)的，除将定额中的现拌砂浆调换成预拌砂浆(湿拌)外，另按相应定额中每立方米砂浆扣除人工 0.58 工日，并扣除定额中灰浆搅拌机台班的数量。

(8) 本定额中机械消耗量。

① 本定额中的机械按常用机械、合理机械配备和施工企业的机械化装备程度，并结合工程实际综合确定。

② 本定额的机械台班消耗量是按正常机械施工功效并考虑机械幅度差综合确定的，以不同种类的机械分别表示。

③ 除本定额项目中所列的小型机具外，其他单位价值 2000 元以内、使用年限在一年以内的不构成固定资产的施工机械，不列入机械台班消耗量，而是作为工具用具在企业管理费中考虑。

④ 大型机械安拆及场外运输，按《山东省建设工程费用项目组成及计算规则》中的有关规定计算。

(9) 本定额中的工作内容已说明了主要的施工工序，次要工序虽未说明，但均已包括在定额中。

(10) 本定额注有“×××以内”或“×××以下”者均包括×××本身；“×××以外”或“×××以上”者则不包括×××本身。

(11) 凡本说明未尽事宜，详见各章说明。

0.4　建设工程费用项目组成及计算规则

山东省住房和城乡建设厅发布的《山东省建设工程费用项目组成及计算规则》(2016年11月)自2017年3月1日起施行。节选如下。

0.4.1　总说明

(1)　根据住房和城乡建设部、财政部关于印发《建筑安装工程费用项目组成》的通知(建标〔2013〕44号)，为统一山东省建设工程费用项目组成、计价程序并发布相应费率，制定本规则。

(2)　本规则所称建设工程费用，是指一般工业与民用建筑工程的建筑、装饰、安装、市政、园林绿化等工程的建筑安装工程费用。

(3)　本规则适用于山东省行政区域内一般工业与民用建筑工程的建筑、装饰、安装、市政、园林绿化工程的计价活动，与山东省现行建筑、装饰、安装、市政、园林绿化工程消耗量定额配套使用。

(4)　本规则涉及的建设工程计价活动包括编制招标控制价、投标报价和签订施工合同价以及确定工程结算等内容。

(5)　规费中的社会保险费，按省政府鲁政发〔2016〕10号和省住建厅鲁建办字〔2016〕21号文件规定，在工程开工前由建设单位向建筑企业劳保机构交纳。规费中的建设项目工伤保险，按鲁人社发〔2015〕15号《关于转发人社部发〔2014〕103号文件明确建筑业参加工伤保险有关问题的通知》，在工程开工前向社会保险经办机构交纳。编制招标控制价、投标报价时，应包括社会保险费和建设项目工伤保险费。编制竣工结算时，若已按规定交纳社会保险费和建设项目工伤保险费，该费用仅作为计税基础，结算时不包括该费用；若未交纳社会保险费和建设项目工伤保险费，结算时应包括该费用。

说明：2018年12月10日，山东省住房和城乡建设厅和山东省财政厅联合下发了《关于停止实施主管部门代收、代拨建筑企业养老保障金制度的通知》(鲁建建管字〔2018〕17号)，文中规定：2019年1月1日起，全省各级住房城乡建设部门停止代收建筑企业养老保障金，停用“山东省建筑企业养老保障金专用票据”；新开工项目的“社会保险费”由建设单位按照定额费率直接向施工企业支付。“社会保险费”应当足额计取，不得作为竞争性费用。

(6)　本规则中的费用计价程序是计算山东省建设工程费用的依据。其中，包括定额计价和工程量清单计价两种计价方式。

(7)　本规则中的费率是编制招标控制价的依据，也是其他计价活动的重要参考(其中规费、税金必须按规定计取，不得作为竞争性费用)。

(8)　工程类别划分标准，是根据不同的单位工程，按其施工难易程度，结合山东省实际情况确定的。

(9)　工程类别划分标准缺项时，拟定为Ⅰ类工程的项目由省工程造价管理机构核准；Ⅱ、Ⅲ类工程项目由市工程造价管理机构核准，并同时报省工程造价管理机构备案。

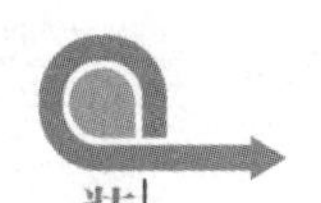

0.4.2 建设工程费用项目组成

1. 建设工程费用项目组成(按费用构成要素划分)

建设工程费按照费用构成要素划分，由人工费、材料费(设备费)、施工机具使用费、企业管理费、利润、规费和税金组成。

(1) 人工费：是指按工资总额构成规定，支付给从事建筑安装工程施工的生产工人和附属生产单位工人的各项费用。内容包括以下几项。

① 计时工资或计件工资：是指按计时工资标准和工作时间或对已做工作按计件单价支付给个人的劳动报酬。

② 奖金：是指对超额劳动和增收节支支付给个人的劳动报酬，如节约奖、劳动竞赛奖等。

③ 津贴补贴：是指为了补偿职工特殊或额外的劳动消耗和因其他特殊原因支付给个人的津贴，以及为了保证职工工资水平不受物价影响支付给个人的物价补贴，如流动施工津贴、特殊地区施工津贴、高温(寒)作业临时津贴、高空津贴等。

④ 加班加点工资：是指按规定支付的在法定节假日工作的加班工资和在法定工作日时间外延时工作的加点工资。

⑤ 特殊情况下支付的工资：是指根据国家法律、法规和政策规定，因病、工伤、产假、计划生育假、婚丧假、事假、探亲假、定期休假、停工学习、执行国家或社会义务等原因按计时工资标准或计时工资标准的一定比例支付的工资。

(2) 材料费：是指施工过程中耗费的原材料、辅助材料、构配件、零件、半成品或成品的费用。

设备费：是指构成或计划构成永久工程一部分的机电设备、金属结构设备、仪器装置及其他类似的设备和装置的费用。

① 材料费(设备费)的内容包括以下几项。

a. 材料(设备)原价：是指材料、设备的出厂价格或商家供应价格。

b. 运杂费：是指材料、设备自来源地运至工地仓库或指定堆放地点所发生的全部费用。

c. 材料运输损耗费：是指材料在运输装卸过程中不可避免的损耗费用。

d. 采购及保管费：是指采购、供应和保管材料、设备过程中所需要的各项费用，包括采购费、仓储费、工地保管费、仓储损耗。

② 材料(设备)的单价，按下式计算，即

材料(设备)单价=[(材料(设备)原价+运杂费)×(1+材料运输损耗率)]×(1+采购保管费率)

(3) 施工机具使用费：是指施工作业所发生的施工机械、施工仪器仪表的使用费或其租赁费。

① 施工机械台班单价由下列7项费用组成。

a. 折旧费：是指施工机械在规定的耐用总台班内，陆续收回其原值的费用。

b. 检修费：是指施工机械在规定的耐用总台班内，按规定的检修间隔进行必要的检修，以恢复其正常功能所需的费用。

c. 维护费：是指施工机械在规定的耐用总台班内，按规定的维护间隔进行各级维护和临时故障排除所需的费用。包括：保障机械正常运转所需替换设备与随机配备工具附具的摊销费用，机械运转及日常维护所需润滑与擦拭的材料费用及机械停滞期间的维护费用等。

d. 安拆费及场外运费：安拆费是指施工机械在现场进行安装与拆卸所需的人工、材料、机械和试运转费用以及机械辅助设施的折旧、搭设、拆除等费用。场外运费是指施工机械整体或分体自停放地点运至施工现场，或由一施工地点运至另一施工地点的运输、装卸、辅助材料等费用。

e. 人工费：是指机上司机(司炉)和其他操作人员的人工费。

f. 燃料动力费：是指施工机械在运转作业中所耗用的燃料及水、电等费用。

g. 其他费：是指施工机械按照国家规定应缴纳的车船税、保险费及检测费等。

②　施工仪器仪表台班单价由下列 4 项费用组成。

a. 折旧费：是指施工仪器仪表在耐用总台班内，陆续收回其原值的费用。

b. 维护费：是指施工仪器仪表各级维护、临时故障排除所需的费用及保证仪器仪表正常使用所需备件(备品)的维护费用。

c. 校验费：是指按国家与地方政府规定的标定与检验的费用。

d. 动力费：是指施工仪器仪表在使用过程中所耗用的电费。

(4)　企业管理费：是指施工企业组织施工生产和经营管理所需的费用。内容包括以下几项。

①　管理人员工资：是指按规定支付给管理人员的计时工资、奖金、津贴补贴、加班加点工资及特殊情况下支付的工资等。

②　办公费：是指企业管理办公用的文具、纸张、账表、印刷、邮电、书报、办公软件、现场监控、会议、水电、烧水和集体取暖降温(包括现场临时宿舍取暖降温)等费用。

③　差旅交通费：是指职工因公出差、调动工作的差旅费、住勤补助费，市内交通费和误餐补助费，职工探亲路费，劳动力招募费，职工退休、退职一次性路费，工伤人员就医路费，工地转移费以及管理部门使用的交通工具的油料、燃料等费用。

④　固定资产使用费：是指管理和试验部门及附属生产单位使用的属于固定资产的房屋、设备、仪器等的折旧、大修、维修或租赁费。

⑤　工具用具使用费：是指企业施工生产和管理使用的不属于固定资产的工具、器具、家具、交通工具和检验、试验、测绘、消防用具等的购置、维修和摊销费。

⑥　劳动保险和职工福利费：是指由企业支付的职工退职金、按规定支付给离休干部的经费，集体福利费、夏季防暑降温、冬季取暖补贴、上下班交通补贴等。

⑦　劳动保护费：是指企业按规定发放的劳动保护用品的支出，如工作服、手套、防暑降温饮料以及在有碍身体健康的环境中施工的保健费用等。

⑧　工会经费：是指企业按《中华人民共和国工会法》规定的全部职工工资总额比例计提的工会经费。

⑨　职工教育经费：是指按职工工资总额的规定比例计提，企业为职工进行专业技术和职业技能培训，专业技术人员继续教育、职工职业技能鉴定、职业资格认定以及根据需要对职工进行各类文化教育所发生的费用。

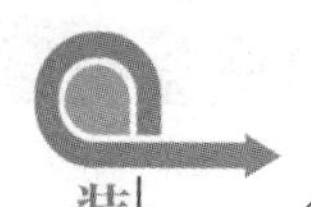

⑩ 财产保险费：是指施工管理用财产、车辆等的保险费用。

⑪ 财务费：是指企业为施工生产筹集资金或提供预付款担保、履约担保、职工工资支付担保等所发生的各种费用。

⑫ 税金：是指企业按规定缴纳的房产税、车船使用税、土地使用税、印花税、城市维护建设税、教育费附加及地方教育附加、水利建设基金等。

⑬ 其他：包括技术转让费、技术开发费、投标费、业务招待费、绿化费、广告费、公证费、法律顾问费、审计费、咨询费、保险费等。

⑭ 检验试验费：是指施工企业按照有关标准规定，对建筑以及材料、构件和建筑安装物进行一般鉴定、检查所发生的费用，包括自设实验室进行试验所耗用的材料等费用。

一般鉴定、检查是指按相应规范所规定的材料品种、材料规格、取样批量、取样数量、取样方法和检测项目等内容所进行的鉴定、检查。例如，砌筑砂浆配合比设计、砌筑砂浆抗压试块、混凝土配合比设计、混凝土抗压试块等施工单位自制或自行加工材料按规范规定的内容所进行的鉴定、检查。

⑮ 总承包服务费：是指总承包人为配合、协调发包人根据国家有关规定进行专业工程发包，自行采购材料、设备等进行现场接收、管理(非指保管)以及施工现场管理，竣工资料汇总整理等服务所需的费用。

(5) 利润：是指施工企业完成所承包工程获得的盈利。

(6) 规费：是指按国家法律、法规规定，由省级政府和省级有关权力部门规定必须缴纳或计取的费用。包括以下几项。

① 安全文明施工费。

a. 环境保护费：是指施工现场为达到环保部门要求所需要的各项费用。

b. 文明施工费：是指施工现场文明施工所需要的各项费用。

c. 安全施工费：是指施工现场安全施工所需要的各项费用。

d. 临时设施费：是指施工企业为进行建设工程施工所必须搭设的生活和生产用的临时建筑物、构筑物和其他临时设施费用。

临时设施，包括办公室、加工场(棚)、仓库、堆放场地、宿舍、卫生间、食堂、文化卫生用房与构筑物以及规定范围内的道路、水、电、管线等临时设施和小型临时设施。

临时设施费，包括临时设施的搭设、维修、拆除、清理费或摊销费等。

② 社会保险费。

a. 养老保险费：是指企业按照规定标准为职工缴纳的基本养老保险费。

b. 失业保险费：是指企业按照规定标准为职工缴纳的失业保险费。

c. 医疗保险费：是指企业按照规定标准为职工缴纳的基本医疗保险费。

d. 生育保险费：是指企业按照规定标准为职工缴纳的生育保险费。

e. 工伤保险费：是指企业按照规定标准为职工缴纳的工伤保险费。

③ 住房公积金：是指企业按规定标准为职工缴纳的住房公积金。

④ 工程排污费：是指按规定缴纳的施工现场的工程排污费。2018 年 1 月 1 日起，此项费用已不再征收，改为环境保护税。

⑤ 建设项目工伤保险：按鲁人社发〔2015〕15 号《关于转发人社部发〔2014〕103

号文件明确建筑业参加工伤保险有关问题的通知》，在工程开工前向社会保险经办机构交纳，应在建设项目所在地参保。

按建设项目参加工伤保险的，建设项目确定中标企业后，建设单位在项目开工前将工伤保险费一次性拨付给总承包单位，由总承包单位为该建设项目使用的所有职工统一办理工伤保险参保登记和缴费手续。

按建设项目参加工伤保险的房屋建筑和市政基础设施工程，建设单位在办理施工许可手续时，应当提交建设项目工伤保险参保证明，作为保证工程安全施工的具体措施之一。安全施工措施未落实的项目，住房城乡建设主管部门不予核发施工许可证。

(7) 税金：是指国家税法规定应计入建筑安装工程造价内的增值税。其中甲供材料、甲供设备不作为增值税计税基础。

2. 建设工程费用项目组成(按造价形成划分)

建设工程费按照工程造价形成，由分部分项工程费、措施项目费、其他项目费、规费、税金组成。

(1) 分部分项工程费：是指各专业工程的分部分项工程应予列支的各项费用。

① 专业工程是指按现行国家计量规范划分的房屋建筑与装饰工程、通用安装工程、市政工程、园林绿化工程等各类工程。

② 分部分项工程是指按现行国家计量规范或现行消耗量定额对各专业工程划分的项目，如房屋建筑与装饰工程划分的土石方工程、地基处理与边坡支护工程、桩基础工程、砌筑工程、钢筋及混凝土工程、楼地面装饰工程、墙/柱面装饰及幕墙工程、天棚工程等。

(2) 措施项目费：是指为完成工程项目施工，发生于该工程施工准备和施工过程中的技术、生活、安全、环境保护等方面的项目费用。

① 总价措施费是指省建设行政主管部门根据建筑市场状况和多数企业经营管理情况、技术水平等测算发布了费率的措施项目费用。

总价措施费的主要内容包括以下几项。

a. 夜间施工增加费是指因夜间施工所发生的夜班补助费、夜间施工降效、夜间施工照明设备摊销及照明用电等费用。

b. 二次搬运费是指因施工场地条件限制而发生的材料、构配件、半成品等一次运输不能到达堆放地点，必须进行二次或多次搬运所发生的费用。

施工现场场地的大小，因工程规模、工程地点、周边情况等因素的不同而各不相同，一般情况下，场地周边围挡范围内的区域为施工现场。

若确因场地狭窄，按经过批准的施工组织设计，必须在施工现场之外存放材料，或必须在施工现场采用立体架构形式存放材料时，其由场外到场内的运输费用或立体架构所发生的搭设费用，按实另计。

c. 冬雨季施工增加费是指在冬季或雨季施工需增加的临时设施、防滑、排除雨雪，人工及施工机械效率降低等费用。

冬雨季施工增加费，不包括混凝土、砂浆的骨料炒拌、提高强度等级以及掺加于其中的早强、抗冻等外加剂的费用。

d. 已完工程及设备保护费是指竣工验收前，对已完工程及设备采取的必要保护措施所发生的费用。

e. 工程定位复测费是指工程施工过程中进行全部施工测量放线和复测工作的费用。

f. 市政工程地下管线交叉处理费是指施工过程中对现有施工场地内各种地下交叉管线进行加固及处理所发生的费用，不包括地下管线改移发生的费用。

② 单价措施费，指消耗量定额中列有子目并规定了计算方法的措施项目费用。

建筑、装饰专业工程单价措施项目有脚手架、垂直运输机械、构件吊装机械、混凝土泵送、混凝土模板及支撑、大型机械进出场、施工降排水等。

(3) 其他项目费。

① 暂列金额：是指建设单位在工程量清单中暂定并包括在工程合同价款中的一笔款项，用于施工合同签订时尚未确定或不可预见的材料、设备、服务的采购，施工中可能发生的工程变更、合同约定调整因素出现时工程价款的调整以及发生的索赔、现场签证等费用。

暂列金额包含在投标总价和合同总价中，但只有施工过程中实际发生了并且符合合同约定的价款支付程序，才能纳入竣工结算价款中。暂列金额，扣除实际发生金额后的余额，仍属于建设单位所有。暂列金额一般可按分部分项工程费的10%～15%估列。

② 专业工程暂估价：是指建设单位根据国家相应规定，预计需由专业承包人另行组织施工、实施单独分包(总承包人仅对其进行总承包服务)，但暂时不能确定准确价格的专业工程价款。

专业工程暂估价应区分不同专业，按有关计价规定估价，并仅作为计取总承包服务费的基础，不计入总承包人的工程总造价。

③ 特殊项目暂估价，是指未来工程中肯定发生、其他费用项均未包括，但由于材料、设备或技术工艺的特殊性，没有可参考的计价依据、事先难以准确确定其价格、对造价影响较大的项目费用。

④ 计日工：是指在施工过程中，承包人完成建设单位提出的工程合同范围以外的、突发性的零星项目或工作，按合同中约定的单价计价的一种方式。

计日工，不仅指人工，零星项目或工作使用的材料、机械均应计列于本项之下。

⑤ 采购保管费：定义同前。

⑥ 其他检验试验费：检验试验费不包括相应规范规定之外要求增加鉴定、检查的费用，新结构、新材料的试验费用，对构件做破坏性试验及其他特殊要求检验试验的费用，建设单位委托检测机构进行检测的费用。此类检测发生的费用在该项中列支。

建设单位对施工单位提供的、具有出厂合格证明的材料要求进行再检验，经检测不合格的，该检测费用由施工单位支付。

⑦ 总承包服务费：定义同前。

总承包服务费=专业工程暂估价(不含设备费)×相应费率

⑧ 其他：包括工期奖惩、质量奖惩等，均可计列于本项之下。

(4) 规费：定义同前。

(5) 税金：定义同前。

0.4.3　建设工程费用计算程序

1. 定额计价计算程序

定额计价计算程序如表 0-4 所示。

表 0-4　定额计价计算程序

序号	费用名称	计算方法
一	分部分项工程费	∑{〔增加大额∑(工日消耗量×人工单价)+∑(材料消耗量×材料单价)+∑(机械台班消耗量×台班单价)〕×分部分项工程量}
	计费基础 JD1	详见“二、计费基础说明”
二	措施项目费	2.1+2.2
	2.1 单价措施费	∑{[定额∑(工日消耗量×人工单价)+∑(材料消耗量×材料单价)+∑(机械台班消耗量×台班单价)]×单价措施项目工程量}
	2.2 总价措施费	JD1×相应费率
	计费基础 JD2	详见“二、计费基础说明”
三	其他项目费	3.1+3.3+…+3.8
	3.1 暂列金额	按 0.4.2 小节相应规定计算
	3.2 专业工程暂估价	
	3.3 特殊项目暂估价	
	3.4 计日工	
	3.5 采购保管费	
	3.6 其他检验试验费	
	3.7 总承包服务费	
	3.8 其他	
四	企业管理费	(JD1+JD2)×管理费费率
五	利润	(JD1+JD2)×利润率
六	规费	4.1+4.2+4.3+4.4+4.5
	4.1 安全文明施工费	(一+二+三+四+五)×费率
	4.2 社会保险费	(一+二+三+四+五)×费率
	4.3 住房公积金	按工程所在地设区市相关规定计算
	4.4 环境保护税	按工程所在地设区市相关规定计算
	4.5 建设项目工伤保险	按工程所在地设区市相关规定计算
	4.6 优质优价费	(一+二+三+四+五)×费率
七	设备费	∑(设备单价×设备工程量)
八	税金	(一+二+三+四+五+六+七)×税率
九	工程费用合计	一+二+三+四+五+六+七+八

说明：2020 年 7 月 22 日，山东省住房和城乡建设厅发布关于调整建设项目工伤保险费率的通知(鲁建标字〔2020〕17 号)规定：《山东省建设工程费用项目组成及计算规则》(2016 版)规费中，建设项目工伤保险由原来的“按工程所在地设区市相关规定计算”改为按省统一发布费率进行计算，一般计税法下为 0.105%，简易计税法下为 0.1%。国家和省对工伤保险费率阶段性下调或减免的，按有关政策执行。

2. 计费基础说明

建筑、装饰工程计费基础的计算方法，如表 0-5 所示。

表 0-5　建筑、装饰工程计费基础计算方法

<table>
<tr><th>专业工程</th><th colspan="3">计费基础</th><th>计算方法</th></tr>
<tr><td rowspan="5">建筑、装饰工程</td><td rowspan="5">人工费</td><td rowspan="5">定额计价</td><td rowspan="2">JD1</td><td>分部分项工程的省价人工费之和</td></tr>
<tr><td>∑[分部分项工程定额∑(工日消耗量×省人工单价)×分部分项工程量]</td></tr>
<tr><td rowspan="2">JD2</td><td>单价措施项目的省价人工费之和+总价措施费中的省价人工费之和</td></tr>
<tr><td>∑[单价措施项目定额∑(工日消耗量×省人工单价)×单价措施项目工程量]+∑(JD1×省发措施费费率×H)</td></tr>
<tr><td>H</td><td>总价措施费中人工费含量(%)</td></tr>
</table>

0.4.4　建设工程费用费率

1. 措施费

措施费如表 0-6 所示。

表 0-6　措施费

单位：%

<table>
<tr><th rowspan="2">费用名称
专业名称</th><th colspan="4">一般计税法</th><th colspan="4">简易计税法</th></tr>
<tr><th>夜间施工费</th><th>二次搬运费</th><th>冬雨季施工增加费</th><th>已完工程及设备保护费</th><th>夜间施工费</th><th>二次搬运费</th><th>冬雨季施工增加费</th><th>已完工程及设备保护费</th></tr>
<tr><td>建筑工程</td><td>2.55</td><td>2.18</td><td>2.91</td><td>0.15</td><td>2.80</td><td>2.40</td><td>3.20</td><td>0.15</td></tr>
<tr><td>装饰工程</td><td>3.64</td><td>3.28</td><td>4.10</td><td>0.15</td><td>4.0</td><td>3.6</td><td>4.5</td><td>0.15</td></tr>
</table>

注：建筑、装饰工程中已完工程及设备保护费的计费基础为省价人材机之和。

措施费中的人工费含量：夜间施工费、二次搬运费、冬雨季施工增加费中人工费占比为 25%，已完工程及设备保护费中人工费占比 10%。

2. 企业管理费、利润

(1)　企业管理费、利润如表 0-7 所示。

表 0-7　企业管理费、利润

单位：%

费用名称 / 专业名称		一般计税法						简易计税法					
		企业管理费			利润			企业管理费			利润		
		I	II	III	I	II	III	I	II	III	I	II	III
建筑工程	建筑工程		34.7	25.6	35.8	20.3	15.0	43.2	34.5	25.4	35.8	20.3	15.0
	构筑物工程	34.7	31.3	20.8	30.0	24.2	11.6	34.5	31.2	20.7	30.0	24.2	11.6
	单独土石方工程	28.9	20.8	13.1	22.3	16.0	6.8	28.8	20.7	13.0	22.3	16.0	6.8
	桩基础工程	23.2	17.9	13.1	16.9	13.1	4.8	23.1	17.8	13.0	16.9	13.1	4.8
装饰工程		66.2	52.7	32.2	36.7	23.8	17.3	65.9	52.4	32.0	36.7	23.8	17.3

注：企业管理费费率中，不包括总承包服务费费率。

(2)　总承包服务费、采购保管费。

总承包服务费 3%，材料的采购保管费 2.5%，设备的采购保管费 1%。

3. 规费

规费如表 0-8 所示。

表 0-8　规费

单位：%

专业名称 / 费用名称	一般计税法			简易计税法		
	建筑工程	装饰工程		建筑工程	装饰工程	
安全文明施工费	4.47	4.15		4.29	3.97	
其中：1.安全施工费	2.34	2.34		2.16	2.16	
2.环境保护费	0.56	0.12		0.56	0.12	
3.文明施工费	0.65	0.10		0.65	0.10	
4.临时设施费	0.92	1.59		0.92	1.59	
社会保险费	1.52			1.4		
住房公积金	按工程所在地区市相关规定计算					
环境保护税						
建设项目工伤保险	自 2020 年 7 月 22 日起，一般计税法下为 0.105%，简易计税法下为 0.1%					
优质优价费用	国家级优质工程 1.76%	省级优质工程 1.16%	市级优质工程 0.93%	国家级优质工程 1.66%	省级优质工程 1.10%	市级优质工程 0.88%

2019 年 8 月 27 日，山东省住房和城乡建设厅以及山东省发展和改革委员会联合发布了《关于在房屋建筑和市政工程中落实优质优价政策的通知》(鲁建建管字〔2019〕16 号)，文中规定：在房屋建筑和市政工程中落实“优质优价”政策，鼓励工程建设各方创建优质工程，按照鲁政办字〔2019〕53 号文件规定，将优质优价费用列入规费中，根据相应级别的优质工程，以规费前造价为基数乘以费率标准计算。获得多个奖项时，按可计列的最高

等次计算，不重复计列。

4. 税金

2016 年 5 月 1 日起我国开始实行营改增，至今增值税已实现征收行业和抵扣范围的全覆盖。我国增值税经历过两次重要降税。房地产、建筑装饰和通信业一般纳税人企业增值税 2016 年 5 月 1 日至 2018 年 4 月 30 日施行 11%，2018 年 5 月 1 日至 2019 年 3 月 31 日施行 10%，2019 年 4 月 1 日至今施行 9%。小规模纳税人企业增值税 3%。甲供材料、甲供设备不作为计税基础。

0.4.5 工程类别划分标准

(1) 工程类别的确定，以单位工程为划分对象。一个单项工程的单位工程，包括建筑工程、装饰工程、水卫工程、暖通工程、电气工程等若干个相对独立的单位工程。一个单位工程只能确定一个工程类别。

(2) 工程类别划分标准中有两个指标的，确定工程类别时，需满足其中一项指标。

(3) 工程类别划分标准缺项时，拟定为 I 类工程的项目，由省工程造价管理机构核准；Ⅱ、Ⅲ类工程项目，由市工程造价管理机构核准，并同时报省工程造价管理机构备案。

1. 装饰工程类别划分标准

装饰工程类别划分标准如表 0-9 所示。

表 0-9 装饰工程类别划分标准

工程特征	工程类别		
	I	II	III
工业与民用建筑	特殊公共建筑，包括观演展览建筑、交通建筑、体育场馆、高级会堂等	一般公共建筑，包括办公建筑、文教卫生建筑、科研建筑、商业建筑等	居住建筑、工业厂房工程
	四星级及以上宾馆	三星级宾馆	二星级及以下宾馆
单独外墙装饰(包括幕墙、各种外墙干挂工程)	幕墙高度大于 50m	幕墙高度大于 30m	幕墙高度不大于 30m
单独招牌、灯箱、美术字等工程	—	—	—

2. 装饰工程类别划分说明

(1) 装饰工程，指建筑物主体结构完成后，在主体结构表面及相关部位进行抹灰、镶贴和铺装面层等施工，以达到建筑设计效果的施工内容。

① 作为地面各层次的承载体，在原始地基或回填土上铺筑的垫层，属于建筑工程。附着于垫层或者主体结构的找平层仍属于建筑工程。

② 为主体结构及其施工服务的边坡支护工程，属于建筑工程。

③　门窗(不含门窗零星装饰)，作为建筑物围护结构的重要组成部分，属于建筑工程。工艺门扇以及门窗的包框、镶嵌和零星装饰，属于装饰工程。

④　位于墙柱结构外表面以外、楼板(含屋面板)以下的各种龙骨(骨架)、各种找平层、面层，属于装饰工程。

⑤　具有特殊功能的防水层、保温层，属于建筑工程；防水层、保温层以外的面层属于装饰工程。

⑥　为整体工程或主体结构工程服务的脚手架、垂直运输、水平运输、大型机械进出场，属于建筑工程；单纯为装饰工程服务的，属于装饰工程。

⑦　建筑工程的施工增加(消耗量定额第 20 章)，属于建筑工程；装饰工程的施工增加，属于装饰工程。

(2)　特殊公共建筑，包括观演展览建筑(如影剧院、影视制作播放建筑、城市级图书馆、博物馆、展览馆、纪念馆等)、交通建筑(如汽车、火车、飞机、轮船的站房建筑等)、体育场馆(如体育训练、比赛场馆等)、高级会堂等。

(3)　一般公共建筑，包括办公建筑、文教卫生建筑(如教学楼、实验楼、学校图书馆、门诊楼、病房楼、检验化验楼等)、科研建筑、商业建筑等。

(4)　宾馆、饭店的星级，按《旅游涉外饭店星级标准》确定。

第 1 章 楼地面装饰工程

【导学】 本章讲述楼地面装饰工程的消耗量定额说明、工程量计算规则与定额应用，学习过程中可以参考《建筑地面工程施工质量验收规范》(GBT 50209—2010)，在理解楼地面装饰工程施工工艺、熟练识读建筑施工图的前提下运用本章知识进行手工计算。

【学习目标】 通过对本章内容的学习，了解定额楼地面装饰工程的定额说明，熟悉楼地面装饰工程量计算规则，掌握消耗量定额的应用。

【课前任务单】 计算某办公楼一层楼地面装饰工程定额工程量，并确定定额项目。某办公楼一层装饰施工图见附图 1。

1.1 本章定额说明

定额说明.mp4

(1) 本章定额包括找平层、整体面层、块料面层、其他面层及其他项目五部分，定额子目如表 1-1 所示。

表 1-1 定额子目

工作内容：调运砂浆，抹平，压实。 计量单位：$10m^2$

定额编号			11-1-1	11-1-2
项目名称			在混凝土或硬基层上	在填充材料上
			水泥砂浆 20mm	
名称		单位	消耗量	
人工	综合工日	工日	0.76	0.82
材料	水泥抹灰砂浆 1∶3	m^3	0.2050	0.2563
	素水泥浆	m^3	0.0101	0.0101
	水	m^3	0.0600	0.0600
机械	灰浆搅拌机 200L	台班	0.0256	0.0320

(2) 本章中的水泥砂浆、混凝土的配合比，当设计、施工选用配比与定额取定不同时，可以换算，其他不变。

(3) 本章中水泥自流平、环氧自流平、耐磨地坪、塑胶地面材料可随设计施工要求或所选材料生产厂家要求的配比及用量进行调整。

(4) 整体面层、块料面层中，楼地面项目不包括踢脚板(线)；楼梯项目不包括踢脚板(线)、楼梯梁侧面、牵边；台阶不包括侧面、牵边。设计有要求时，按本章及《消耗量定额》“第 2 章 墙柱面装饰与隔断、幕墙工程”“第 3 章 天棚工程”相应定额项目计算。

(5) 预制块料及仿石材块料铺贴，套用相应石材块料定额项目。这里所说的仿石材块

料不是指面层做仿石材处理的各种陶瓷砖，而是指新技术下通体做仿石材处理的块料以及混合天然石材粉末经二次加工而成的人造石材。

(6)　石材块料各项目的工作内容均不包括开槽、开孔、倒角、磨异形边等特殊加工内容。

(7)　石材块料楼地面面层分色子目，按不同颜色、不同规格的规则块料拼简单图案编制。其工程量应分别计算，均执行相应分色项目。

(8)　镶贴石材按单块面积不大于 $0.64m^2$ 编制。石材单块面积大于 $0.64m^2$ 的，砂浆贴项目每 $10m^2$ 增加用工 0.09 工日，胶黏剂贴项目每 $10m^2$ 增加用工 0.104 工日。

(9)　石材块料楼地面面层点缀项目，其点缀块料按规格块料现场加工考虑。点缀块料现场加工的人工、切割材料及机械消耗量已包含在该项目内。单块镶拼面积不大于 $0.015m^2$ 的块料适用于此定额。例如，点缀块料为加工成品，需扣除定额内的“石料切割锯片”及“石料切割机”，人工乘以系数 0.4。被点缀的主体块料如为加工好的成品，其工程量不扣除点缀块料的面积，人工、机械也不增加。被点缀的主体块料如为现场加工，应按其加工边线长度加套“石材楼梯现场加工”项目。点缀与分色的区别如图 1-1 所示。

点缀.mp4

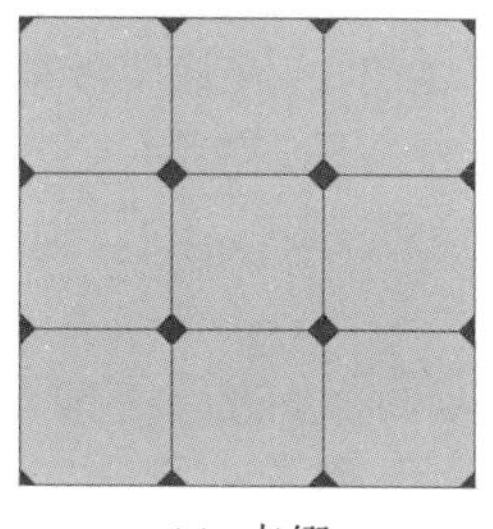

(a) 点缀

(b) 分色

分色.mp4

图 1-1　点缀与分色

(10) 块料面层拼图案(成品)项目，其图案石材定额按成品考虑。图案外边线以内周边异形块料如为现场加工，套用相应块料面层铺贴项目，并加套“图案周边异形块料铺贴另加工料”项目。

(11) 楼地面铺贴石材块料、地板砖等，遇异形房间需现场切割时(按经过批准的排版方案)，被切割的异形块料加套“图案周边异形块料铺贴另加工料”项目。

(12) 异形块料现场加工导致块料损耗超出定额损耗的，应根据现场实际情况计算损耗率，超出部分并入相应块料面层铺贴项目内。

(13) 楼地面铺贴石材块料、地板砖等，因施工验收规范、材料纹饰等限制导致裁板方向、宽度有特定要求(按经过批准的排版方案)，致使其块料损耗超出定额损耗的，应根据现场实际情况计算损耗率，超出部分并入相应块料面层铺贴项目内。

(14) 定额中的“石材串边”“串边砖”指块料楼地面中镶贴颜色或材质与大面积楼地面不同且宽度不大于 200mm 的石材或地板砖线条，定额中的“过门石”“过门砖”指门洞口处镶贴颜色或材质与大面积楼地面不同的单独石材或地板砖块料，如图 1-2 所示。

(15) 除铺缸砖(勾缝)项目，其他块料楼地面项目，定额均按密缝编制。若设计缝宽与定额不同时，其块料和勾缝砂浆的用量可以调整，其他不变。

(16) 定额中的“零星项目”适用于楼梯和台阶的牵边、侧面、池槽、蹲台等项目，以及面积不大于 $0.5m^2$ 且定额未列项的工程。

图案周边异形块料.mp4

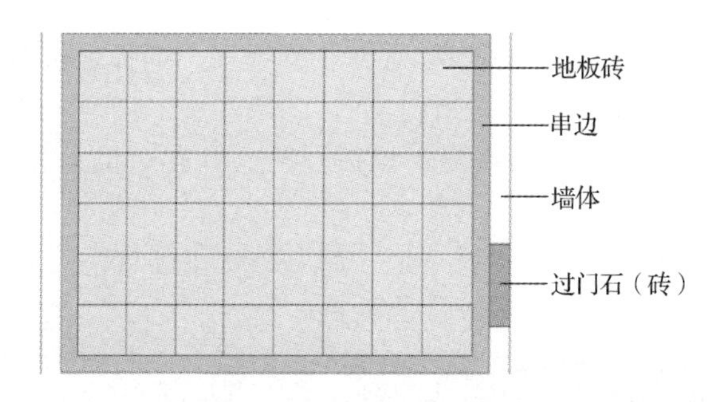

图 1-2　串边砖、过门石

(17) 镶贴块料面层的结合层厚度与定额取定不符时，水泥砂浆结合层按“11-1-3 水泥砂浆每增减 5mm”进行调整，干硬性水泥砂浆按“11-3-73 干硬性水泥砂浆每增减 5mm”进行调整。

(18) 木楼地面小节中，无论是实木还是复合地板面层，均按人工净面编制，如采用机械净面，人工乘以系数 0.87。

(19) 实木踢脚板项目，定额按踢脚板固定在垫块上编制。若设计要求做基层板，另按本定额“第 2 章　墙、柱饰面与幕墙、隔断工程”中的相应基层板项目计算。

(20) 楼地面铺地毯，定额按矩形房间编制。若遇异形房间，设计允许接缝时，人工乘以系数 1.1，其他不变；设计不允许接缝时，人工乘以系数 1.2，地毯损耗率根据现场裁剪情况据实测定。

(21) “木龙骨单向铺间距 400mm(带横撑)”项目，如龙骨不铺设垫块时，每 $10m^2$ 调减人工 0.2149 工日，调减板方材 $0.0029m^3$，调减射钉 88 个。该项定额子目按《建筑工程做法》(L13J1)中地 301、楼 301 编制，如设计龙骨规格及间距与其不符，可调整定额龙骨材料含量，其余不变。

(22) 主要材料损耗率(不含下料损耗)的取定如表 1-2 所示。

表 1-2　主要材料损耗率表

材料名称	损耗率/%	材料名称	损耗率/%
细石混凝土	1.0	地板砖	2.0～10.0
水泥砂浆	2.5	缸砖	3.0
自流平水泥	2.0	陶瓷锦砖(马赛克)	2.0～4.0
素水泥浆	1.0	木龙骨	6.0
水泥	2.0	成品木地板	4.0
白水泥	3.0	地毯	3.0
石材块料	2.0	活动地板	5.0

楼地面石材块料按加工半成品石材编制，定额材料损耗里已包含零星切割下料损耗，地板砖、陶瓷锦砖、缸砖、成品木地板等面层材料的损耗量也已包括一定的切割下料损耗。使用本定额时，如遇本章说明中特殊规定的情况或甲乙双方共同约定的其他特殊情况，致使该部分面层材料的下料损耗需调整的，则按需调整的下料损耗率与表 1-3 中的材料损耗率合并调整定额中的材料损耗。

表 1-3　部分面层材料损耗率(不含下料损耗)

材料名称	损耗率/%	材料名称	损耗率/%
石材块料	1.5	地板砖	1.5
缸砖	2.0	陶瓷锦砖(马赛克)	1.5
成品木地板	2.0		

1.2　工程量计算规则

(1) 楼地面找平层和整体面层均按设计图示尺寸以面积计算。计算时应扣除凸出地面构筑物、设备基础、室内铁道、室内地沟等所占面积，不扣除间壁墙及不大于 0.3m^2 的柱、垛、附墙烟囱及孔洞所占面积，门洞、空圈、暖气包槽、壁龛的开口部分也不增加(间壁墙指墙厚不大于 120mm 的墙)。

(2) 楼、地面块料面层，按设计图示尺寸以面积计算。门洞、空圈、暖气包槽和壁龛的开口部分并入相应的工程量内。

(3) 木楼地面、地毯等其他面层，按设计图示尺寸以面积计算。门洞、空圈、暖气包槽和壁龛的开口部分并入相应的工程量内。

(4) 楼梯面层按设计图示尺寸以楼梯(包括踏步、休息平台及不大于 500mm 宽的楼梯井)水平投影面积计算。楼梯与楼地面相连时，计算至最上一层踏步边沿加 300mm。

楼梯平面如图 1-3 和图 1-4 所示，是带楼梯梁的双跑楼梯。

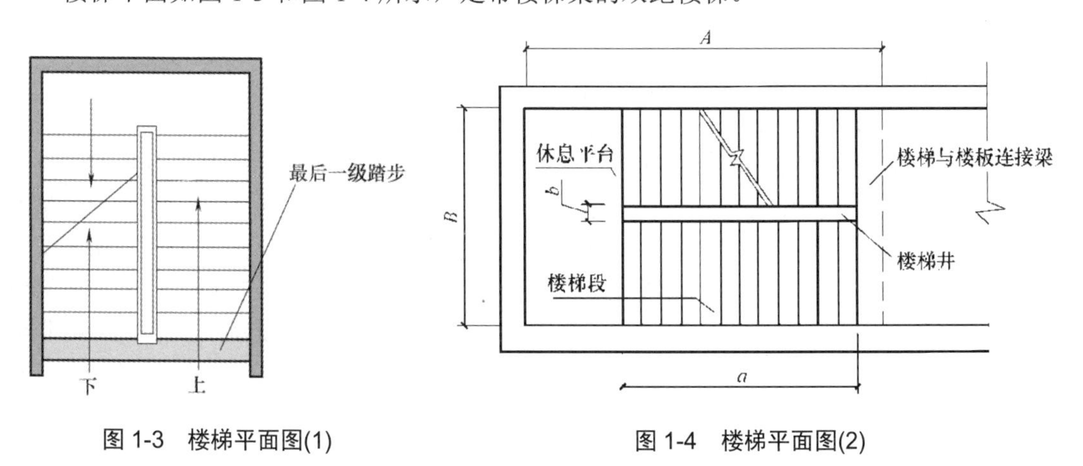

图 1-3　楼梯平面图(1)　　图 1-4　楼梯平面图(2)

当楼梯井宽度 $b \leqslant 500$mm 且每层均为双跑楼梯时，有

楼梯面层工程量=楼梯间净宽×(休息平台宽+踏步宽×步数)×(楼层数−1)

$=BA(n-1)$　(n 为楼层数)

当楼梯井宽度 $b > 500$mm 且每层均为双跑楼梯时，有

楼梯面层工程量=[楼梯间净宽×(休息平台宽+踏步宽×步数)−(楼梯井宽−0.5)×楼梯井长]×(楼层数−1)=$[BA-(b-0.5)\times a]\times(n-1)$

注意：楼梯最后一跑(即最后一个梯段)只能增加最后一级踏步宽乘楼梯间宽度一半的面积，如扣减楼梯井宽度时，宽度按扣减的一半计算。

(5) 旋转、弧形楼梯的装饰，其踏步按水平投影面积计算，执行楼梯的相应子目，人工乘以系数 1.2；其侧面按展开面积计算，执行零星项目的相应子目。

(6) 台阶面层按设计图示尺寸以台阶(包括最上层踏步，最上层踏步可按 300mm 计)水平投影面积计算。

台阶面层工程量=台阶长×踏步宽×步数

台阶如图 1-5 所示，台阶面层工程量=$L\times(B\times3+0.3)$。

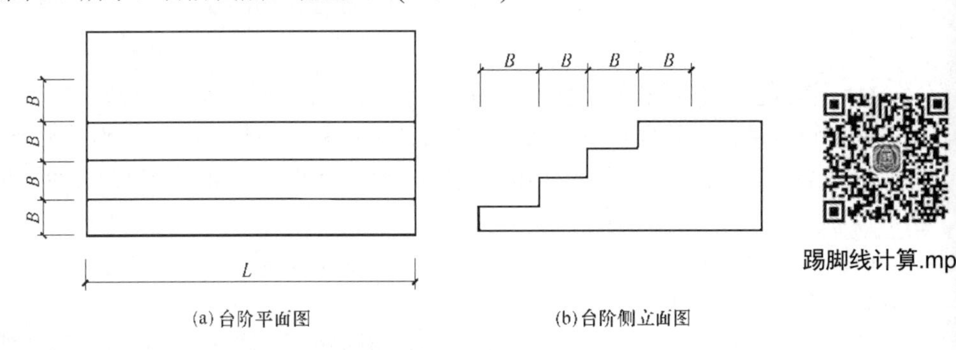

图 1-5　台阶平面图及侧立面图

(7) 串边(砖)、过门石(砖)按设计图示尺寸以面积计算。

(8) 块料零星项目按设计图示尺寸以面积计算。

(9) 踢脚线按长度计算工程量。水泥砂浆踢脚线计算长度时，不扣除门洞口的长度，洞口侧壁也不增加。

(10) 踢脚板按设计图示尺寸以面积计算。

(11) 地面点缀按点缀数量计算。计算地面铺贴面积时，不扣除点缀所占面积。

(12) 块料面层拼图案(成品)项目，图案按实际尺寸以面积计算。图案周边异形块料铺贴另加工料项目，按图案外边线以内周边异形块料实贴面积计算。图案外边线是指成品图案所影响的周围规格块料的最大范围。实际尺寸是指图案成品的工厂加工尺寸，如该图案本身即为矩形或工厂将非矩形图案周边的部分一起加工(见图 1-6)，按矩形成品供至施工现场，则该矩形成品的尺寸即为实际尺寸；如工厂仅加工非矩形图案部分(见图 1-7)，则非矩形图案成品尺寸即为实际尺寸。图案外边线，指图案成品为非矩形时，成品图案所影响的周围规格块料的最大范围，即周围规格块料出现配合图案切割的最大范围。

(13) 楼梯石材现场加工，按实际切割长度计算。

(14) 防滑条、地面分格嵌条按设计图示尺寸以长度计算。

(15) 楼地面面层割缝按实际割缝长度计算。

(16) 石材底面刷养护液按石材底面及 4 个侧面面积之和计算。

(17) 楼地面酸洗、打蜡等基(面)层处理项目，按实际处理基(面)层面积计算，楼梯台阶酸洗打蜡项目，按楼梯、台阶的计算规则计算。

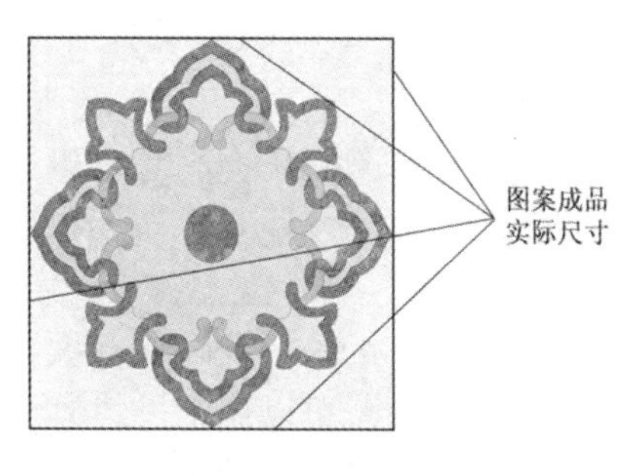

图 1-6　工厂加工图案及周边部分

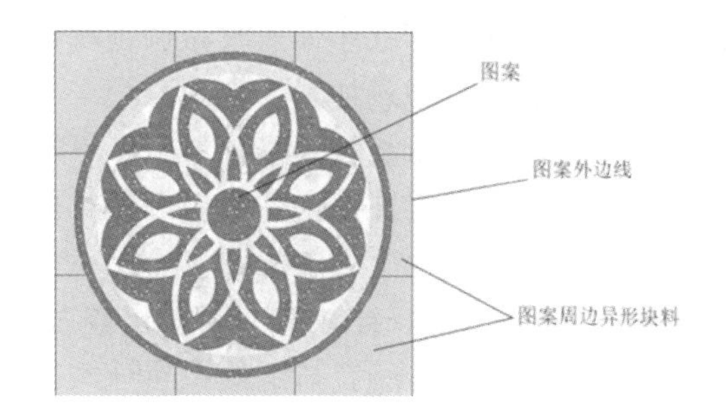

图 1-7　工厂仅加工图案部分

1.3　岗位技术交底

本章定额使用中应注意的问题如下。

(1) 本章细石混凝土按商品混凝土考虑，其相应定额子目不包含混凝土搅拌用工。

(2) 轻骨料混凝土填充层执行《消耗量定额》相应子目。

(3) 水泥砂浆在填充材料上找平按 20mm 取定。在计算砂浆时综合考虑了水泥砂浆压入填充材料内 5mm。

(4) 水泥自流平找平层平均厚度取定 4mm，彩色水泥自流平面层厚度考虑填坑填缝取定 6.5mm，自流平水泥用量按 1.78kg/ mm 取定，如选用的施工厚度及材料用量与定额取定不符，可调整定额内自流平水泥材料含量，其他不变。水泥自流平浆体按现场人工操作电动搅拌器搅拌考虑。此两项工作内容包括底层涂刷专业界面剂，不包括面层打蜡及完成后地面切缝。

(5) 水泥砂浆踢脚线高度按 150mm 取定，厚度按《建筑工程做法》(L13J1)中踢 1A、B 分列 12mm 厚及 18mm 厚两项。设计施工选用踢脚线高度及砂浆标号与定额取定不同时，不予调整。

(6) 环氧自流平涂料分为“底涂一道、中涂砂浆、腻子层及面涂一道”四项定额子目，因设计施工厚度不同及环氧涂料各生产厂家规定的配比用量不同，致使材料用量与定额取定不同时，可调整材料含量。

(7) “金刚砂耐磨地坪”定额子目中包含的细石混凝土厚度为 50mm，实际与定额不同时需进行调整。选用其他金属或非金属耐磨骨料施工的耐磨地坪，可根据实际使用材质及用量与该项定额中的金刚砂进行换算。

(8) 水泥砂浆楼梯每 $10m^2$ 投影面积取定展开面积 $13.3m^2$ 踏步、休息平台，不包括靠墙踢脚线、侧面(堵头)、牵边、底面抹灰、找平层。其踢脚线执行本章水泥砂浆踢脚线定额，乘以系数 1.15，侧面、底面抹灰执行《消耗量定额》“第 3 章 天棚工程”相应计算规则及定额项目，找平层按楼地面找平层相应定额乘以系数 1.15 执行。

(9) 设计块料面层中有不同种类、材质的材料，应分别计算工程量，并套用相应定额项目。

(10) 石材楼梯板及石材踢脚板材料均按下料半成品考虑，定额内的石料切割机仅为下

料尺寸与施工现场存在小偏差时做调整时使用。如为整块石材现场加工楼梯板、踢脚板，需加套“石材楼梯现场加工”定额。

(11) 地板砖踢脚板按规格块料工厂下料加工半成品考虑，定额内的石料切割机仅为下料尺寸与施工现场存在小偏差时做调整时使用。如果为整块地板砖现场加工踢脚板，可加套“石材楼梯现场加工”定额。

(12) 楼地面铺缸砖(勾缝)子目，定额按缸砖尺寸 150mm×150mm，缝宽 6mm 编制，若选用缸砖尺寸及设计缝宽与定额不同时，其块料和勾缝砂浆的用量可以调整，其他不变。

(13) “条形实木地板(成品)”相应定额子目也适用于相同铺设方式的条形实木集成地板、竹地板及实木复合地板等。

(14) “成品木踢脚线(胶贴)”定额子目适用于胶贴施工的各种成品踢脚，使用时用实际材料置换成品木踢脚即可。

(15) “不锈钢板成品踢脚(固定卡件安装)”定额子目适用于用固定卡件连接安装的各种材质的成品踢脚，使用时用实际材料置换不锈钢成品踢脚即可。

(16) “塑胶板踢脚板粘贴”子目中踢脚板高度按 120mm 取定，如实际高度不同，可调整定额内塑胶板的材料含量。

(17) 自流平基层处理用于自流平底涂施工前，因基层达不到施工要求而必须进行的铲除、打磨及清理。基层及面层为同一单位施工的，不得套用此项定额。

(18) 本章各子目内容均不包含钢筋及铁件制安等工作内容，如找平层或整体面层中需设置铁件或钢筋网片，执行《消耗量定额》中“第 5 章 钢筋及混凝土工程”中的相关子目。

1.4 工程量计算与定额套用

【例 1-1】某装饰工程二楼小会客厅的楼面装修设计如图 1-8 所示，地面主体面层为规格 1000mm×1000mm 的灰白色抛釉地板砖；地板砖外圈用黑色大理石串边，串边宽度 200mm；灰白色砖交界处用深色砖点缀，点缀尺寸为 100mm×100mm 的方形及等腰边长为 100mm 的三角形；房间中部铺贴圆形图案成品石材拼图，图案半径为 1250mm。房间墙体为加气混凝土砌块墙，墙厚 200mm，墙面抹混合砂浆 15mm，北侧墙体设两处 900mm 宽的门，门洞口处地面贴深色石材过门石。

为确保地面铺贴得对称和美观，且满足当地验收规范中地砖宽度不得小于半砖的要求，甲乙双方共同通过该会客厅楼面排版方案，如图 1-9 所示。根据工程实际情况，施工时保留地砖缝宽 1mm；点缀块料为工厂切割加工成设计规格，点缀周边主体地板砖边线为现场切割，图案周边异形地板砖为现场切割加工。因选用的灰白色地砖纹饰无明显走向特征，施工方承诺排版图中小于半砖尺寸的砖采用半砖切割(图中标注尺寸为块料尺寸，不含缝宽)。

解：该房间楼面各项工程量计算如下。

① 石材拼图案(成品)：$3.14×1.25^2=4.906(m^2)$。

② 灰白色抛釉地板砖(1000mm×1000mm)：$(8.4-0.2-0.4)×(6.6-0.2-0.4)-4.906=41.894(m^2)$。

③ 图案周边异形块料铺贴：$(3+0.002)×(3+0.002)-4.906=4.106(m^2)$。

④ 深色地砖点缀：44个(方形)，28个(三角形)。

⑤ 灰色地板砖因点缀产生的现场加工边线：0.1×4×44+0.1×2×28=23.2(m)。

⑥ 黑色大理石串边：(8.2−0.2+6.4−0.2)×2×0.2=5.68(m^2)。

⑦ 深色石材过门石：0.9×0.2×2=0.36(m^2)。

排版图分析.mp4

材料消耗量计算.mp4

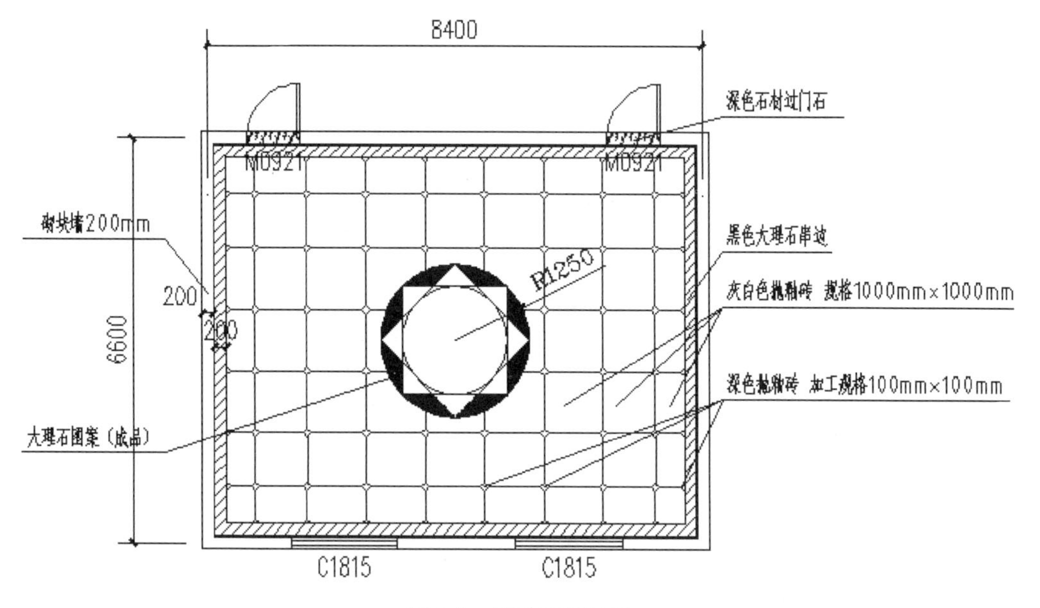

图 1-8　楼地面设计图

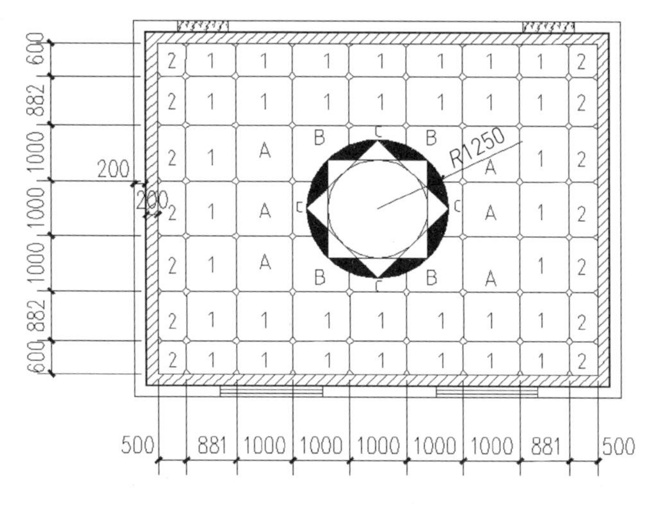

图 1-9　楼面排版图

调整定额消耗量.mp4

该工程圆形石材图案、黑色大理石串边及深色石材过门石的石材厚度均为 20mm，设计铺贴做法选用《建筑工程做法》(L13J1)中楼 204。

① 20mm 厚的大理石(花岗石)板，稀水泥浆或彩色水泥浆擦缝。

② 30mm 厚的 1∶3 干硬性水泥砂浆。

③ 素水泥浆一道。

④ 现浇钢筋混凝土楼板。

主体面层地板砖及点缀地板砖厚度均为 12mm，设计铺贴做法选用图集《建筑工程做法》(L13J1)中楼 201。

① 8～10 mm 厚的地砖铺实拍平，稀水泥浆擦缝。

② 20mm 厚的 1∶3 干硬性水泥砂浆。

③ 素水泥浆一道。

④ 现浇钢筋混凝土楼板。

根据设计做法结合工程实际情况，本工程套用定额如表 1-4 所示。

表 1-4　定额子目表

序号	定额编号	定额名称	单位	工程量	备注
1	11-3-8	石材块料 楼地面 拼图案(成品)干硬性水泥砂浆	$10m^2$	0.491	
2	11-3-9	石材块料 楼地面 图案周边异形块料铺贴另加工料	$10m^2$	0.411	
3	11-3-7	石材块料 楼地面 点缀	10个	4.4	方形，按加工成品调整定额人材机
4	11-3-7	石材块料 楼地面 点缀	10个	2.8	三角形，按加工成品调整定额人材机
5	11-3-14	石材块料 串边过门石 干硬性水泥砂浆	$10m^2$	0.568	黑色大理石串边
6	11-3-14	石材块料 串边过门石 干硬性水泥砂浆	$10m^2$	0.036	深色石材过门石
7	11-3-26	石材楼梯 现场加工	10m	2.32	
8	11-3-38	地板砖楼地面 干硬性水泥砂浆(周长不大于 4000mm)	$10m^2$	4.189	调整地板砖材料定额消耗量为 $12.8m^2$
9	11-3-73	结合层调整干硬性水泥砂浆每增减 5mm	$10m^2$	16.756	

地板砖调整说明：因①工程图案周边异形块料为现场切割；②本工程裁板宽度有特定要求且有批准的排版图，根据本章说明第十条、十二条、十三条的规定，以上两种情况导致块料损耗超出定额损耗的，应根据现场实际情况计算损耗率，超出部分并入相应块料面层铺贴项目内。

根据设计排版图(不考虑点缀切割的边角)，现将地板砖损耗计算如下。

① 本工程共用 1000mm×1000mm 规格砖整砖 6 块(排版图中标注 A 的)。

② 图案周边异形块料耗用整砖切割的为 4 块角砖(排版图中标注 B 的)，耗用半砖切割的为 4 块边线砖(排版图中标注 C 的)，图案周边共耗用规格砖 4+4÷2=6 块。

③　因保证排版图效果所必需的排版裁切，耗用整砖切割的 34 块(排版图中标注 1 的)，耗用半砖及半砖切割的 14 块(排版图中标注 2 的)，排版裁切共耗用规格砖 34+14÷2=41 块。

本工程下料共用规格砖 6+6+41=53(块)，折合面积 53m^2，下料损耗率为(53÷41.894−1)×100%=26.5%，定额材料损耗率(不含下料损耗)为 1.5%，则本工程地板砖材料损耗率为 26.5%+1.5%=28%，需调整 11-3-38 定额子目中的地板砖材料定额消耗量为 10×(1+28%)=12.8(m^2)。

结合层调整说明如下。

本工程为石材及地板砖混合铺贴，因块料厚度不同，选用设计图集结合层厚度也不同，为保证铺贴完成后面层为同一标高，应调整地板砖实际结合层厚度，实际厚度为 20mm(石材厚度)+30mm(石材设计结合层厚度)−12mm(地板砖厚度)=38mm，因套用的“11-3-38 地板砖楼地面干硬性水泥砂浆”定额结合层厚度为 20mm，需调整结合层厚度 18mm，套用“11-3-73 结合层调整干硬性水泥砂浆每增减 5mm”，共调整 4 次(不足 5mm 按 5mm 计)，工程量即为 4.189×4=16.756(10m^2)。

点缀项目人材机调整说明如下。

根据本章 1.1 节定额说明第(9)条，点缀块料为加工成品，需扣除定额内的“石料切割锯片”及“石料切割机”，人工乘以系数 0.4。

【例 1-2】某商店平面图如图 1-10 所示(图中长度单位默认为 mm，余同)，地面做法：C20 细石混凝土找平层 60mm 厚，素水泥浆一道，20mm 厚 DS M20(1∶2)水泥砂浆压实赶光。计算地面工程量并确定定额项目。

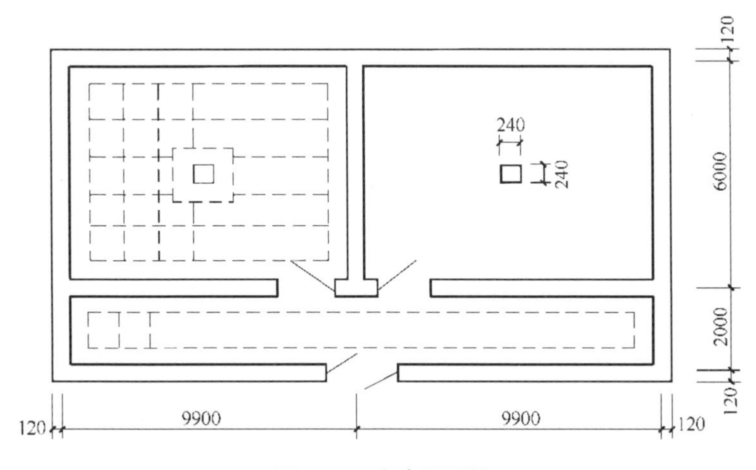

图 1-10　商店平面图

解：柱占地面面积=0.24×0.24=0.06(m^2)<0.3m^2，因此不扣除。

找平层的工程量=(9.9−0.24)×(6−0.24)×2+(9.9×2−0.24)×(2−0.24)=145.71(m^2)

C20 细石混凝土找平层 60mm 厚，套用定额子目 11-1-4 细石混凝土找平层 40mm：

定额基价=217.86 元/10m^2

套用定额子目 11-1-5 细石混凝土找平层每增减 5mm：

定额基价=25.43×4=101.72(元/10m^2)

地面水泥砂浆面层(20mm 厚)及素水泥浆工程量 145.71m^2。

套用定额子目 11-2-1，定额价格按干拌预拌砂浆计算为：

定额价格=210.16−0.205×0.382×103+0.205×0.041×204.46<干混砂浆罐式搅拌机除税基价>−0.0256×157.82<灰浆搅拌机除税基价≥199.77 元/$10m^2$

说明：根据 0.3 节“定额总说明”(7)中③的 a 条调整基价。

【例 1-3】某工程如图 1-11 所示，地面面层做法为 40mm 厚 C20 细石混凝土，表面撒 1∶1 水泥沙子随打随抹光。计算地面面层工程量并确定定额项目。

解：柱占地面面积=0.4×0.4=$0.16m^2<0.3m^2$，因此不扣除。

地面面层工程量=(7.2−0.24)×(8.1−0.24)+(3.6−0.24)×(3.00−0.24)+(3.6−0.24)×(5.1−0.24)

=80.31(m^2)

套用定额子目 11-2-7 细石混凝土楼地面 40mm 厚：

定额基价=265.68 元/$10m^2$

说明：定额子目 11-2-7 工作内容包括表面撒 1∶1 水泥沙子随打随抹光。

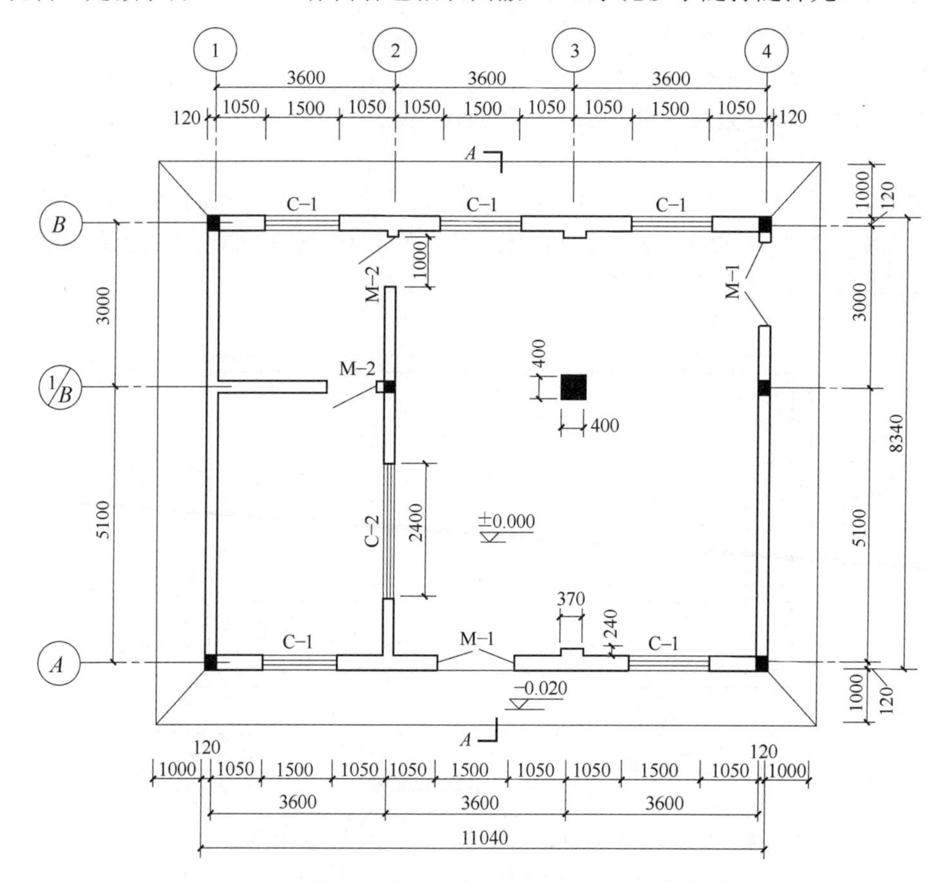

图 1-11　平面图

【例 1-4】某三层楼房双跑楼梯如图 1-12 所示，无楼梯梁，楼梯井宽 300mm，踏步宽 300mm，预拌砂浆(干拌)DS M20(1∶2)水泥砂浆粘贴大理石，计算楼梯工程量并确定定额项目。

解：楼梯面层工程量=2.7×(4+0.3)×2−2.7×0.3÷2=22.82(m^2)

套用定额子目 11-3-15 石材块料楼梯水泥砂浆：

定额基价=3084.55 元/10m^2

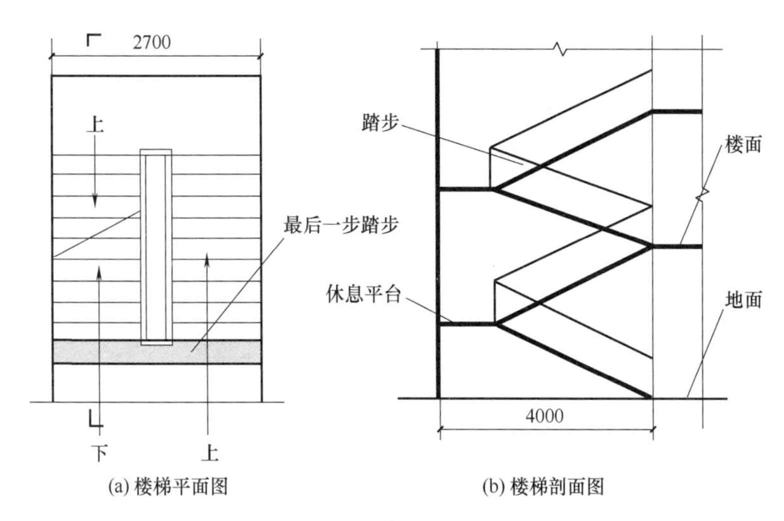

(a) 楼梯平面图　　(b) 楼梯剖面图

图 1-12　楼梯平面图及剖面图

【例 1-5】在例 1-3 中地面做法：素水泥浆一道，20mm 厚 DS M20 干硬性水泥砂浆铺贴 600mm×600mm 地板砖(M-1 处铺至墙外边线)，墙厚为 240mm。计算地面工程量并确定定额项目。

解：铺贴地板砖工程量=80.31−0.37×0.24×2−0.4×0.4+(1.5+1.0)×0.24×2=81.17(m^2)

套用定额子目 11-3-36 地板砖楼地面干硬性水泥砂浆：

定额基价=988.18 元/10m^2

【例 1-6】某传达室平面图如图 1-13 所示，附墙垛为 240mm×240mm，门宽 1000mm，地面做法：素水泥浆一道，30mm 厚的 DS M20 干硬性水泥砂浆结合层，20mm 厚的磨光大理石板，板背面刮水泥浆粘贴，稀水泥浆擦缝，单一颜色，门洞口处铺到外墙中心线位置。计算地面面层工程量并确定定额项目。

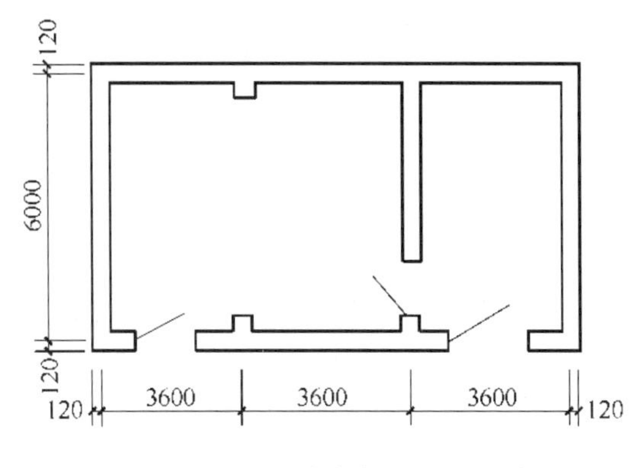

图 1-13　传达室平面图

解：大理石板地面工程量=(3.6×3−0.24×2)×(6−0.24)−0.24×0.24×2+1×0.24+1×0.12×2
=59.81(m^2)

套用定额子目 11-3-5 石材块料楼地面干硬性水泥砂浆不分色：

定额基价=2215.89 元/10m^2

【例 1-7】某二层楼房，双跑楼梯平面图如图 1-14 所示，楼梯面层铺花岗石板设防滑凹槽，水泥砂浆粘贴。计算工程量并确定定额项目。

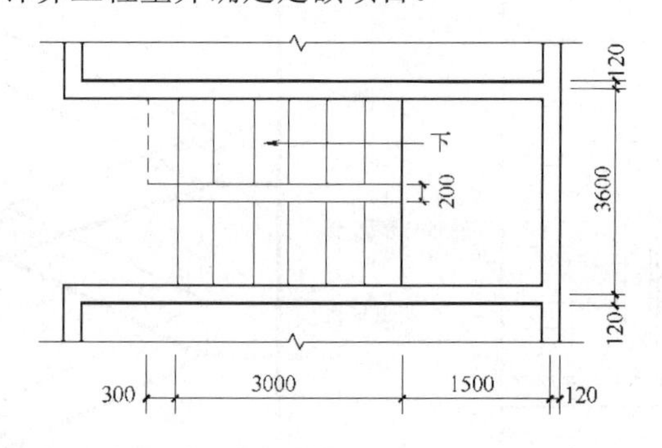

图 1-14　双跑楼梯平面图

解：花岗石板楼梯工程量=(3.0+1.5−0.12+0.3)×(3.6−0.24)−0.3×(3.6−0.24) ÷2=15.22(m^2)

套用定额子目 11-3-15 石材块料楼梯水泥砂浆：

定额基价=3084.55 元/10m^2

【例 1-8】某房屋平面图如图 1-15 所示，5mm DP M20 水泥砂浆粘贴 200mm 高面砖踢脚板。计算踢脚板工程量并确定定额项目。

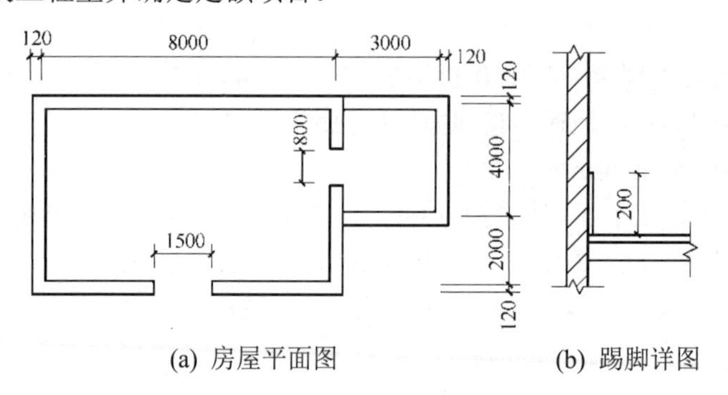

(a) 房屋平面图　　(b) 踢脚详图

图 1-15　房屋平面图及踢脚详图

解：踢脚板工程量=[(8−0.24+6−0.24)×2+(4−0.24+3−0.24)×2−1.5−0.8×2+0.12×6]×0.2

=7.54(m^2)

套用定额子目 11-3-45 地板砖踢脚板直线形水泥砂浆：

定额基价=1329.88 元/10m^2

【例 1-9】某工程花岗岩台阶如图 1-16 所示，台阶及翼墙 DS M20(1∶2.5)水泥砂浆粘贴花岗石板，翼墙外侧不贴。计算台阶及翼墙面层工程量并确定定额项目。

解：①台阶花岗岩石板贴面工程量=4×0.3×4=4.80(m^2)

套用定额子目 11-3-18 石材块料台阶水泥砂浆：

定额基价=3341.09 元/10m^2。

②翼墙水泥砂浆粘贴花岗岩板工程量=0.3×(0.9+0.3+0.15×4)×2+(0.3×3)×(0.15×4)(折合)=1.62(m^2)

翼墙水泥砂浆粘贴花岗岩石板，套用定额子目 11-3-24 石材块料零星项目水泥砂浆：

定额基价=2779.79 元/10m^2

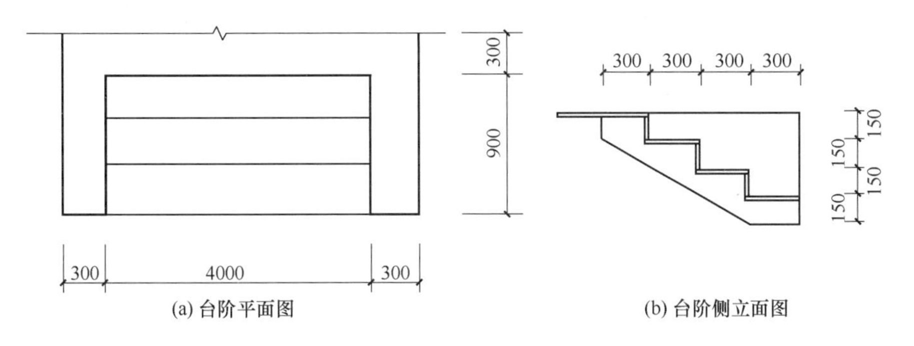

图 1-16　台阶平面图及侧立面图

【例 1-10】某工程平面图如图 1-11 所示，②～④地面铺木地板，其做法是：30mm×40mm 木龙骨中距(双向)450mm×450mm，下铺垫块；上铺 1210mm×185mm 平口地板，计算木地板工程量并确定定额项目。

解：木龙骨工程量=(8.1−0.24) ×(7.6−0.24)=57.85(m^2)

木龙骨双向(间距 450mm×450mm)，套用定额子目 11-4-1 木龙骨单向铺间距 400mm(带横撑)：

定额基价=325.78 元/10m^2，因设计龙骨间距与定额不符，需进行换算基价：

X 向龙骨：(8.1−0.24)/0.45=17.46，取 19 道。

Y 向龙骨：(7.6−0.24)/0.45=16.35，取 18 道。

木龙骨消耗量=[(7.6−0.24)×19+(8.1−0.24−0.03×19) ×18] ×0.03×0.04×1.06=0.3448(m^3)

0.3448/57.85×10=0.0596(m^3/10m^2)，定额基价=325.78 元/10m^2

换算基价=325.78−(0.1052−0.0596)×1816.24=242.96(元/10m^2)

木地板工程量=木龙骨工程量=57.85m^2

套用定额子目 11-4-4 条形实木地板(成品)铺在木龙骨上：定额基价=1637.71 元/10m^2。

【例 1-11】某宾馆客房铺固定地毯带胶垫，每个矩形房间实铺面积为 16m^2，共 60 间，地毯的实际损耗率为 5%。计算地毯工程量并确定定额项目。

解：铺地毯工程量=16×60=960(m^2)

套用定额子目 11-4-13 地毯楼、地面固定带垫：

定额基价=2613.20 元/10m^2，因实际损耗率与定额不符，需进行换算基价：

换算基价=2613.20+(10.5−10.3)×170.94=2647.39(元/10m^2)

【课后任务单】

编制某办公楼一层地面装饰工程定额预算书，计算定额分项工程量并确定定额项目。施工图见附图 1。

【考核与评价】

答案见第 3 篇工作任务 1，共 14 项，每项 10 分，每项工程量的准确度占 6 分，定额

套用或换算占4分，工程量误差1%及以内评定为满分6分，1%～3%评定为4分，3%～5%评定为2分，5%～10%评定为1分，大于10%不计分。

课后备忘录

鲁班精神 精益求精

墙面定额说明 1.mp4

墙面定额说明 2-4.mp4

墙面定额说明 5-10.mp4

第 2 章　墙、柱面装饰与隔断、幕墙工程

【导学】本章讲述墙、柱面装饰与隔断、幕墙工程的消耗量定额说明、工程量计算规则与定额应用，学习过程中可以参考《建筑幕墙工程质量验收规程》(DGJ 32J 124—2011)，在理解墙、柱面装饰与隔断、幕墙工程施工工艺、熟练识读建筑施工图的前提下运用本章知识进行手工计算。

【学习目标】通过对本章内容的学习，了解墙、柱面装饰与隔断、幕墙工程的定额说明，熟悉墙、柱面装饰与隔断、幕墙工程量计算规则，掌握消耗量定额的应用。

【课前任务单】计算某办公楼一层墙面装饰工程定额工程量，并确定定额项目。某办公楼一层装饰施工图见附图 1。

2.1　本章定额说明

(1) 本章定额包括墙、柱面抹灰，镶贴块料面层，墙、柱饰面，隔断、幕墙，墙、柱面吸音五部分。示例如表 2-1 所示。

表 2-1　定额子目表

工作内容：清理、修补、湿润基层表面、堵墙眼，调运砂浆、清扫落地灰；分层抹灰找平、刷浆、洒水湿润、罩面压光。

单位：10m^2

定额编号			12-1-3	12-1-4	12-1-5	12-1-6	12-1-7
项目名称			砖墙	混凝土墙(砌块墙)	拉毛	零星项目	柱面
			水泥砂浆(厚 9+6mm)				
名称		单位	消耗量				
人工	综合工日	工日	1.37	1.37	1.37	7.20	1.74
材料	水泥抹灰砂浆　1∶3	m^3	0.1044	0.1044	0.1044	0.1044	0.1004
	水泥抹灰砂浆　1∶2	m^3	0.0696	0.0696	0.0696	0.0696	0.0669
	水	m^3	0.0620	0.0620	0.0620	0.0620	0.0610
机械	灰浆搅拌机 200L	台班	0.0220	0.0220	0.0220	0.0220	0.0210

(2) 凡注明砂浆种类、配合比、饰面材料型号规格的，设计与定额不同时，可按设计规定调整，其他不变。

(3) 如设计要求在水泥砂浆中掺防水粉等外加剂时，可按设计比例增加外加剂，其他

工料不变。

(4) 圆弧形、锯齿形等不规则的墙面抹灰、镶贴块料、饰面按相应项目人工乘以系数 1.15。

(5) 墙面抹灰的工程量，不扣除各种装饰线条所占面积。“装饰线条”抹灰适用于门窗套、挑檐、腰线、压顶、遮阳板、楼梯边梁、宣传栏边框等展开宽度不大于 300mm 的竖、横线条抹灰，展开宽度大于 300mm 时，按图示尺寸以展开面积并入相应墙面计算。

圆弧形、锯齿形等不规则的墙面抹灰、镶贴块料、饰面，按相应项目人工乘以系数 1.15。

(6) 镶贴块料面层子目，除定额已注明留缝宽度的项目外，其余项目均按密缝编制。若设计留缝宽度与定额不同时，其相应项目的块料和勾缝砂浆用量可以调整，其他不变。

(7) 粘贴瓷质外墙砖子目，定额按 3 种不同灰缝宽度分别列项，其人工、材料已综合考虑。如灰缝宽度大于 20mm 时，应调整定额中瓷质外墙砖和勾缝砂浆(1∶1.5 水泥砂浆)或填缝剂的用量，其他不变。瓷质外墙砖的损耗率为 3%。

(8) 块料镶贴的“零星项目”适用于挑檐、天沟、腰线、窗台线、门窗套、压顶、栏板、扶手、遮阳板、雨篷周边等。

墙面砂浆厚度测算.mp4

(9) 镶贴块料高度＞300mm 时，按墙面、墙裙项目套用；高度不大于 300mm 按踢脚线项目套用。

(10) 墙柱面抹灰、镶贴块料面层等均未包括墙面专用界面剂做法，如设计有要求时，按“第 4 章 油漆、涂料及裱糊工程”相应项目执行。

(11) 粘贴块料面层子目，定额中的砂浆种类、配合比、厚度与定额不同时，允许调整，砂浆损耗率 2.5%。

墙面粘贴挂贴干挂.mp4

(12) 挂贴块料面层子目，定额中包括了块料面层的灌缝砂浆(均为 50mm 厚)，其砂浆种类、配合比，可按定额相应规定换算；其厚度设计与定额不同时，调整砂浆用量，其他不变。

(13) 阴、阳角墙面砖 45° 角对缝，包括面砖、瓷砖的割角损耗。

(14) 饰面面层子目，除另有注明外，均不包含木龙骨、基层。

附图 2 案例分析.mp4

(15) 墙、柱饰面中的软包子目是综合项目，包括龙骨、基层、面层等内容，设计不同时材料可以换算。

(16) 墙、柱饰面中的龙骨、基层、面层均未包括刷防火涂料。如设计有要求时，按“第 4 章 油漆、涂料及裱糊工程”相应项目执行。

(17) 木龙骨基层项目中龙骨是按双向计算的，设计为单向时，人工、材料、机械消耗量乘以系数 0.55。

(18) 基层板上钉铺造型层，定额按不满铺考虑。若在基层板上满铺板时，可套用造型层相应项目，人工消耗量乘以系数 0.85。

(19) 墙柱饰面面层的材料不同时，单块面积不大于 0.03m^2 的面层材料应单独计算，且不扣除其所占饰面面层的面积。

(20) 幕墙所用的龙骨，设计与定额不同时允许换算，人工用量不变。

(21) 点支式全玻璃幕墙不包括承载受力结构。

2.2　工程量计算规则

1. 内墙抹灰工程量的计算规则

(1)　按设计图示尺寸以面积计算。计算时应扣除门窗洞口和空圈所占的面积，不扣除踢脚板(线)、挂镜线、单个面积≤0.3m^2 的空洞以及墙与构件交接处的面积，洞侧壁和顶面不增加面积。墙垛和附墙烟囱侧壁面积与内墙抹灰工程量合并计算。

(2)　内墙面抹灰的长度，以主墙间的图示净长尺寸计算。其高度确定如下。

①　无墙裙的，其高度按室内地面或楼面至天棚底面之间距离计算。

②　有墙裙的，其高度按墙裙顶至天棚底面之间距离计算。

内墙面抹灰工程量=主墙间净长度×墙面高度−门窗等面积+垛的侧面抹灰面积

(3)　内墙裙抹灰面积按内墙净长乘以高度计算(扣除或不扣除内容同内墙抹灰)。

内墙裙抹灰工程量=主墙间净长度×墙裙高度−门窗所占面积+垛的侧面抹灰面积

(4)　柱抹灰按设计断面周长乘以柱抹灰高度以面积计算。

柱抹灰工程量=柱结构断面周长×设计柱抹灰高度

2. 外墙抹灰工程量计算规则

(1)　外墙抹灰面积，按设计外墙抹灰的设计图示尺寸以面积计算。计算时应扣除门窗洞口、外墙裙和单个面积大于 0.3m^2 孔洞所占面积，洞口侧壁面积不另增加。附墙垛、飘窗凸出外墙面增加的抹灰面积并入外墙面工程量内计算。

外墙抹灰工程量=外墙面长度×墙面高度−门窗等面积+垛梁柱的侧面抹灰面积

(2)　外墙裙抹灰面积按其设计长度乘以高度计算(扣除或不扣除内容同外墙抹灰)。

外墙裙抹灰工程量=外墙面长度×墙裙高度−门窗所占面积+垛梁柱的侧面抹灰面积

(3)　墙面勾缝按设计勾缝墙面的设计图示尺寸以面积计算。不扣除门窗洞口、门窗套、腰线等零星抹灰所占的面积，附墙柱和门窗洞口侧面的勾缝面积也不增加。独立柱、房上烟囱勾缝，按设计图示尺寸以面积计算。

3. 墙、柱面块料面层工程量按设计图示尺寸以面积计算

墙面贴块料工程量=图示长度×装饰高度

柱面贴块料工程量=柱装饰块料外围周长×装饰高度

4. 墙柱饰面、隔断、幕墙工程量计算规则

(1)　墙、柱饰面龙骨按图示尺寸长度乘以高度，以面积计算。定额龙骨按附墙、附柱考虑，若遇其他情况，按下列规定乘以系数。

①　设计龙骨外挑时，其相应定额项目乘以系数 1.15。

②　设计木龙骨包圆柱，其相应定额项目乘以系数 1.18。

③　设计金属龙骨包圆柱，其相应定额项目乘以系数 1.20。

(2)　墙饰面基层板、造型层、饰面面层按设计图示墙净长乘以净高以面积计算，扣除

门窗洞口及单个大于 0.3m^2 的孔洞所占面积。

(3) 柱饰面基层板、造型层、饰面面层按设计图示饰面外围尺寸以面积计算。柱帽、柱墩并入相应柱饰面工程量内。

(4) 隔断、间壁按设计图示框外围尺寸以面积计算，不扣除不大于 0.3m^2 的孔洞所占面积。

(5) 幕墙面积按设计图示框外尺寸以外围面积计算。全玻璃幕墙的玻璃肋并入幕墙面积内，点支式全玻璃幕墙钢结构桁架另行计算，圆弧形玻璃幕墙材料的煨弯费用另行计算。

5. 墙面吸音子目按设计图示尺寸以面积计算

(略)

2.3 岗位技术交底

某大厅装饰工程(见图 2-1～图 2-4)，墙厚 240mm，轴线尺寸为 12 000mm×18 000mm，轴线居中。800mm×800mm 独立柱 4 根，门窗洞口面积合计 80m^2，柱垛侧面展开面积 11m^2 筑做法：地面 20mm 厚 1∶3 水泥砂浆找平、20mm 厚 1∶2 干硬性水泥砂浆粘贴 800mm×800mm 玻化砖，木质成品踢脚线、高 150mm，墙体混合砂浆抹灰厚度 20mm、抹灰面满刮成品腻子两遍，面罩乳胶漆两遍，天棚轻钢龙骨网格尺寸 450mm×450mm，12mm 厚纸面石膏板面刮成品腻子两遍，面罩乳胶漆两遍，柱面挂贴 30mm 厚花岗石板，花岗石板和柱结构面之间空隙填灌 50mm 厚 1∶3 水泥砂浆。计算该工程墙面抹灰、花岗石柱面工程量并确定相应定额子目。

解：(1) 墙面抹灰工程量：

[(12−0.24)+(18−0.24)]×2×3.75−80+11=152.4(m^2)

套用定额 12-1-9 砖墙混合砂浆抹面 9mm+6mm：定额基价=180.71 元/10m^2

调整厚度工程量：152.4×5=762(m^2)

套用定额 12-1-17 抹灰砂浆厚度调整混合砂浆每增减 1mm厚：

定额基价=7.52 元/10m^2

(2) 花岗石柱面工程量=[0.8+ (0.05+0.03)×2]×4×3.75×4(根)=57.6(m^2)

套用定额 12-2-2 挂贴石材块料灌缝 1∶3 砂浆 50mm 厚柱面：

定额价格=2952.75+ (299.92−357.69)×0.595=2918.38(元/10m^2)

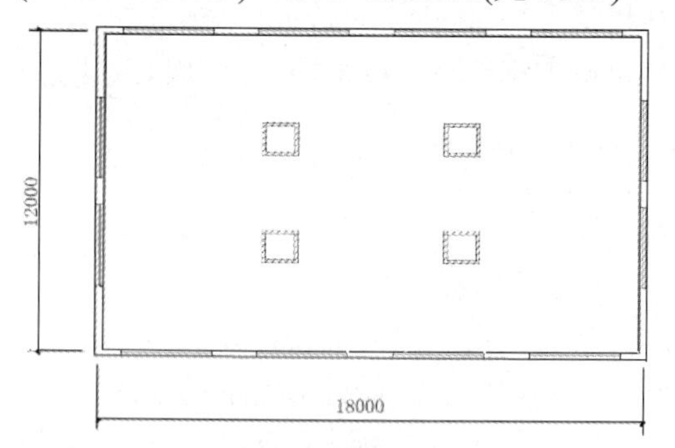

图2-1　大厅平面示意图

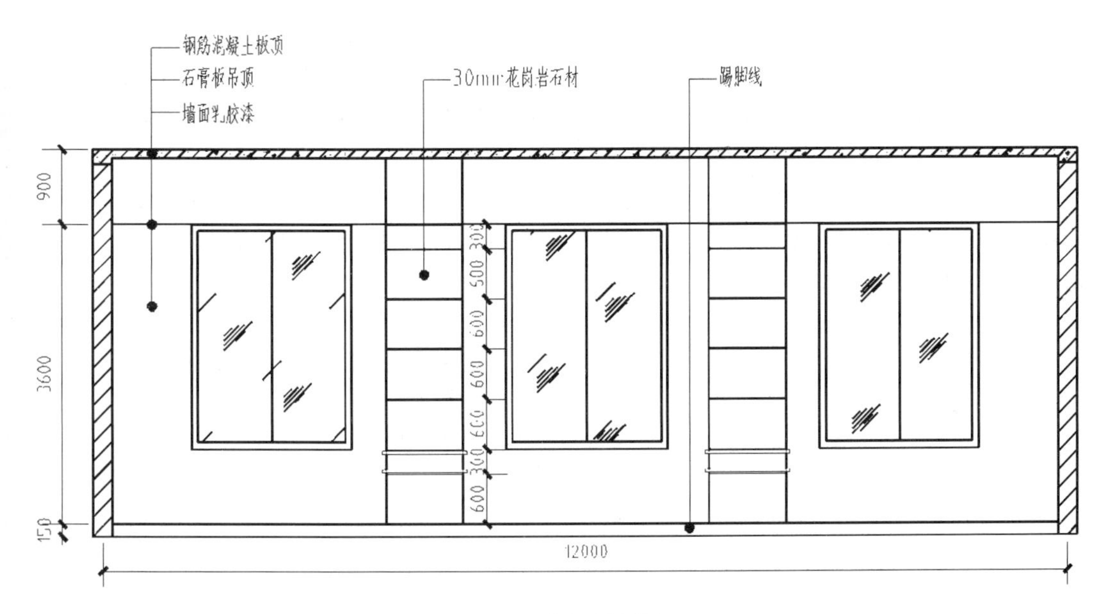

图 2-2　大厅剖面图

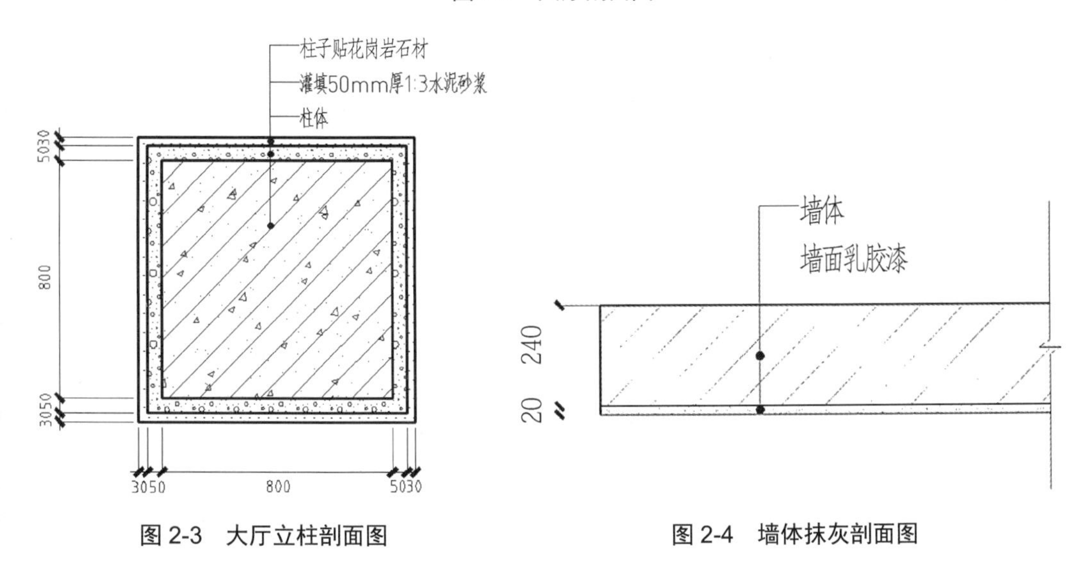

图 2-3　大厅立柱剖面图

图 2-4　墙体抹灰剖面图

2.4　工程量计算与定额套用

【**例 2-1**】某框架结构工程如图 2-5 所示(其中标高的单位是 m，余同)，加气混凝土砌块墙 240mm 厚，M：1000mm×2500mm，C：1200mm×1500mm。内墙面做法：刷专用界面剂一道，9mm 厚 DP M15 水泥砂浆打底扫毛，6mm 厚 DP M20 水泥砂浆抹平，刮内墙柔性腻子 3 遍，刷内墙涂料。计算内墙面抹灰工程量并确定定额项目。

解： 内墙面抹灰的工程量=(6+3.52)×2×(3.6−0.1)−1×2.5×3−1.2×1.5×5=50.14(m^2)

套用定额子目 12-1-4 水泥砂浆厚 9mm+6mm 砌块墙，并进行换算：

定额基价=244.33 元/10m^2

换算基价=244.33−〈人工〉(0.1044+0.0696)×0.382×120+〈干混砂浆罐式搅拌机〉(0.1044+0.0696)×0.041×225.86−〈灰浆搅拌机〉(0.1044+0.0696)×0.022×178.82+〈1∶3 水泥砂浆换为 DP M15〉(433.50−415.45)×0.1044+〈1∶2 水泥砂浆换为 DP M20〉(488.22−463.65)×0.0696

=237.62(元/10m^2)

说明：根据 0.3 节定额总说明第(7)条进行换算。每种预拌干粉砂浆多种对应传统砂浆。本换算按预拌干粉砂浆 DP M15 对应传统砂浆 1∶3 水泥砂浆，预拌干粉砂浆 DP M20 对应传统砂浆 1∶2 水泥砂浆换算。

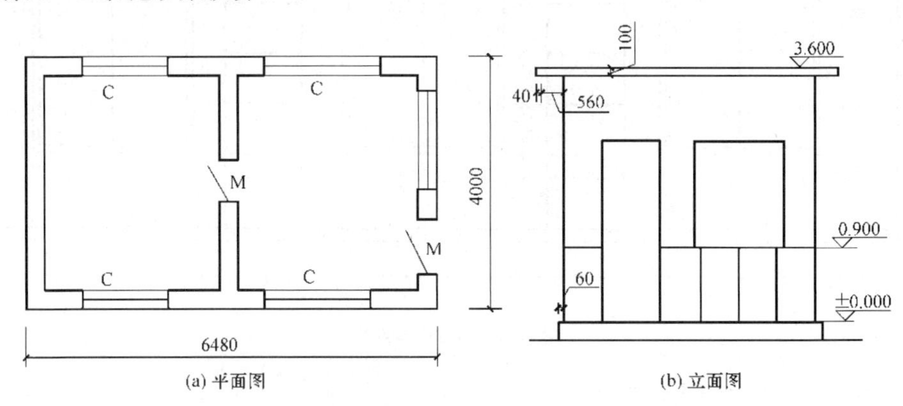

图 2-5　平面图及立面图

【例 2-2】某工程如图 2-5 所示，加气混凝土砌块墙 240mm 厚，M：1000mm×2500mm，C：1200mm×1500mm。外墙做法：刷界面剂一道，20mm 厚 DP M5 水泥灰膏砂浆找平，60mm 厚膨胀式聚苯板(EPS)保温层，胶黏剂粘贴，5mm 厚抗裂砂浆中间压入复合耐碱玻纤网格布，塑料锚栓双向中距 500mm 锚固，刷弹性底漆，刮柔性腻子，外墙真石漆，窗台以下设分格缝。计算外墙面抹灰工程量并确定定额项目。

解：外墙面工程量=(6.48+4)×2×(3.6−0.1)−1×2.5−1.2×1.5×5=61.86(m^2)

20mm 厚 DP M5 水泥灰膏砂浆，套用定额子目 12-1-10 混合砂浆厚 9mm+6mm 混凝土墙(砌块墙)，并进行换算基价：

定额基价=210.39 元/10m^2

换算基价=210.39−0.0696×431.38〈水泥石灰砂浆 1∶0.5∶3〉=180.36 元/10m^2

套用定额子目 12-1-15 水泥石灰膏砂浆抹灰层每增减 1mm：

换算基价=8.83×11=97.13(元/10m^2)

【例 2-3】某工程外墙裙挂贴蘑菇石板，实贴尺寸如图 2-6 所示，高度为 1200mm，门口宽为 1000mm，门口侧面蘑菇石宽为 180mm。计算贴蘑菇石板工程量并确定定额项目。

解：①平直墙面的工程量=(6.0×2+4.0−1+0.18×2)×1.2=18.43(m^2)

套用定额子目 12-2-12 挂贴蘑菇石墙面：

定额基价=3559.68 元/10m^2

②圆弧形墙面的工程量=2×3.14×1.2=7.54(m^2)

圆弧形墙面蘑菇石板，套用定额子目 12-2-12 挂贴蘑菇石墙面：

定额价格=3559.68+7.4268×120×0.15=3693.36(元/10m^2)

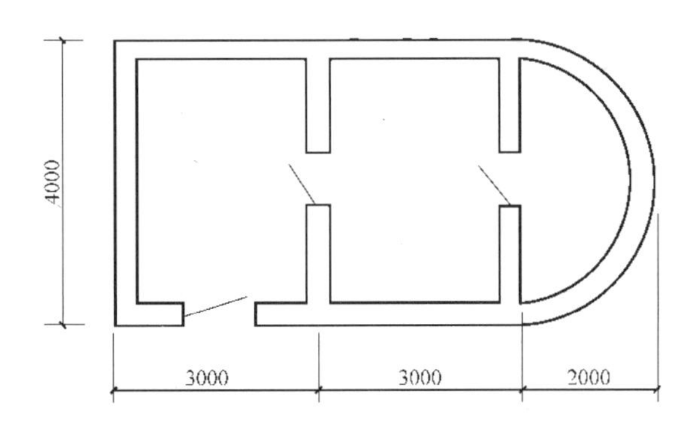

图 2-6　平面图

【例 2-4】某单位大门砖柱 4 根，砖柱块料外围尺寸如图 2-7 所示，面层水泥砂浆贴玻璃马赛克。计算贴玻璃马赛克的工程量并确定定额项目。

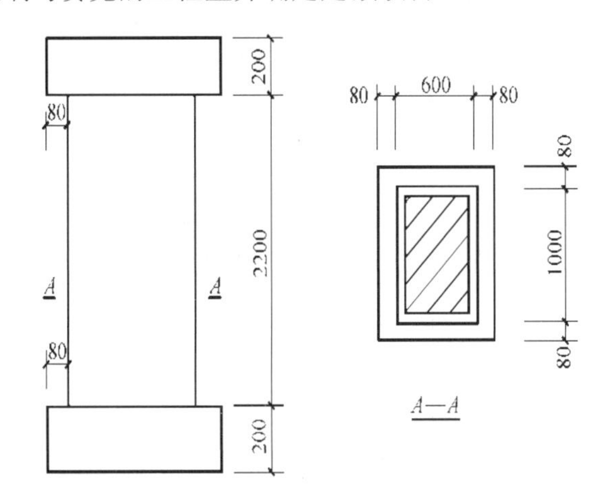

图 2-7　砖柱立面图

解：①柱面的工程量=(0.6+1.0)×2×2.2×4=28.16(m^2)

柱面水泥砂浆贴玻璃马赛克，套用定额子目 12-2-17 水泥砂浆粘贴陶瓷锦砖(马赛克) 墙面、墙裙：定额基价=1397.08 元/10m^2。

②压顶及柱脚的工程量=[(0.76+1.16) ×2×0.2+(0.68+1.08) ×2×0.08] ×2×4=8.40(m^2)

压顶及柱脚水泥砂浆贴玻璃马赛克，套用定额子目 12-2-18 水泥砂浆粘贴陶瓷锦砖(马赛克) 零星项目：定额基价=1826.86 元/10m^2。

【例 2-5】某变电室的外墙面尺寸如图 2-8 所示，M：1500mm×2000mm；C1：1500mm×1500mm；C2：1200mm×800mm；门窗侧面宽度为 100mm，外墙水泥砂浆粘贴规格为 194mm×94mm 瓷质外墙砖，灰缝 5mm。计算工程量，确定定额项目。

解：外墙面砖的工程量=(6.24+3.90)×2×4.20−1.50×2.00−1.50×1.50−1.20×0.80×4+[1.50 + 2.00×2+1.50×4+(1.20+0.80) ×2×4] ×0.10=78.84(m^2)

外墙面水泥砂浆粘贴(规格 194mm×94mm，灰缝 5mm)瓷质外墙砖，套用定额子目 12-2-39：水泥砂浆粘贴瓷质外墙砖 194mm×94mm 灰缝宽度不大于 5mm。

定额基价=1127.03 元/10m^2。

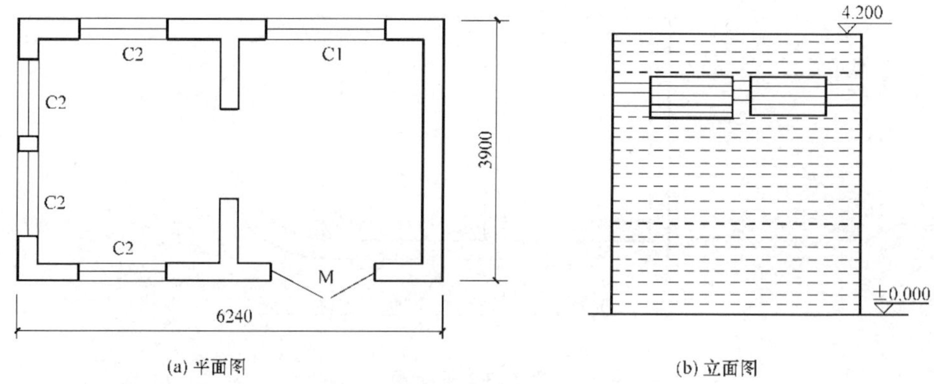

图 2-8　变电室平面图及立面图

【例 2-6】木龙骨，五合板基层，不锈钢柱面尺寸如图 2-9 所示，共 4 根，龙骨断面 30mm×40mm，间距 250mm。计算工程量，确定定额项目。

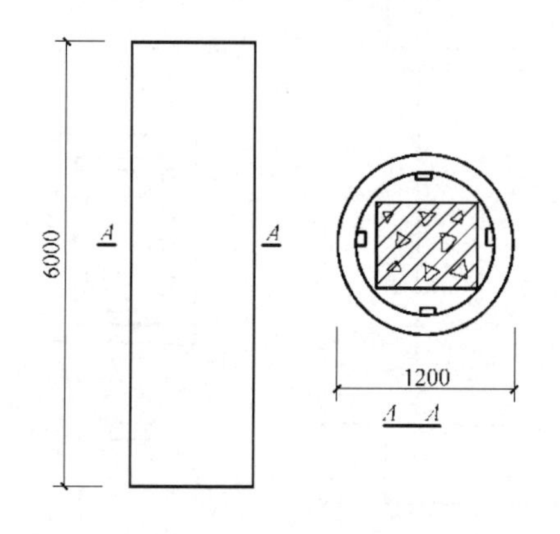

图 2-9　柱示意图

解：① 成品木龙骨安装的工程量=1.2×3.14×6×4=90.43(m^2)

设计木龙骨包圆柱，其相应定额项目乘以系数 1.18。

龙骨截面积=3×4=12(cm^2)

龙骨截面积为 12cm^2，间距为 250mm，套用定额子目 12-3-17：成品木龙骨安装平均中距≤300mm，截面积≤13cm^2，定额基价=391.96 元/10m^2。

木龙骨根数=3.14×1.19÷0.25=14.95，取 15 根。

木龙骨含量=6×15×1.06÷ (3.14×1.19×6)×10=42.55(m/10m^2)

换算基价=[391.96−(86.67−42.55)×2.01〈木龙骨除税基价〉] ×1.18=357.86(元/10m^2)

② 木龙骨上钉基层板的工程量=1.2×3.14×6×4=90.43(m^2)

木龙骨上五合板基层，套用定额子目 12-3-33 木龙骨上铺钉九夹板，并进行换算基价：

定额基价=455.54 元/10m^2

换算基价=455.54−10.5×28.77〈九夹板〉+10.5×22.59〈五合板〉=390.65(元/10m^2)

③ 圆柱不锈钢面的工程量=钉基层板的工程量=90.43m^2

圆柱面包镜面不锈钢板，套用定额子目 12-3-55 镜面不锈钢板 柱(梁)面：

定额基价=2408.11 元/10m^2

【例 2-7】某墙面工程，五夹板基层，贴丝绒墙面规格为 500mm×1000mm，共 16 块。胶合板墙裙 13m 长，净高为 0.9m，木龙骨(成品)规格为 30mm×40mm，间距为 400mm，中密度板基层，面层贴不拼花榉木夹板。计算墙面装修工程量并确定定额项目。

解：①丝绒墙面的工程量=0.5×1×16=8(m^2)

三合板上贴软包丝绒墙面，套用定额子目 12-3-59 丝绒墙面：

定额基价=1663.26 元/10m^2

②墙裙成品木龙骨安装的工程量=13×0.9=11.70m^2

龙骨截面积为 12cm^2，间距为 400mm，套用定额子目 12-3-18 成品木龙骨安装平均中距≤400mm 截面积≤13cm^2：

木龙骨根数=13/0.4+1=32.5 取 34 根。

木龙骨含量=0.9×34×1.06÷(13×0.9)×10=27.72(m/10m^2)

换算基价=319.73−(69.41−27.72)×2.01=235.93(元/10m^2)

③基层板的工程量=13×0.9=11.70m^2

套用定额子目 12-3-34 木龙骨上铺钉密度板：

定额基价=370.91 元/10m^2

④胶合板墙裙面层的工程量=13×0.9=11.70m^2

面层贴不拼花榉木夹板，套用定额子目 12-3-45 粘贴装饰木夹板面层，不拼花：

定额基价=372.02 元/10m^2

【例 2-8】如图 2-10 所示，间壁墙采用轻钢龙骨双面石膏板，门洞口尺寸为 900mm×2000mm，柱面水泥砂浆粘贴 6mm 车边镜面玻璃，装饰断面为 400mm×400mm。计算间壁墙及柱装饰工程量并确定定额项目。

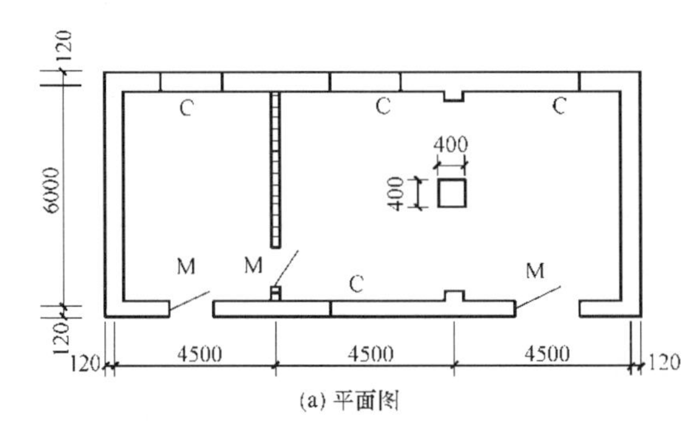

(a) 平面图

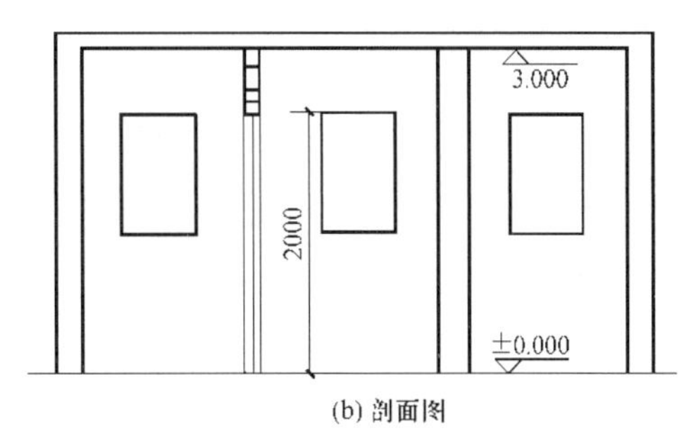

(b) 剖面图

图 2-10　平面图及剖面图

解：① 间壁墙龙骨的工程量=[(6.00−0.24)×3−0.9×2]×1.15=17.80(m^2)

间壁墙采用轻钢龙骨安装，套用定额子目 12-3-28 轻钢龙骨：

定额基价=332.66 元/10m^2

② 间壁墙双面石膏板的工程量=[(6.00−0.24)×3−0.9×2]×2=30.96(m^2)

轻钢龙骨安装石膏板，套用定额子目 12-3-36 轻钢龙骨上铺钉石膏板：

定额基价=255.61 元/10m^2

③柱面的工程量=0.4×4×3=4.80(m^2)

水泥砂浆粘贴镜面玻璃柱面，套用定额子目 12-3-48 镜面玻璃柱(梁)面：

定额基价=1090.39 元/10m^2

挂贴厚度案例分析.mp4

45 度角对缝.mp4

饰面.mp4

木龙骨制作与成品.mp4

【课后任务单】

编制某办公楼一层墙面工程定额预算书，计算定额分项工程量并确定定额项目。施工图见附图 1。

【考核与评价】

答案见第 3 篇工作任务 1，共 5 项，每项 10 分，每项工程量的准确度占 6 分，定额套用或换算占 4 分。工程量误差：1%及以内评定为满分 6 分；1%～3%评定为 4 分；3%～5%评定为 2 分；5%～10%评定为 1 分；大于 10%不计分。

课后备忘录

鲁班精神　精益求精

第3章 天 棚 工 程

【导学】本章讲述天棚工程的消耗量定额说明、工程量计算规则与定额应用，学习过程中可以参考《建筑装饰装修工程质量验收规范》(GB 50210—2001)，在理解天棚工程施工工艺、熟练识读建筑施工图的前提下运用本章知识进行手工计算。

【学习目标】通过对本章的学习，了解天棚工程的定额说明，熟悉天棚工程量计算规则，掌握消耗量定额的应用。

【课前任务单】计算某办公楼一层天棚装饰工程定额工程量，并确定定额项目。某办公楼一层装饰施工图见附图 1。

3.1 本章定额说明

(1) 本章定额包括天棚抹灰、天棚龙骨、天棚饰面、雨篷四部分。示例如表 3-1 所示。

表 3-1 定额子目

工作内容：铺钉基层板，钉帽防锈处理。 计量单位：$10m^2$

定额编号			13-3-1	13-3-2	13-3-3	13-3-4
项目名称			钉铺胶合板基层			
			五夹板		九夹板	
			轻钢龙骨	木龙骨	轻钢龙骨	木龙骨
名称		单位	消耗量			
人工	综合工日	工日	0.79	0.79	0.84	0.84
材料	五夹板 1220×2440×5	m^2	10.50	10.50	—	—
	自攻螺钉镀锌(4～6)×(10～16)	百个	3.45	—	3.45	—
	九夹板 1220×2440×9	m^2	—	—	10.50	10.50
	白乳胶	kg	—	0.33	—	0.33
	气动排钉 F20	百个	—	8.40	—	8.40
机械	电动空气压缩机 $0.6m^3/min$	台班	—	0.175	—	0.175

(2) 本章中凡注明砂浆种类、配合比、饰面材料型号规格的，设计规定与定额不同时，可以按设计规定换算，其他不变。

(3) 天棚划分为平面天棚、跌级天棚和艺术造型天棚。平面天棚指的是天棚面层在同一标高者。跌级天棚指的是天棚面层不在同一标高者。艺术造型天棚包括藻井天棚、吊挂式天棚、阶梯形天棚、锯齿形天棚，如图 3-1 所示。

藻井天棚是中国特有的建筑结构和装饰手法。它是在天花板中最显眼的位置做一个多角形、圆形或方形的凹陷部分，然后装修斗拱、描绘图案或雕刻花纹。

吊挂式天棚，指天棚的装修表面与屋面板或楼板之间留有一定距离，这段距离形成的空腔可以将设备管线和结构隐藏起来，也可使天棚在这段空间高度上产生变化，形成一定的立体感，增强装饰效果。

阶梯形天棚是指天棚面层不在同一标高且超过三级者。

锯齿形天棚是按其构成形状来命名的，主要是为了避免灯光直射到室内，而做成若干间断的单坡天棚顶，若干个天棚顶排列起来就像锯齿一样。

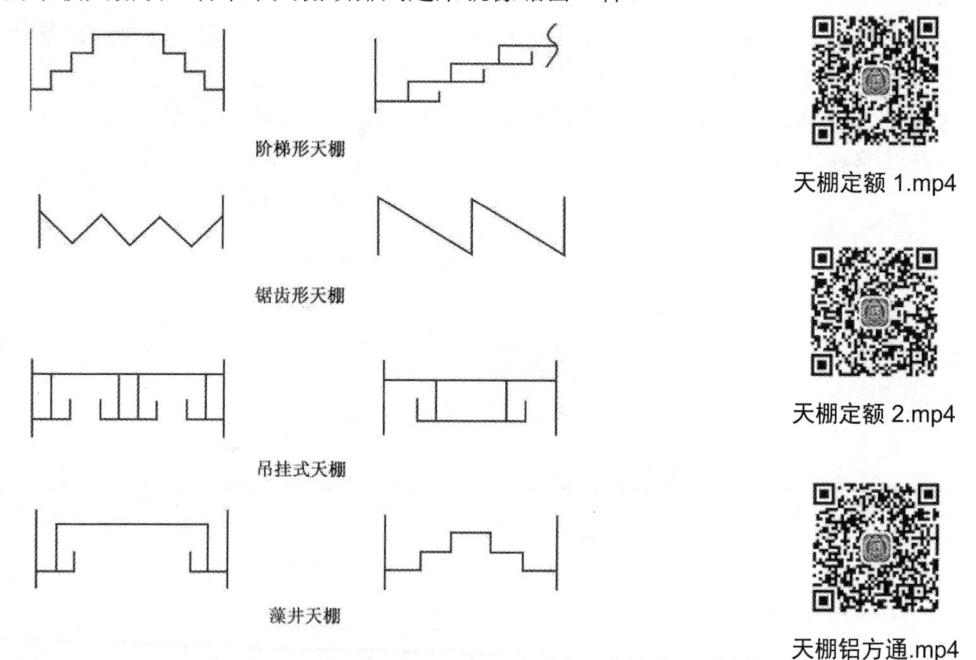

图 3-1　艺术造型天棚示意图

(4)　本章天棚龙骨是按平面天棚、跌级天棚、艺术造型天棚龙骨设置项目。按照常用材料及规格编制，设计规定与定额不同时，可以换算，其他不变。若龙骨需要进行处理(如煨弯曲线等)，其加工费另行计算。U 型轻钢龙骨安装如图 3-2 所示，LT 型铝合金龙骨安装如图 3-3 所示。

(5)　天棚木龙骨子目，区分单层结构和双层结构。单层结构是指双向木龙骨形成的龙骨网片，直接由吊杆引上吊到楼板上；双层结构是指双向次(小)龙骨形成的龙骨网片，首先固定在单向设置的主(大)龙骨上，再由主龙骨与吊杆连接吊到楼板上。单层、双层结构木龙骨如图 3-4 和图 3-5 所示。

天棚木龙骨用量可按实际用量调整，人工、机械用量不变，吊筋的型号、用量不同时可以调整。

定额成品木龙骨子目取定为：吊筋采用$\phi 8$ 吊筋，木龙骨网片采用 25mm×30mm 的成品方木，网格尺寸 300mm×300mm，双层结构增加单向木龙骨，采用 40mm×60mm 方木，间距为 850mm，吊点取定 1.5 个/m^2，木龙骨损耗率取定为 5%。

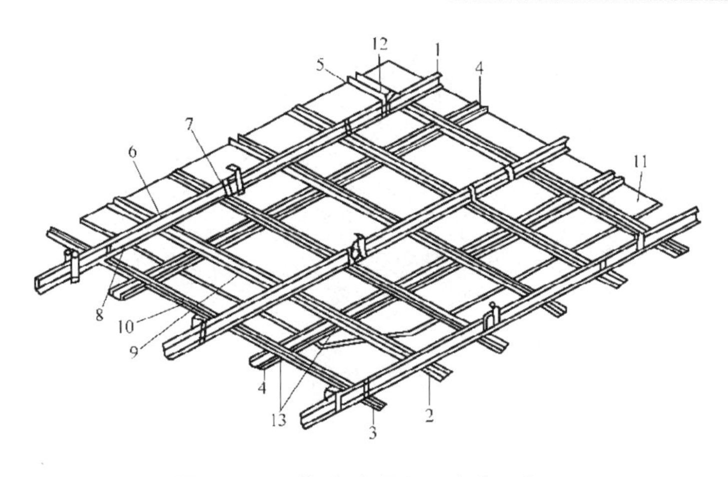

图 3-2 U 型轻钢龙骨吊顶安装示意图

1—大龙骨；2—中龙骨；3—小龙骨；4—横撑龙骨；5—大吊挂件；6—中吊挂件；7—小吊挂件；8—大接插件；9—中接插件；10—小接插件；11—罩面板；12—吊杆；13—龙骨支托连接

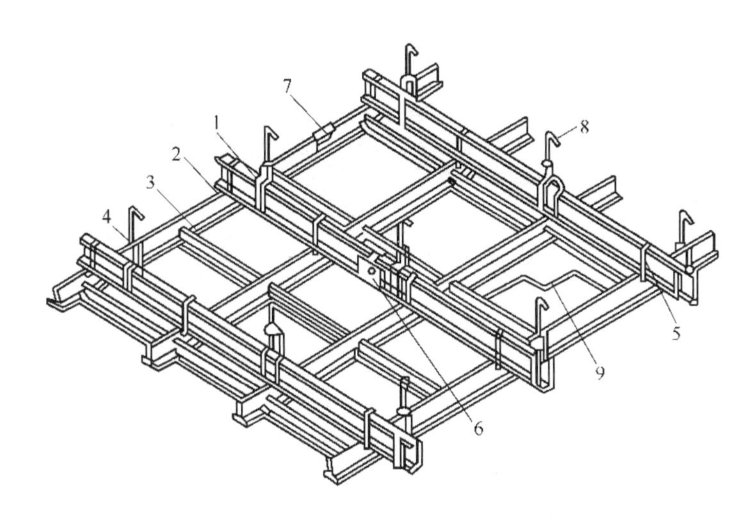

图 3-3 LT 型铝合金龙骨吊顶安装示意图

1—大龙骨；2—中龙骨；3—小龙骨；4—大吊挂件；5—中吊挂件；6—大接插件；7—中接插件；8—小接插件；9—吊杆

① 木龙骨主要材料计算。

当龙骨设计断面与定额相同时，龙骨按延长米计算，即

每个房间大龙骨用量=大龙骨每根长度×(分布宽度÷龙骨间距+1)×(1+损耗率)

每个房间小龙骨用量=[房间长×(房间宽÷龙骨间距+1)+房间宽×(房间长 ÷龙骨间距+1)]×(1+损耗率)

当龙骨设计断面与定额不同时，龙骨按 m^3 计算，即

每个房间大龙骨用量=大龙骨每根长度×(分布宽度÷龙骨间距+1)×断面面积×(1+损耗率)

每个房间小龙骨用量=[房间长×(房间宽÷龙骨间距+1)+房间宽×(房间长÷龙骨间距+1)]×龙骨断面面积×(1+损耗率)

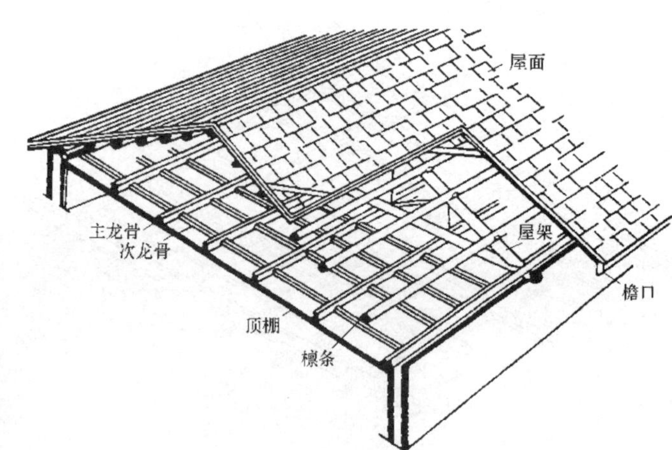

跌级天棚与艺术造型天棚.mp4

图 3-4　单层结构木龙骨

艺术造型天棚.mp4

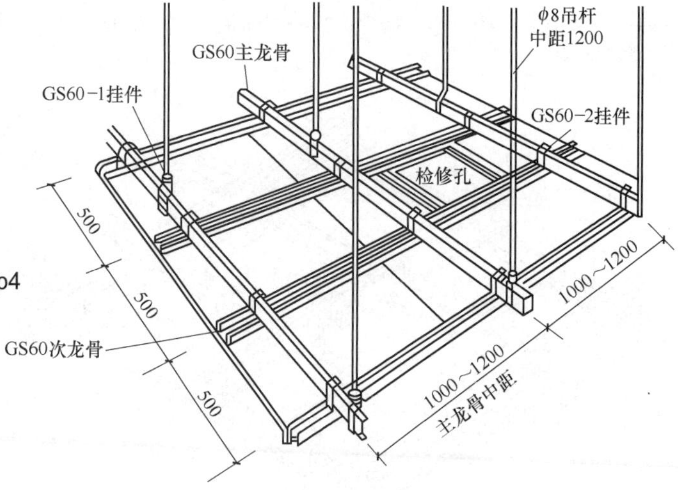

图 3-5　双层结构木龙骨

例如，某餐厅房间净长为 18m，宽为 12m，大龙骨间距为 1200mm，断面为 50mm×70mm，小龙骨间距为 500mm，断面为 50mm×50mm。计算龙骨木材用量。

大龙骨用量=12×(18÷1.2+1)×0.05×0.07×1.05=0.706(m^3)

小龙骨用量=[12×(18÷0.5+1)+18×(12×0.5+1)]×0.05×0.05 ×1.05=2.347(m^3)

方龙骨设计用量合计=0.706+2.347=3.053(m^3)

若天棚龙骨为单层结构，只计算小(次)龙骨即可。

②　轻钢龙骨及铝合金龙骨。采用ϕ8 吊筋，各个子目均按双层龙骨考虑，主龙骨为单向设置，并以中、小龙骨形成的网格尺寸列项，轻钢龙骨及铝合金龙骨损耗率均为 5%。

轻钢龙骨及铝合金龙骨定额消耗量以 m^2 计算，一般无须调整。

③　棚块料面层计算。

$$10\text{m}^2\text{用量}=10\times(1+\text{损耗率})$$

或

$$10\text{m}^2\text{用量}=\frac{10}{\text{块长}\times\text{块宽}}\times(1+\text{损耗率})$$

例如，铝塑板规格为 500mm×500mm，损耗率为 5%，计算铝塑板用量。

10m^2 用量=10×(1+5%)=10.5(m^2)

10m^2 铝塑板块数= $\frac{10}{0.5\times0.5}\times(1+5\%)=42$(块)

(6)　非艺术造型天棚中，天棚面层在同一标高者为平面天棚，天棚面层不在同一标高者为跌级天棚。跌级天棚基层、面层按平面定额项目人工乘以系数 1.1，其他不变。

①　平面天棚与跌级天棚的划分。

房间内全部吊顶、局部向下跌落，最大跌落线向外、最小跌落线向里，每边各加 0.60m，两条 0.60m 线范围内的吊顶为跌级吊顶天棚，其余为平面吊顶天棚，如图 3-6 所示。

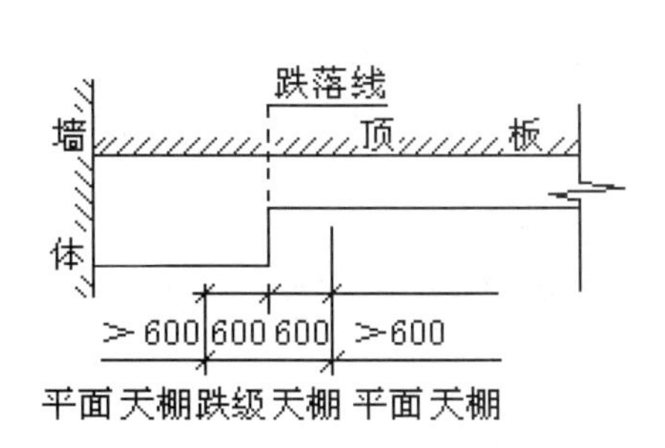

(a) 节点图

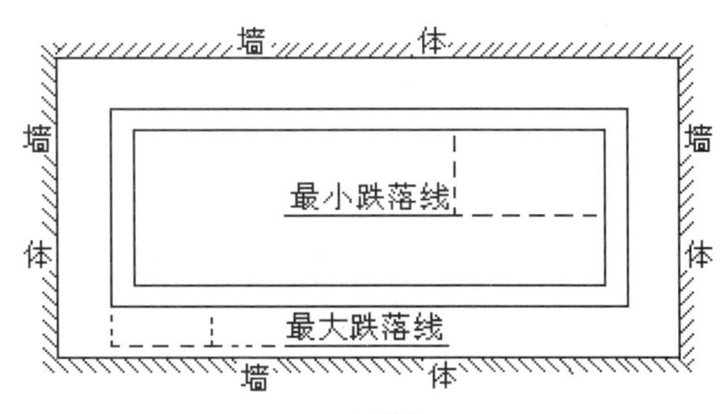

(b) 平面图

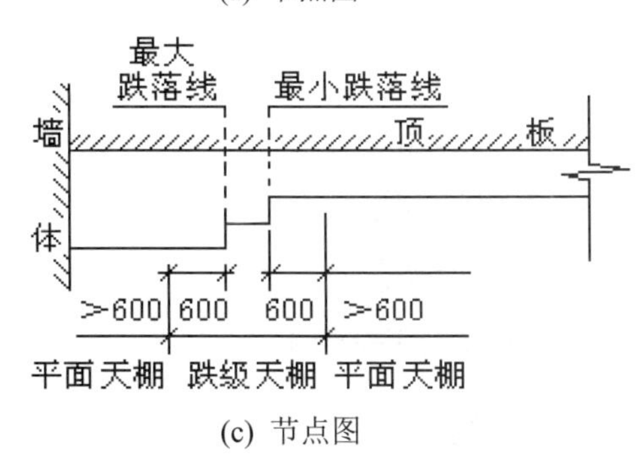

(c) 节点图

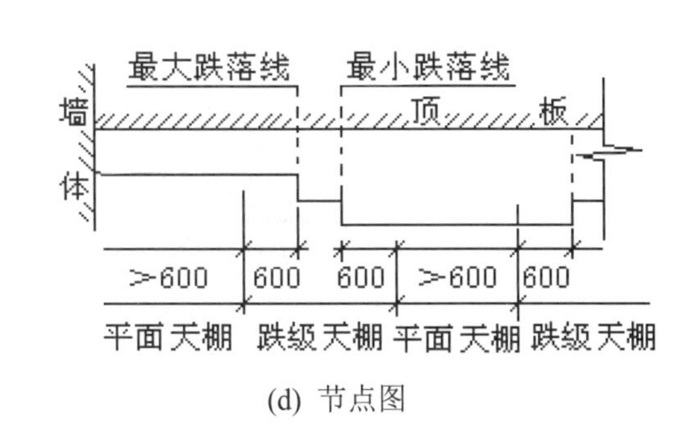

(d) 节点图

图 3-6　跌级天棚与平面天棚的划分(1)

若最大跌落线向外、距墙边不大于 1.2m 时，最大跌落线以外的全部吊顶为跌级吊顶天棚，如图 3-7(a)所示。

若最小跌落线任意两对边之间的距离不大于 1.8m 时，最小跌落线以内的全部吊顶为跌级吊顶天棚，如图 3-7(b)所示。若房间内局部为板底抹灰天棚、局部向下跌落时，两条 0.6m 线范围内的抹灰天棚，不得计算为吊顶天棚；吊顶天棚与抹灰天棚只有一个跌级时，该吊顶天棚的龙骨为平面天棚龙骨，该吊顶天棚的饰面按跌级天棚饰面计算，如图 3-7(c)和图 3-7 (d)所示。

②　跌级天棚与艺术造型天棚的划分。

天棚面层不在同一标高时，高差不大于 400mm 且跌级不大于三级的一般直线形平面天

棚按跌级天棚相应项目执行；高差大于 400mm 或跌级大于三级以及圆弧形、拱形等造型天棚，按吊顶天棚中的艺术造型天棚相应项目执行。

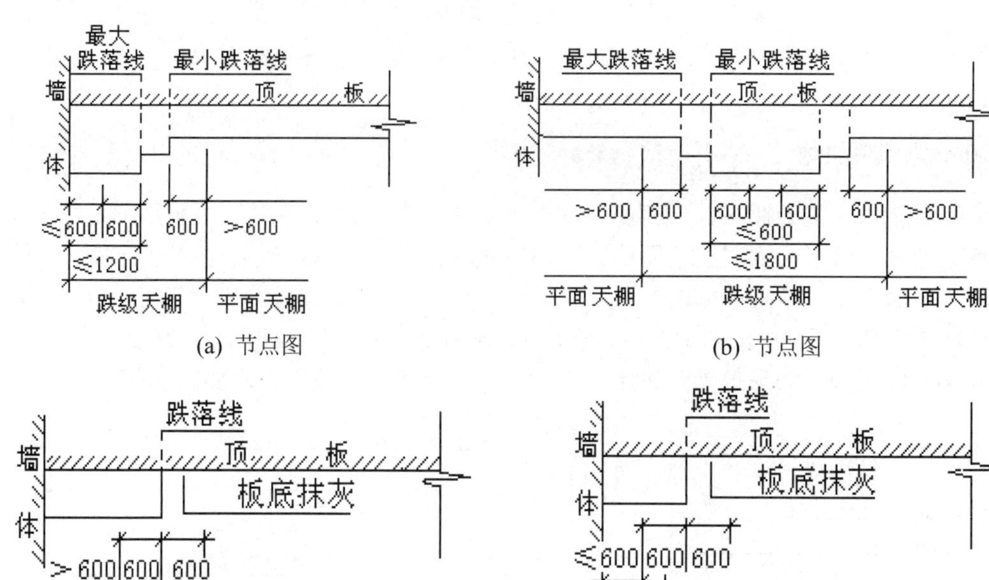

(a) 节点图　　(b) 节点图

(c) 节点图　　(d) 节点图

图 3-7　跌级天棚与平面天棚的划分(2)

跌级天棚案例分析.mp4

平面天棚与跌级天棚.mp4

(7) 艺术造型天棚基层、面层按平面定额项目人工乘以系数 1.3，其他不变。

(8) 轻钢龙骨、铝合金龙骨定额按双层结构编制，如采用单层结构时，人工乘以系数 0.85。

(9) 平面天棚和跌级天棚指一般直线形天棚，不包括灯光槽的制作安装。艺术造型天棚定额中已包括灯光槽的制作安装。

(10) 软膜吊顶项目是按照矩形膜顶编制的，如遇圆形、弧形等不规则的软膜吊顶，人工乘以系数 1.1。

(11) 点支式雨篷的型钢、爪件的规格、数量是按常用做法考虑的，设计规定与定额不同时，可以按设计规定换算，其他不变。斜拉杆费用另计。

(12) 天棚饰面中喷刷涂料，龙骨、基层、面层防火处理执行《消耗量定额》“第 4 章 油漆、涂料及裱糊工程”相应项目。

(13) 天棚检查孔的工料已包含在项目内，面层材料不同时，另增加材料，其他不变。

(14) 定额内除另有注明者外，均未包括压条、收边、装饰线(板)，设计有要求时，执行“第 5 章　其他装饰工程”相应定额子目。

(15) 天棚装饰面开挖灯孔，按每开 10 个灯孔用工 1.0 工日计算。

3.2　工程量计算规则

1. 天棚抹灰工程量的计算规则

(1)　按设计图示尺寸以面积计算，不扣除柱、垛、间壁墙、附墙烟囱、检查口和管道所占的面积。

(2)　带梁天棚的梁两侧抹灰面积并入天棚抹灰工程量内计算。

顶棚抹灰工程量=主墙间净长度×主墙间净宽度+梁侧面面积

(3)　楼梯底面(包括侧面及连接梁、平台梁、斜梁的侧面)抹灰，按楼梯水平投影面积乘以系数 1.37，并入相应天棚抹灰工程量内计算。

(4)　有坡度及拱顶的天棚抹灰面积按展开面积计算。

(5)　檐口、阳台、雨篷底的抹灰面积，并入相应的天棚抹灰工程量内计算。

2. 吊顶天棚龙骨工程量的计算规则

吊顶天棚龙骨(除特殊说明外)按主墙间净空水平投影面积计算；不扣除间壁墙、检查口、附墙烟囱、柱、灯孔、垛和管道所占面积，由于上述原因所引起的工料也不增加；天棚中的折线、跌落、高低吊顶槽等面积不展开计算。

主墙是指建筑物结构设计已有的承重墙和功能性隔断墙。应区别于装饰设计的间壁墙(或功能性轻质墙)。

3. 天棚饰面工程量的计算规则

(1)　按设计图示尺寸以面积计算，不扣除间壁墙、检查口、附墙烟囱、柱、垛和管道所占面积，但应扣除独立柱、灯带、大于 0.3m^2 的灯孔及与天棚相连的窗帘盒所占的面积。

(2)　天棚中的折线、叠落等圆弧形、高低吊灯槽及其他艺术形式等天棚面层按展开面积计算。

(3)　格栅吊顶、藤条造型悬挂吊顶、软膜吊顶和装饰网架吊顶按设计图示尺寸以水平投影面积计算。

(4)　吊筒吊顶按最大外围水平投影尺寸，以外接矩形面积计算。

(5)　送风口、回风口及成品检修口按设计图示以数量计算。

4. 雨篷工程量的计算规则

雨篷工程量按设计图示尺寸以水平投影面积计算。

3.3 工程量计算与定额套用

【例 3-1】井字梁顶棚如图 3-8 所示，顶棚建筑做法：素水泥浆一道，5mm 厚的混合砂浆找平，满刮 2～3mm 厚柔性腻子分 3 遍找平，内墙涂料。计算顶棚砂浆找平工程量并确定定额项目。

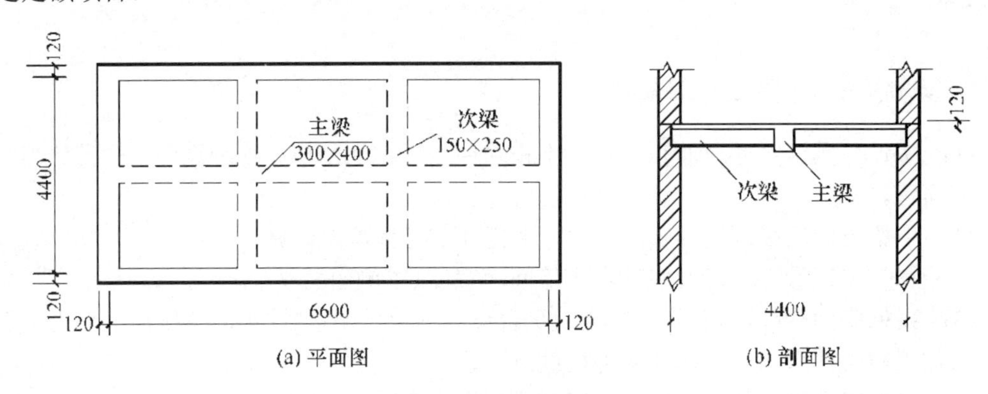

图 3-8 顶棚的平面图及剖面图(1)

解： 顶棚抹灰工程量=(6.60−0.24)×(4.40−0.24)+(0.40−0.12)×6.36×2+(0.25−0.12)×3.86×2×2−(0.25−0.12)×0.15×4=31.95(m^2)

套用定额子目 13-1-4 混凝土面天棚混合砂浆打底厚 5mm：定额基价=156.71 元/10m^2

素水泥浆一道借用定额 11-1-7 刷素水泥浆一遍：定额基价=20.2 元/10m^2。

【例 3-2】钢筋混凝土板底吊装配式 U 型轻钢龙骨，间距为 450mm×450mm，龙骨上铺钉中密度板，面层粘贴 4mm 厚的铝塑板，尺寸如图 3-9 所示。计算顶棚工程量，确定定额项目。

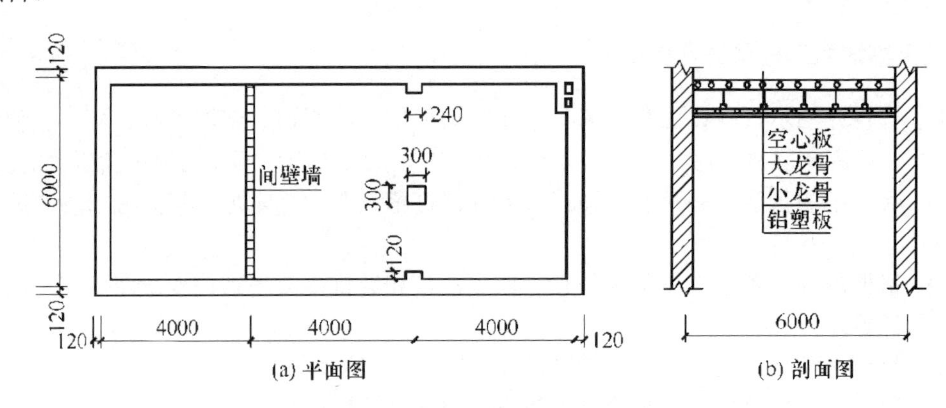

图 3-9 顶棚的平面图及剖面图(2)

解： ①轻钢龙骨工程量=(12−0.24)×(6−0.24)=67.74(m^2)

套用定额子目 13-2-9 装配式 U 型轻钢天棚龙骨网格尺寸 450mm×450mm 平面不上人型：

定额基价=491.23 元/10m^2

②基层板工程量=(12−0.24)×(6−0.24)−0.30×0.30=67.65(m^2)

套用定额子目 13-3-5 钉铺密度板基层轻钢龙骨：

定额基价=326.64 元/10m^2

③铝塑板面层工程量=基层板工程量=67.65m^2

面层粘贴 4mm 厚的铝塑板，套用定额子目 13-3-26 天棚金属面层铝塑板贴在基层板上：

定额基价=1309.28 元/10m^2

【例 3-3】图 3-11 中若为 T 型铝合金龙骨，网格尺寸为 600mm×600mm 平面天棚，上搁 18mm 厚矿棉板。计算顶棚工程量，确定定额项目。

解：①铝合金龙骨工程量=67.74m^2

套用定额子目 13-2-23 装配式 T 型铝合金天棚龙骨网格尺寸 600mm×600mm 平面：

定额基价=443.4 元/10m^2

② 矿棉板工程量=67.65m^2

矿棉板搁在龙骨上，套用定额子目 13-3-32 天棚其他饰面矿棉板搁在龙骨上：

定额基价=377.19 元/10m^2

【例 3-4】某天棚设计如图 3-10 所示，顶棚建筑做法：现浇钢筋混凝土板打磨平整，胀管螺栓固定吸顶吊件，安装轻钢次龙骨及横撑龙骨 CB50×20，网格尺寸为 450mm×450mm，12mm 厚纸面石膏板自攻螺钉固定，2～3mm 厚柔性腻子分遍找平，内墙涂料。计算顶棚工程量并确定定额项目。

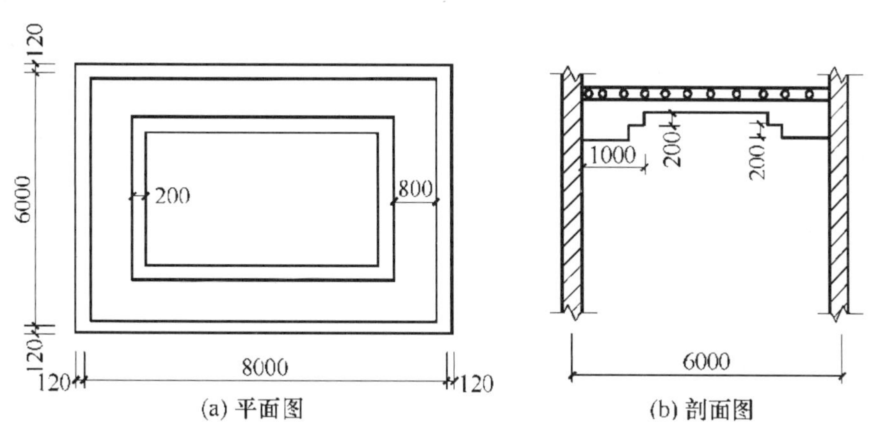

图 3-10　顶棚的平面图及剖面图(3)

解：①平面顶棚龙骨工程量=(8−0.24−1×2−0.6×2)×(6−0.24−1×2−0.6×2)=11.67(m^2)

套用定额子目 13-2-9 装配式 U 型轻钢天棚龙骨网格尺寸为 450mm×450mm 平面不上人型：

定额基价=491.23 元/10m^2

②跌级顶棚龙骨工程量=(8−0.24)×(6−0.24)−11.67=33.03(m^2)

套用定额子目 13-2-11 装配式 U 型轻钢天棚龙骨网格尺寸 450mm×450mm 跌级不上人型：

定额基价=659.64 元/10m^2

③平面顶棚基层工程量=平面顶棚龙骨工程量= 11.67m^2

套用定额子目 13-3-9 钉铺纸面石膏板基层轻钢龙骨：

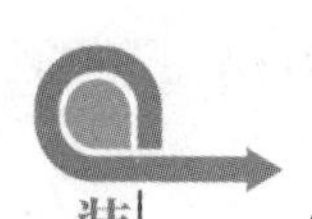

定额基价=238.26 元/10m^2

④跌级顶棚基层工程量=跌级顶棚龙骨面积+跌级侧面展开面积=33.03+(8.00−0.24−0.90×2+6.00−0.24−0.90×2)×2×0.20×2=40.97(m^2)

套用定额子目 13-3-9 钉铺纸面石膏板基层轻钢龙骨：定额基价=238.26 元/10m^2

换算基价=238.26+1.08×120×0.1〈跌级顶棚基层人工上调〉=251.22(元/10m^2)

【例 3-5】某大厅装饰工程(见图 2-1 至图 2-4)，计算该天棚工程龙骨和面层工程量并确定定额项目。

解：①天棚轻钢龙骨工程量：(12−0.24)×(18−0.24)=208.86(m^2)

套用定额 13-2-9 装配式 U 型轻钢龙骨网格尺寸为450mm×450mm 平面不上人型：

定额基价=491.23 元/10m^2

②石膏板面层工程量：扣除柱占位面积 0.8×0.8×4=2.56(m^2)

208.86−2.56−7(窗帘盒占位面积)=199.30(m^2)

套用定额 13-3-9 钉铺纸面石膏板基层轻钢龙骨，定额基价=238.26 元/10m^2

【课后任务单】

编制某办公楼一层天棚工程定额预算书，计算定额分项工程量并确定定额项目。施工图见附图 1。

【考核与评价】

答案见第 3 篇工作任务 1，共 16 项，每项 10 分，每项工程量的准确度占 6 分，定额套用或换算占 4 分。工程量误差：1%及以内评定为满分 6 分；1%～3%评定为 4 分；3%～5%评定为 2 分；5%～10%评定为 1 分；大于 10%不计分。

课后备忘录 ____________________

____

____

____

____

____

____

____

____

____

____________________ 鲁班精神　精益求精

第4章　油漆、涂料及裱糊工程

【导学】 本章讲述油漆、涂料及裱糊工程的消耗量定额说明、工程量计算规则与定额应用，学习过程中可以参考《建筑装饰装修工程质量验收规范》(GB 50210—2001)，在理解施工工艺、熟练识读建筑施工图的前提下运用本章知识进行手工计算。

【学习目标】 通过对本章内容的学习，了解油漆、涂料及裱糊工程的定额说明，熟悉油漆、涂料及裱糊工程工程量计算规则，掌握消耗量定额的应用。

【课前任务单】 计算某办公楼一层天棚涂料装饰工程定额工程量，并确定定额项目。某办公楼一层装饰施工图见附图1。

4.1　本章定额说明

(1)　本章定额包括木材面油漆，金属面油漆，抹灰面油漆、涂料，基层处理和裱糊五部分。示例如表4-1所示。

表4-1　定额子目表

工作内容：刷聚酯清漆一遍。　　　　单位：$10m^2$

定额编号			14-1-51	14-1-52	14-1-53
项目名称			聚酯清漆每增一遍		
			单层木门	单层木窗	墙面墙裙
名称		单位	消耗量		
人工	综合工日	工日	0.30	0.30	0.27
材料	聚酯清漆	kg	0.7006	0.5384	0.3145
	聚酯漆稀释剂	kg	0.7240	0.5570	0.3260
	聚酯固化剂	kg	0.7040	0.5410	0.3160
	水砂纸240～600号	张	1.0500	0.7000	0.5250

(2)　本章项目中刷油漆、涂料采用手工操作，喷涂采用机械操作，实际操作方法不同时不做调整。

(3)　本定额中油漆项目已综合考虑高光、半亚光、亚光等因素。如油漆种类不同时，换算油漆种类，用量不变。

(4)　定额已综合考虑了在同一平面上的分色及门窗内外分色。油漆中深浅各种不同的颜色已综合在定额子目中，不另调整。如需制作美术图案者另行计算。

(5)　本章规定的喷、涂、刷遍数与设计要求不同时，按每增一遍定额子目调整。

(6)　墙面、墙裙、天棚及其他饰面上的装饰线油漆与附着面的油漆种类相同时，装饰

线油漆不单独计算。装饰线与其附着面作为一个油漆整体，按其展开面积一并计算油漆工程量，执行附着面相应油漆子目。

单独的装饰线油漆，执行木扶手油漆，其工程量按照油漆、涂料工程量系数表中的计算规则和系数计算。

(7) 抹灰面涂料项目中均未包括刮腻子内容，刮腻子按基层处理相应子目单独套用。

(8) 木踢脚板油漆，若与木地板油漆相同时，并入地板工程量内计算，其工程量计算方法和系数不变。油漆种类不同时，按踢脚线的计算规则计算工程量，套用其他木材面油漆项目。

(9) 墙、柱面真石漆项目不包括分格嵌缝，当设计要求做分格缝时，按《消耗量定额》“第 2 章 墙、柱面装饰与隔断、幕墙工程”相应项目计算。

4.2 工程量计算规则

(1) 楼地面，天棚面，墙、柱面的喷(刷)涂料、油漆工程，其工程量按各自抹灰的工程量计算规则计算(即抹灰工程量=涂料、油漆工程量)。涂料系数表中有规定的(即抹灰工程量按展开面积或投影面积计算部分)，按规定计算工程量并乘以系数表中的系数。

抹灰面油漆、涂料，仅对不易计算的部分涂刷部位设置了工程量系数表。计算工程量时，应优先采用本章工程量系数表的相应规定及其系数；工程量系数表中未规定的，按各章抹灰的工程量计算规则计算。

(2) 木材面、金属面、金属构件油漆工程量按油漆、涂料系数表的工程量计算方法，并乘以系数表内的系数计算。

(3) 木材面刷油漆、涂料工程量，按所刷木材面的面积计算；木方面刷油漆、涂料工程量，按木方所附墙、板面的投影面积计算。

(4) 基层处理工程量，按其面层的工程量计算。

(5) 裱糊项目工程量，按设计图示尺寸以面积计算。

(6) 油漆、涂料工程量系数见表 4-2 至表 4-5。

表 4-2 单层木门窗、墙裙的油漆、涂料工程量系数表

项目名称	系数	工程量计算方法	项目名称	系数	工程量计算方法
单层木门	1.00	按设计图示洞口尺寸以面积计算	单层玻璃窗	1.00	按设计图示洞口尺寸以面积计算
双层(一板一纱)木门	1.36		单层组合窗	0.83	
单层全玻门	0.83		双层(一玻一纱)木窗	1.36	
木百叶门	1.25		木百叶窗	1.50	
厂库木门	1.10		无造型墙面墙裙	1.00	按设计图示尺寸以面积计算
无框装饰门、成品门	1.10	按设计图示门扇面积计算	有造型墙面墙裙	1.25	

表 4-3　木扶手、其他木材面及木地板的油漆、涂料工程量系数表

项目名称	系数	工程量计算方法	项目名称	系数	工程量计算方法
木扶手	1.00	按设计图示尺寸以长度计算	装饰木夹板、胶合板及其他木材面天棚	1.00	按设计图示尺寸以面积计算
木门框	0.88		木方格吊顶天棚	1.20	
明式窗帘盒	2.04		吸音板墙面、天棚面	0.87	
封檐板、博风板	1.74		窗台板、门窗套、踢脚线、暗式窗帘盒	1.00	
挂衣板	0.52		暖气罩	1.28	
挂镜线	0.35		木间壁、木隔断	1.90	按设计图示尺寸以单面外围面积计算
木线条宽度 50mm 内	0.20		玻璃间壁露明墙筋	1.65	
木线条宽度 100mm 内	0.35		木栅栏、木栏杆(带扶手)	1.82	
木线条宽度 200mm 内	0.45		木屋架	1.79	跨度(长)×中高×1/2
木地板	1.00	按设计图示尺寸以面积计算。空洞、空圈、暖气包槽、壁龛的开口部分并入相应工程量内	屋面板(带檩条)	1.11	按设计图示尺寸以面积计算
木楼梯(不包括底面)	2.30	按设计图示尺寸以水平投影面积计算，不扣除宽度小于 300mm 的楼梯井	柜类、货架	1.00	按设计图示尺寸以油漆部分展开面积计算
			零星木装饰	1.10	

表 4-4　金属面油漆、涂料工程量系数表

项目名称	系数	工程量计算方法	项目名称	系数	工程量计算方法
单层钢门窗	1.00	按设计图示洞口尺寸以面积计算	钢屋架、天窗架、挡风架、屋架梁、支撑、檩条	1.00	按设计图示尺寸以质量计算
双层(一玻一纱)钢门窗	1.48		墙架(空腹式)	0.50	
满钢门或包铁皮门	1.63		墙架(格板式)	0.82	
钢折叠门	2.30		钢柱、吊车梁、花式梁柱、空花构件	0.63	
厂库房平开、推拉门	1.70		操作台、走台、制动梁、钢梁车挡	0.71	
铁丝网大门	0.81		钢栅栏门、栏杆、窗栅	1.71	

续表

项目名称	系数	工程量计算方法	项目名称	系数	工程量计算方法
间壁	1.85	按设计图示尺寸以面积计算	钢爬梯	1.18	
平板屋面	0.74		轻型屋架	1.42	
瓦垄板屋面	0.89		踏步式钢扶梯	1.05	
排水、伸缩缝盖板	0.78	展开面积	零星构件	1.32	
吸气罩	1.63	水平投影面积			

表 4-5　抹灰面的油漆、涂料工程量系数表

项目名称	系数	工程量计算方法
槽形底板、混凝土折板	1.30	按设计图示尺寸以面积计算
有梁板底	1.10	
密肋、井字梁底板	1.50	
混凝土楼梯板底	1.37	水平投影面积

4.3　岗位技术交底

1. 套用定额要注意的问题

(1)　硝基清漆子目是按 5 遍成活考虑，每遍成活按规程要求包括两遍刷油一遍磨退。

(2)　其他木材面工程量系数表中的“零星木装饰”项目指油漆工程量系数表中未列项目。

(3)　金属面、金属构件防火涂料是按照薄型钢结构防火涂料，涂刷厚度 5.5mm 耐火时限 1.0h，涂刷厚度 3mm 耐火时限 0.5h 设置；涂料密度按照 500kg/m^3 计算，防火涂料损耗按 10%计算；当设计与定额取定的涂料密度、涂刷厚度不同时，定额中的防火涂料消耗量可调整。

2. 应用举例

某大厅装饰工程(见图 2-1 至图 2-4)，计算该工程内墙面涂料工程量并确定相应定额项目。

解：(1)　面满刮腻子工程量：

[(12−0.24)+(18−0.24)]×2×3.75−80(门窗洞口面积)+11(柱垛展开面积)=152.4(m^2)

套用定额 14-4-9 满刮成品腻子两遍内墙抹灰面：定额基价=174.37 元/10m^2

(2)　墙面刷乳胶漆工程量：

墙面刷乳胶漆工程量=墙面满刮腻子工程量=152.4m^2

套用定额 14-3-7 室内乳胶漆两遍墙、柱面光面：定额基价=88.63 元/10m^2

4.4　工程量计算与定额套用

【例 4-1】某工程如图 4-1 所示，计算该工程外墙面界面剂及涂料工程量并确定定额项目。

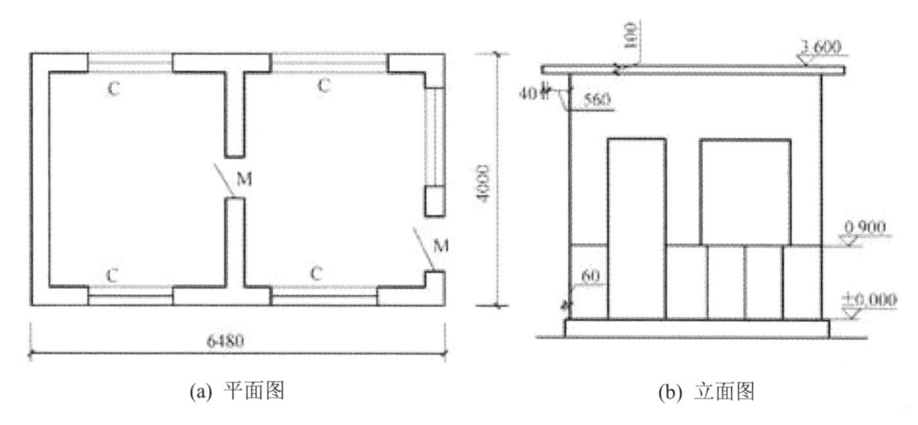

(a) 平面图　　(b) 立面图

图 4-1　某工程平面图及立面图

解：外墙面工程量=(6.48+4)×2×(3.6−0.1−0.9)−1×(2.5−0.9)−1.2×1.5×5=43.9(m^2)

刷界面剂一道，套用定额 14-4-16 乳液界面剂涂敷：定额基价=11.13 元/10m^2

刮柔性腻子，套用定额 14-4-15 满刮柔性腻子保温墙面：

定额基价=134.03 元/10m^2

外墙真石漆，套用定额 14-3-5 墙柱面喷真石漆 3 遍成活：

定额基价=984.23 元/10m^2

【例 4-2】某工程如图 4-2 所示，地面刷过氯乙烯涂料，三合板木墙裙上润油粉，刷硝基清漆 6 遍，墙面、顶棚满刮成品腻子两遍，刷乳胶漆 3 遍。计算工程量，确定定额项目。

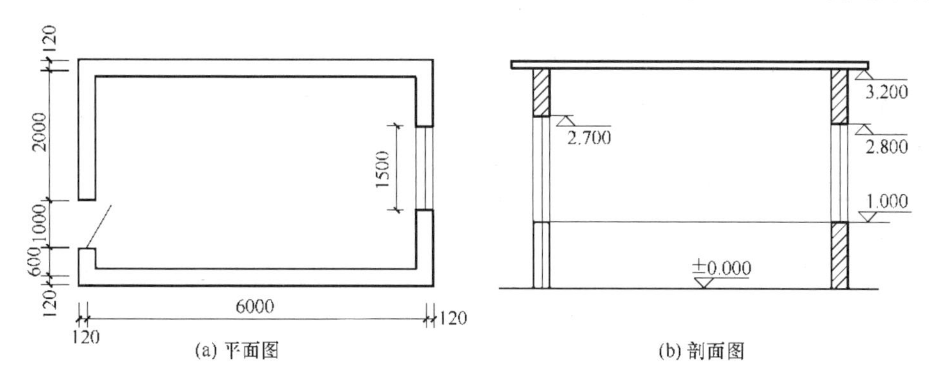

(a) 平面图　　(b) 剖面图

图 4-2　某工程平面图及剖面图(1)

解：① 地面刷过氯乙烯涂料工程量=(6.00−0.24)×(3.60−0.24)=19.35(m^2)

地面刷过氯乙烯涂料，套用定额子目 14-3-39：

定额基价=324.52 元/10m^2

② 墙裙刷硝基清漆工程量=[(6−0.24+3.6−0.24)×2−1+0.12×2]×1×1(系数)=17.48(m^2)

套用定额子目 14-1-98 硝基清漆润油粉、漆片、硝基清漆 5 遍、磨退出亮墙面墙裙：

定额基价=574.81 元/10m^2

套用定额子目 14-1-103 硝基清漆每增一遍墙面墙裙：

定额基价=67.26 元/10m^2

③ 顶棚工程量=5.76×3.36=19.35(m^2)

套用定额子目 14-3-9 室内乳胶漆两遍天棚：

定额基价=101.67 元/10m^2

套用定额子目 14-3-13 室内乳胶漆每增一遍天棚：

定额基价=45.42 元/10m^2

套用定额子目 14-4-11 满刮成品腻子天棚抹灰面两遍：

定额基价=179.17 元/10m^2

墙面工程量=(5.76+3.36) ×2×2.20−1.00×(2.70−1.00) −1.50×1.8=35.73(m^2)

套用定额子目 14-3-7 室内乳胶漆两遍墙、柱面光面：

定额基价=88.63 元/10m^2

套用定额子目 14-3-11 室内乳胶漆每增一遍墙、柱面光面：

定额基价=40.71 元/10m^2

套用定额子目 14-4-9 满刮成品腻子内墙抹灰面两遍：

定额基价=174.37 元/10m^2

【例 4-3】某工程如图 4-3 所示，内墙抹灰面满刮腻子两遍，贴对花墙纸；顶棚刷仿瓷涂料两遍。计算顶棚工程量，确定定额项目。

解：① 内墙满刮腻子工程量=(9−0.24+6−0.24)×2×(3−0.15)−1.2×(2.7−0.15) −2×1.5=76.7(m^2)

套用定额子目 14-4-9 满刮成品腻子内墙抹灰面两遍：

定额基价=174.37 元/10m^2

② 内墙贴对花墙纸工程量=(9−0.24+6−0.24)×2×(3−0.15) −1.2×(2.7−0.15) −2×1.5+[1.2+(2.7−0.15)×2+(2+1.5)×2]×0.12=78.30(m^2)

套用定额子目 14-5-2 墙面贴装饰壁纸对花墙纸：

定额基价=329.07 元/10m^2

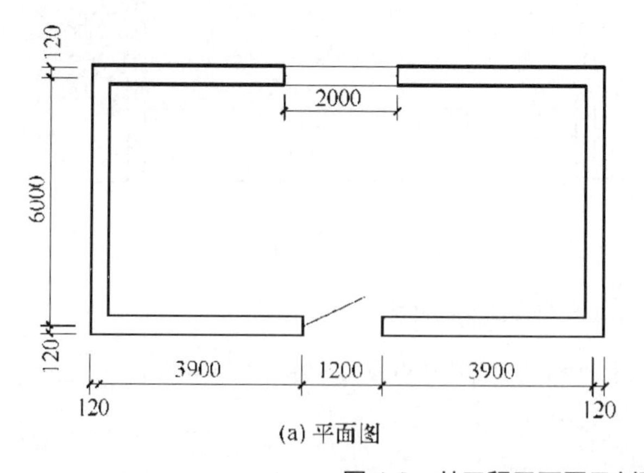

(a) 平面图

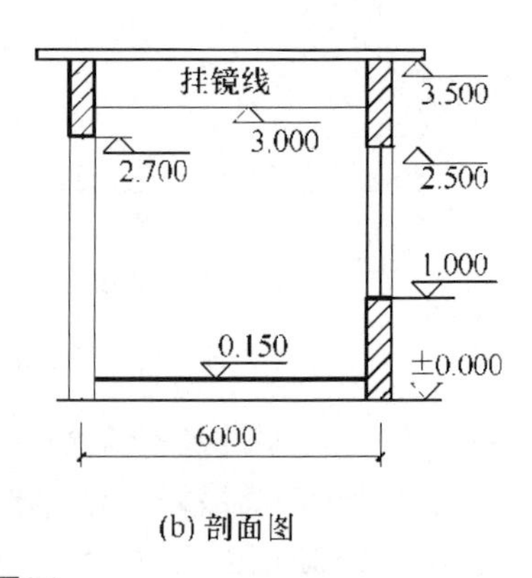

(b) 剖面图

图 4-3 某工程平面图及剖面图(2)

③ 仿瓷涂料工程量=(9−0.24+6−0.24)×2×0.50+(9−0.24)×(6−0.24)=64.98(m^2)

套用定额子目 14-3-22 仿瓷涂料两遍天棚：

定额基价=52.8 元/10m^2

【课后任务单】

编制某办公楼一层涂料工程定额预算书，计算定额分项工程量并确定定额项目。施工图见附图 1。

【考核与评价】

答案见第 3 篇工作任务 1，共 6 项，每项 10 分，每项工程量的准确度占 6 分，定额套用或换算占 4 分。工程量误差：1%及以内评定为满分 6 分；1%～3%评定为 4 分；3%～5%评定为 2 分；5%～10%评定为 1 分；大于 10%不计分。

课后备忘录 ____________________

鲁班精神　精益求精

第 5 章　其他装饰工程

【导学】本章讲述其他装饰工程的消耗量定额说明、工程量计算规则与定额应用，学习过程中可以参考《建筑装饰装修工程质量验收规范》(GB 50210—2001)，在理解施工工艺、熟练识读建筑施工图的前提下运用本章知识进行手工计算。

【学习目标】通过对本章内容的学习，了解其他装饰工程的定额说明，熟悉其他装饰工程工程量计算规则，掌握消耗量定额的应用。

【课前任务单】计算 1 号住宅楼一层天棚装饰线定额工程量，并确定定额项目。1 号住宅楼装饰施工图见附图 2。

5.1　本章定额说明

(1)　本章定额包括柜类、货架，装饰线条，扶手、栏杆、栏板，暖气罩，浴厕配件，招牌、灯箱，美术字，零星木装饰，工艺门扇九部分。示例如表 5-1 所示。

表 5-1　定额子目表

工作内容：选料、下料、刷胶、固定成品木线、修整。　　　　单位：10m

定额编号			15-2-1	15-2-2	15-2-3	15-2-4	15-2-5
项目名称			木装饰线条(成品)平面(宽度 mm)				
			≤25	≤50	≤100	≤150	≤200
名称		单位	消耗量				
人工	综合工日	工日	0.26	0.28	0.32	0.37	0.40
材料	白乳胶	kg	0.0612	0.153	0.2907	0.410	0.546
	平面木装饰线 20	m	10.600	—	—	—	—
	平面木装饰线 50	m	—	10.600	—	—	—
	平面木装饰线 100	m	—	—	10.600	—	—
	平面木装饰线 150	m	—	—	—	10.600	—
	平面木装饰线 200	m	—	—	—	—	10.600
	直钉 F10	百个	0.7344	2.2644	2.2644	2.2644	2.2644
机械	电动空气压缩机 $0.6m^3/min$	台班	0.0150	0.0460	0.0460	0.0460	0.0460

(2) 本章定额中的成品安装项目，实际使用的材料品种、规格与定额不同时，可以换算，但人工、机械的消耗量不变。

(3) 本章定额中除铁件已包括刷防锈漆一遍外，均不包括油漆和防火涂料。实际发生时，按《消耗量定额》“第 4 章 油漆、涂料及裱糊工程”相关子目执行。

(4) 本章定额项目中均未包括收口线、封边条、线条边框的工料，使用时另行计算线条用量，套用本章 “装饰线条”相应子目执行。

木线，在木装修工程中普遍应用。基层、造型层使用的各种夹板、密度板、细木工板等，其板边、板头均不得直接外露，均应以相应规格的木线收口或封边，使用时结合实际计算用量避免遗漏。

(5) 木龙骨(装修材)的用量、钢龙骨(角钢)的规格和用量，设计与定额不同时，可以调整，其他不变。本章定额中除有注明外，龙骨均按木龙骨考虑，如实际采用细木工板、多层板等做龙骨，均执行定额不得调整。

(6) 本章定额中玻璃均按成品加工玻璃考虑，并计入安装时的损耗。

成品加工玻璃，即已按设计尺寸切割并完成了加工(如磨边、车边、钻孔等工序)的玻璃。

成品加工玻璃的安装损耗，不包括由原箱玻璃切割为规格玻璃的配置损耗和由规格玻璃制作为成品加工玻璃的制作损耗。

(7) 柜类、货架。

① 木橱、壁橱、吊橱(柜)定额按骨架制安、骨架围板、隔板制安、橱柜贴面层、抽屉、门扇龙骨及门扇安装、玻璃柜及五金件安装分别列项，使用时分别套用相应定额。橱柜基层板上贴面层列有铝塑板、不锈钢板子目。木橱柜五金件安装列有桌面开孔、不锈钢腿、衣柜挂衣杆、成品橱柜门安装项目。主要用于现场制作柜类、货架时发生的项目，桌面开孔考虑了开孔、成品接线口的安装。

② 橱柜骨架中的木龙骨用量，设计与定额不同时可以换算，但人工、机械消耗量不变。

(8) 装饰线条。

① 装饰线条均按成品安装编制。

② 装饰线条按直线安装编制，如安装圆弧形或其他图案者，按以下规定计算：天棚面安装圆弧装饰线条，人工乘以系数 1.4；墙面安装圆弧装饰线条，人工乘以系数 1.2；装饰线条做艺术图案，人工乘以系数 1.6。

③ 木装饰线，定额按平面线、角线、顶角线不同线型，并按线条宽度的一定步距分别设置项目。

木装饰线中的木顶角线，专用于水平面(天棚等)与竖直面(墙面等)相交处的角线项目。

④ 石材装饰线，定额按粘贴、挂贴、干挂不同施工方式，并按线条宽度的一定步距分别设置项目。

粘贴定额采用大理石胶粘贴；挂贴定额采用膨胀螺栓固定，铜丝绑扎，水泥砂浆挂贴；干挂定额采用不锈钢挂件结合大理石胶固定，使用时应分别套用相应子目。

⑤ 石膏装饰线，定额按阴阳角线、平面线、灯盘、角花不同线型，并按线条规格的一定步距分别设置项目。

⑥ 其他装饰线，定额按不同材质(铝合金、不锈钢、塑料等)和线条的不同宽度，分别设置项目。

⑦ 装饰线条应区分材质及规格，按设计延长米计算。欧式装饰线条区分檐口板、腰线板、山花浮雕、门窗头拱形雕刻分别套用主要用于GRC建筑构件的安装。

⑧ 砂浆粘贴石材装饰线条项目，水泥砂浆按30mm厚计算。

(9) 栏板、栏杆、扶手为综合项。不锈钢栏杆中不锈钢管材、法兰用量，设计与定额不同时可以换算，但人工、机械消耗量不变。

栏杆按图集计算含量，现场材料用量不同时可以进行换算。成品栏杆安装项目区分直形、弧形、半玻栏板分别列项，用于这类成品栏杆的现场安装。

不锈钢栏杆是按图5-1所示栏杆形式编制的，当选用其他形式时主材用量可以换算，法兰用量按实调整。

(10) 暖气罩按基层、造型层和面层分别列项，使用时分别套用相应定额。

暖气罩定额分为基层(含木龙骨)、面层、散热口三部分，各部分区别不同材料种类，分别设置项目。散热口安装子目中，暖气罩散热口为成品；暖气罩如需用成品木线收口封边，以及暖气罩上的其他木线，均应另套本章的“装饰线条”相应子目。

(11) 卫生间配套。

① 大理石洗漱台的台面及裙边与挡水板分别列项，台面及裙边子目中包含了成品钢支架安装用工。洗漱台面按成品考虑。卫生间配件按成品安装编制。

② 卫生间镜面玻璃15-5-12～15子目，按带防水卷材、胶合板、装修材考虑，如果现场为成品，按成品价计入，设计与定额不同时可以换算，扣除不用的材料用量。

(12) 招牌、灯箱。

① 招牌、灯箱分为一般和复杂形式。一般形式是指矩形，表面平整无凹凸造型；复杂形式是指异形 或表面有凹凸造型的情况。定额按龙骨、基层、面层3个层次划分，各层次区别不同材料种类，分别设置项目。

② 招牌内的灯饰不包括在定额内。

(13) 美术字的安装。

美术字，定额按美术字的不同材质和规格大小，并区别不同的安装部位，分别设置项目。主材价格可以换算。

① 美术字不分字体，定额均按成品安装编制。

② 外文或拼音美术字个数，以中文意译的单字计算。

③ 材质适用范围：泡沫塑料有机玻璃字，适用于泡沫塑料、硬塑料、有机玻璃、镜面玻璃等材料制作的字；金属字，适用于铝铜材、不锈钢、金、银等材料制作的字。

(14) 零星木装饰。

这里所有子目工作内容中，已综合刷防腐油，均未考虑油漆和防火涂料，实际发生时，按相应规定计算。

① 门窗口套、窗台板及窗帘盒是按基层、造型层和面层分别列项，使用时分别套用相应定额。

② 门窗口套安装按成品编制。

③ 门窗套及贴脸、窗台板，定额按基层(含木龙骨)、造型层、面层3个层次划分，

各层次区别不同材料种类，分别设置项目。筒子板及贴脸如图 5-2 所示，均综合在门窗套中。木龙骨按现场制作。

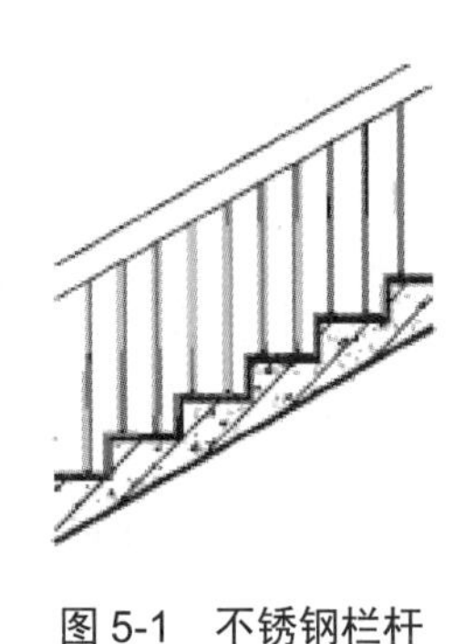

图 5-1　不锈钢栏杆

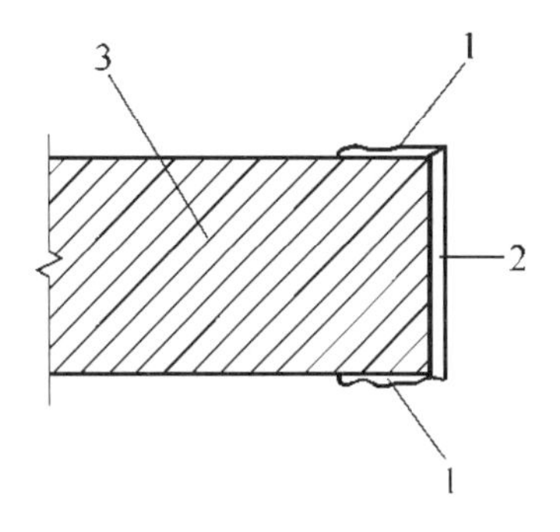

图 5-2　门窗贴脸示意图

1—门窗贴脸；2—筒子板；1+2—门窗套；3—墙体

④　门窗口套及贴脸基层子目的工作内容中，未考虑基层板、造型层板的收口线、封边线，实际需要时另套本章的“装饰线条”相应子目列项。门窗贴脸按成品编制。

⑤　窗台板基层子目中，未考虑基层板、造型层板的收口线、封边线，实际需要时，另套本章“木装饰线”相应子目列项。窗台板按设计长度乘以宽度以面积计算。设计未注明尺寸时，按窗宽两边共加 100mm 计算长度(有贴脸的按贴脸外边线间宽度)；凸出墙面的宽度按 50mm 计算。考虑现场石材窗台板为成品安装，将大理石与花岗岩合并成一项石材面窗台板安装。

⑥　窗帘盒、帘轨、窗帘，定额按窗帘盒(明式、暗式)、帘轨帘杆、窗帘三部分，各部分区别不同材料种类分别设置项目。窗帘盒子目中，未考虑窗帘盒板的收口线、封边线，实际需要时，另套本章 “装饰线条”相应子目列项。明式窗帘盒按设计长度以延长米计算。与天棚相连的暗式窗帘盒，基层板(龙骨)、面层板按展开面积计算。

⑦　窗帘子目，适用于成品帘安装。百叶窗帘、网扣帘按设计尺寸成活后展开面积计算，设计未注明尺寸时，按洞口面积计算；窗帘、遮光帘均按展开长度计算。成品铝合金窗帘盒按长度计量。

⑧　工艺柱，定额按空心柱、实心柱、柱脚、柱帽，按成品安装考虑，并区别不同材料种类，分别设置项目。

(15) 工艺门扇。

①　工艺门扇，定额按无框玻璃门扇、造型夹板门扇制作，按成品门扇安装、门扇工艺镶嵌和门扇五金配件安装，分别设置项目。

②　无框玻璃门扇，定额按开启扇、固定扇两种扇型，以及不同用途的门扇配件分别设置项目。固定扇按扇面积分步距列项。无框玻璃门扇安装定额中，玻璃为按成品玻璃，定额中的损耗为安装损耗。

③　不锈钢、铝塑板包门框子目为综合子目。

包门框子目中，已综合了角钢架制安、基层板、面层板的全部施工工序。木龙骨、角钢架的规格和用量，设计与定额不同时，可以调整，人工、机械不变。

④　造型夹板门扇制作，定额按木骨架、基层板、面层装饰板并区别材料种类，分别

设置项目。造型夹板门扇制作定额中，未包括门扇的实木封边木线，发生时应另套本章“装饰线条”相应子目。局部板材用作造型层时，套用 15-9-13～15-9-15 基层项目相应子目，人工增加 10%。

⑤ 成品门扇安装，适用于成品进场门扇的安装，也适用于现场完成制作门扇的安装。定额木门扇安装子目中，每扇按 3 个合页编制，如与实际不同时，合页用量可以调整，每增减 10 个合页，增减 0.25 工日。

⑥ 门扇工艺镶嵌，定额按不同的镶嵌内容分别设置项目。门扇上镶嵌子目中，均未包括工艺镶嵌周边固定用的封边木线条，发生时应另套本章“装饰线条”相应子目。门扇上镶嵌，按镶嵌的外围面积计算。

⑦ 门扇五金配件安装，定额按不同用途的成品配件分别设置项目。普通执手锁安装执行 15-9-23 子目。

⑧ 软包项目用于工艺门扇中的局部软包。

5.2 工程量计算规则

(1) 橱柜木龙骨项目按橱柜龙骨的实际面积计算，主材可调，损耗率为 5%，编制时按 30mm×40mm 木方、400mm×400mm 间距考虑。基层板、造型层板及饰面板按实际尺寸以面积计算。抽屉按抽屉正面面板尺寸以面积计算，主材种类不同时可以换算价格，人工、材料消耗量不变。橱柜五金件以“个”为单位按数量计算。橱柜成品门扇安装按扇面尺寸以面积计算。

(2) 装饰线条应区分材质及规格，按设计图示尺寸以长度计算。

(3) 栏板、栏杆、扶手，按长度计算。楼梯斜长部分的栏板、栏杆、扶手，按平台梁与连接梁外沿之间的水平投影长度，乘以系数 1.15 计算。

(4) 暖气罩各层按设计尺寸以面积计算，与壁柜相连时，暖气罩算至壁柜隔板外侧，壁柜套用橱柜相应子目，散热口按其框外围面积单独计算。零星木装饰项目基层、造型层及面层的工程量均按设计图示展开尺寸以面积计算。

(5) 大理石洗漱台的台面及裙边按展开尺寸以面积计算，不扣除开孔的面积；挡水板按设计面积计算。

(6) 招牌、灯箱的木龙骨按正立面投影尺寸以面积计算，型钢龙骨按设计尺寸以质量计算。基层及面层按设计尺寸以面积计算。

(7) 美术字安装，按字的最大外围矩形面积以“个”为单位按数量计算。

(8) 零星木装饰项目基层、造型层及面层的工程量均按设计图示展开尺寸以面积计算。

(9) 窗台板按设计图示展开尺寸以面积计算；设计未注明尺寸时，按窗宽两边共加 100mm 计算长度(有贴脸的按贴脸外边线间宽度)，凸出墙面的宽度按 50mm 计算。

窗台板工程量=(窗宽+0.1)×(窗台宽+0.05)

(10) 百叶窗帘、网扣帘按设计成活后展开尺寸以面积计算，设计未注明尺寸时，按洞口面积计算；窗帘、遮光帘均按展开尺寸以长度计算。成品铝合金窗帘盒、窗帘轨、杆按延长米以长度计算。

(11) 明式窗帘盒按设计图示尺寸以长度计算，与天棚相连的暗式窗帘盒，基层板(龙骨)、面层板按展开面积计算。

(12) 柱脚、柱帽以“个”为单位按数量计算，墙、柱石材面开孔以“个”为单位按数量计算。

(13) 工艺门扇。

① 玻璃门按设计图示洞口尺寸以面积计算，门窗配件按数量计算。不锈钢、铝塑板包门框按框饰面尺寸以面积计算。

② 夹板门门扇木龙骨不分扇的形式，以扇面积计算；基层及面层按设计尺寸以面积计算。扇安装按扇以“个”为单位按数量计算。门扇上镶嵌按镶嵌的外围尺寸以面积计算。

③ 门扇五金配件安装，以“个”为单位按数量计算。

5.3　工程量计算与定额套用

【例 5-1】平墙式暖气罩如图 5-3 所示，五合板基层，榉木板面层，机制木花格散热口，共 18 个。计算暖气罩的工程量并确定定额项目。

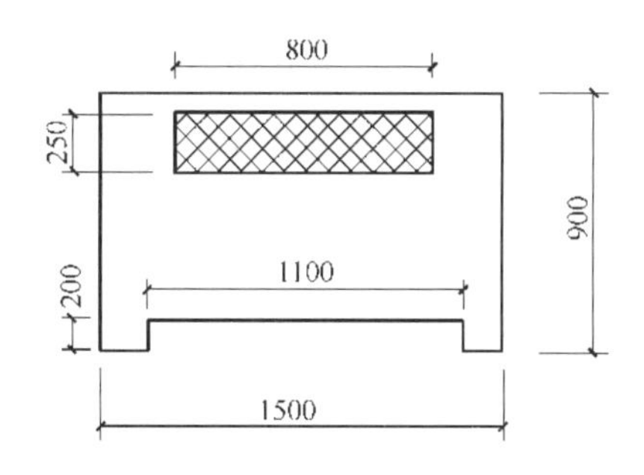

图 5-3　暖气罩示意图

解：① 基层的工程量=(1.5×0.9−1.10×0.20−0.80×0.25)×18=16.74(m^2)

五合板基层，套用定额子目 15-4-1：定额基价=938.22 元/10m^2

② 面层的工程量=(1.5×0.9−1.10×0.20−0.80×0.25)×18=16.74(m^2)

粘贴装饰板面层，套用定额子目 15-4-4 贴面层装饰木夹板：定额基价=384.03 元/10m^2

③ 散热口安装的工程量=0.80×0.25×18=3.60(m^2)

机制木花格，套用定额子目 15-4-7 散热口安装机制木花格：定额基价=999.27 元/10m^2

【例 5-2】某工程窗宽 2m，共 8 个，制作安装细木工板明式窗帘盒，长度为 2.30m，带铝合金窗帘轨(双轨)，布窗帘。计算窗帘盒的工程量并确定定额项目。

解：窗帘盒的工程量=2.30×8=18.40(m)

套用定额子目 15-8-25 明式窗帘盒细木工板：定额基价=296.02 元/10m

【例 5-3】某卫生间洗漱台立面图如图 5-4 所示，1500mm×1050mm 车边镜，20mm 厚孔雀绿大理石台饰。计算大理石洗漱台的工程量并确定定额项目。

解：洗漱台的工程量=台面面积+裙边面积=2×0.6+2×(0.15−0.02) =1.46(m^2)

套用定额子目 15-5-1 大理石洗漱台台面及裙边：定额基价=4714.63 元/$10m^2$

挡水板面积=0.15×(2+0.6+0.6)= 0.48(m^2)

套用定额子目 15-5-2 大理石洗漱台挡水板：定额基价=2322.04 元/$10m^2$

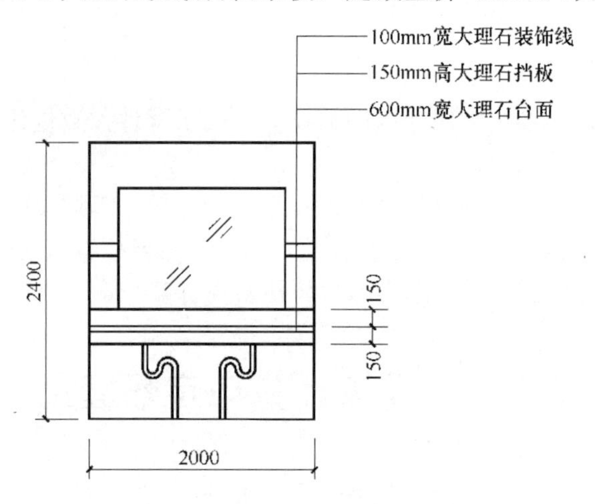

图 5-4　洗漱台立面图

【例 5-4】图 5-5 所示的卫生间采用双孔洗漱台、车边镜面。黑金砂台面尺寸为 2000mm×600mm，设台下洗手盆现场开孔、磨孔边，裙边、挡水板均为黑金砂宽度 200mm 通长设置，L40×40×4 角钢支架，挡水板水泥砂浆直接粘贴在墙面上，玻璃胶封边。镜面采用 2000mm×1000mm 车边镜固定在胶合板基层上，胶合板底采用油毡防水。计算卫生间台面及镜面的工程量并确定定额项目。

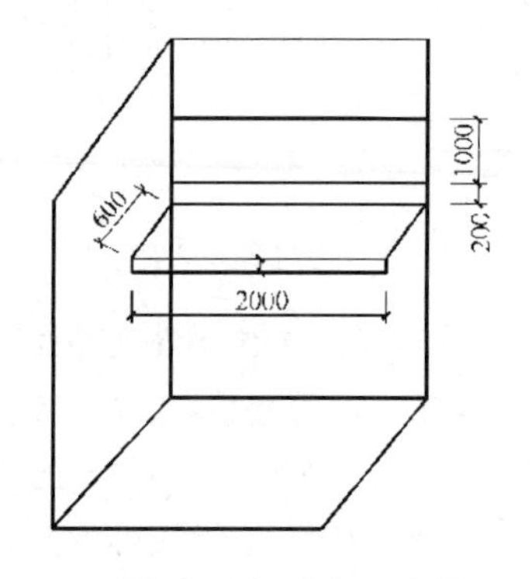

图 5-5　卫生间示意图

解：黑金砂双孔洗漱台的工程量=(0.6+0.2)×2=1.6(m^2)

套用定额子目 15-5-1 大理石洗漱台台面及裙边：定额基价=4714.63 元/$10m^2$

黑金砂挡水板=0.2×2=0.4(m^2)

套用定额子目 15-5-2 大理石洗漱台挡水板：定额基价=2322.04 元/$10m^2$

卫生间镜面=1×2=2(m^2)

套用定额子目 15-5-15 浴厕配件卫生间镜面大于 $1m^2$ 不带框：定额基价=1728.34 元/$10m^2$

【例 5-5】某工程檐口上方设招牌，长 28m、高 1.5m，木龙骨，九夹板基层，铝塑板面层，上嵌 8 个 1m×1m 泡沫塑料有机玻璃面大字。计算相关工程量并确定定额项目。

解：① 美术字的工程量=8 个

套用定额子目 15-7-9 泡沫塑料，有机玻璃字不大于 $1m^2$ 其他墙面：

定额基价=3267.37 元/10 个

② 招牌龙骨的工程量=28×1.5=42(m^2)

套用定额子目 15-6-1 招牌、灯箱龙骨一般木结构：定额基价=992.74 元/10m^2

③ 基层的工程量=42m^2

套用定额子目 15-6-6 招牌、灯箱基层木龙骨九夹板：定额基价=459.77 元/10m^2

④ 面层的工程量=42m^2

套用定额子目 15-6-12 招牌、灯箱面层铝塑板：定额基价=1273.83 元/10m^2

【例 5-6】厨房制作安装一吊柜，尺寸如图 5-6 所示，木骨架，背面、上面及侧面为五夹板围板，底板与隔板为 18mm 厚细木工板，外围及柜的正面贴榉木板面层，玻璃推拉门，金属滑轨。计算相应的工程量并确定定额项目。

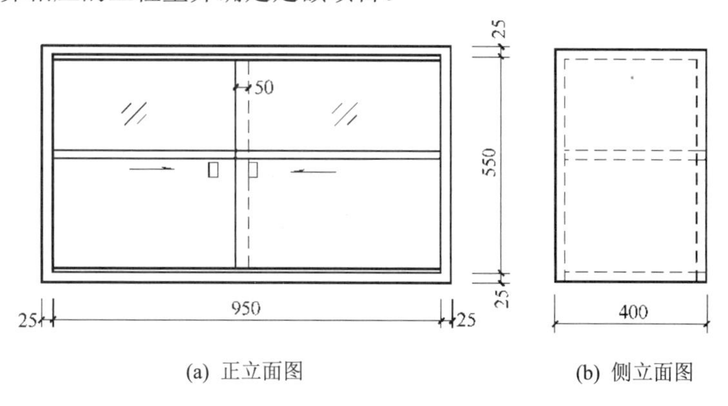

图 5-6　吊柜示意图

解：① 吊柜骨架制作安装的工程量=1×0.6=0.6(m^2)

吊柜骨架制作安装，套用定额子目 15-1-1 木橱、壁橱、吊橱(柜)骨架制作安装：

定额基价=303.52 元/10m^2

② 骨架围板的工程量=1×0.6+(1+0.6×2) ×0.40=1.48(m^2)

套用定额子目 15-1-2 骨架围板及隔板制作安装胶合板：定额基价=363.80 元/10m^2

③ 隔板的工程量=1×0.375×2=0.75(m^2)

套用定额子目 15-1-5 骨架围板及隔板制作安装细木工板：定额基价=659.23 元/10m^2

④ 面层的工程量=(1+0.6)×2×0.4+(0.95+0.6)×2×0.025+0.95×0.018=1.37(m^2)

套用定额子目 15-1-6 橱柜基层板上贴面层装饰木夹板：定额基价=382.34 元/10m^2

⑤ 玻璃门扇的工程量=(1−0.025×2+0.05)×0.55=0.55(m^2)

玻璃门扇，套用定额子目 15-1-14：定额基价=263.06 元/10m^2

⑥ 玻璃滑轨的工程量=0.95×2=1.90(m)

套用定额子目 15-1-18 玻璃柜滑轨：定额基价=94.1 元/10m

【课后任务单】

计算 1 号住宅楼一层公共区域装饰线条的定额分项工程量并确定定额项目。施工图见附图 2。

【考核与评价】

答案见第3篇工作任务2，共7项(墙面工程3项，天棚工程4项)，每项10分，每项工程量的准确度占6分，定额套用或换算占4分。工程量误差：1%及以内评定为满分6分；1%～3%评定为4分；3%～5%评定为2分；5%～10%评定为1分；大于10%不计分。

课后备忘录

鲁班精神 精益求精

第 6 章　脚手架工程

【导学】本章讲述脚手架工程的消耗量定额说明、工程量计算规则与定额应用，学习过程中可以参考《建筑施工脚手架安全技术统一标准》(GB 51210—2016)，在了解脚手架常用施工方案、熟练识读建筑装饰施工图的前提下运用本章知识进行手工计算。脚手架工程属于单位工程造价中的措施项目，本章重点讲解服务于装饰工程的脚手架工程。服务于建筑工程的脚手架工程在《建筑工程计量与计价》课程中讲解。

【学习目标】通过对本章内容的学习，了解脚手架工程的定额说明，熟悉脚手架工程量计算规则，掌握消耗量定额的应用。

【课前任务单】计算某办公楼一层装饰工程脚手架定额工程量，并确定定额项目。某办公楼一层装饰施工图见附图 1。

6.1　本章定额说明

(1)　本章定额包括外脚手架，里脚手架，满堂脚手架，悬空脚手架、挑脚手架、防护架，依附斜道，安全网，烟囱(水塔)脚手架，电梯井字架共八部分。其中，用于装饰工程的脚手架主要有外装饰工程脚手架、里脚手架和满堂脚手架三部分。示例如表 6-1 所示。

表 6-1　定额子目表

工作内容：平土、挖坑、安底座、材料场内外运输、搭拆脚手架、上料平台、挡脚板、护身栏杆、上下翻板子和拆除后的材料堆放、整理外运等。

计量单位：10m^2

定额编号			17-1-28	17-1-29
项目名称			外装饰电动提升式吊篮脚手架	
			块料面层、玻璃幕墙	涂刷涂料
名称		单位	消耗量	
人工	综合工日	工日	0.20	0.13
材料	钢丝绳	kg	0.7120	0.0160
	钢丝绳夹 18M16	个	0.0260	0.002
	中型橡套电缆 YZW500V3×4	m	0.1790	0.0040
机械	电动吊篮 0.8t	台班	1.0910	0.0260

①　脚手架按搭设材料分为木制、钢管式，按搭设形式及作用分为落地钢管式脚手架、型钢平台挑钢管式脚手架、烟囱脚手架和电梯井脚手架等。

②　脚手架工作内容中，包括底层脚手架下的平土、挖坑，实际与定额不同时不得调整。

③ 脚手架作业层铺设材料按木脚手板设置，实际使用不同材质时不得调整，已综合考虑，并在材料木脚手板中综合考虑了垫木、挡脚板。

④ 型钢平台外挑双排钢管脚手架子目，一般适用于自然地坪，低层屋面因不满足搭设落地脚手架条件或架体搭设高度大于 50m 等情况。

自然地坪不能承受外脚手架荷载，一般是指因填土太深，短期达不到承受外脚手架荷载的能力、不能搭设落地脚手架的情况。高层建筑的低层屋面不能承受外脚手架荷载，一般是指高层建筑有深基坑(地下室)，需做外防水处理；或有高低层的工程，其低层屋面板因荷载及做屋面防水处理等原因，不能在低层屋面板搭设落地外脚手架的情况。

(2) 外脚手架。

6.2 工程量计算规则

(1) 脚手架计取的起点高度：基础及石砌体高度大于 1m，其他结构高度大于 1.2m。

(2) 计算内、外墙脚手架时，均不扣除门窗洞口、空圈洞口等所占的面积。

(3) 外脚手架。

① 建筑物外脚手架，高度自设计室外地坪算至檐口(或女儿墙顶)：同一建筑物有不同檐高时，按建筑物的不同檐高纵向分割，分别计算，并按各自的檐高执行相应子目。地下室外脚手架的高度，按其底板上坪至地下室顶板上坪之间的高度计算。

先主体、后回填、自然地坪低于设计室外地坪时，外脚手架的高度，从自然地坪算起。

设计室外地坪标高不同时，有错坪的，按不同标高分别计算；有坡度的，按平均标高计算。

外墙有女儿墙的，算至女儿墙压顶上坪；无女儿墙的，算至檐板上坪，或檐沟翻檐的上坪。

坡屋面的山尖部分，其工程量按山尖部分的平均高度计算；但应按山尖顶坪执行定额。

突出屋面的电梯间、水箱间等，执行定额时不计入建筑物的总高度。

② 按外墙外边线长度乘以高度以面积计算。凸出墙面宽度大于 240mm 的墙垛、外挑阳台(板)等，按图示尺寸展开并入外墙长度内计算。

(4) 里脚手架。

① 里脚手架按墙面垂直投影面积计算。

② 内墙面装饰，按装饰面执行里脚手架计算规则计算装饰工程脚手架。内墙面装饰高度不大于 3.6m 时，按相应脚手架子目乘以系数 0.3 计算；高度大于 3.6m 的内墙装饰，按双排里脚手架乘以系数 0.3 计算。按规定计算满堂脚手架后，室内墙面装饰工程，不再计算内墙装饰脚手架。

(5) 满堂脚手架(见图 6-1)。

① 按室内净面积计算，不扣除柱、垛所占面积。

② 结构净高大于 3.6m 时，可计算满堂脚手架。

③ 当 3.6m＜结构净高≤5.2m 时，计算基本层；结构净高不小于 3.6m 时，不计算满堂脚手架，但经建设单位批准的施工组织设计明确需搭设满堂脚手架的可计算满堂脚手架。

④ 结构净高大于 5.2m 时，每增加 1.2m 按增加一层计算，不足 0.6m 的不计。

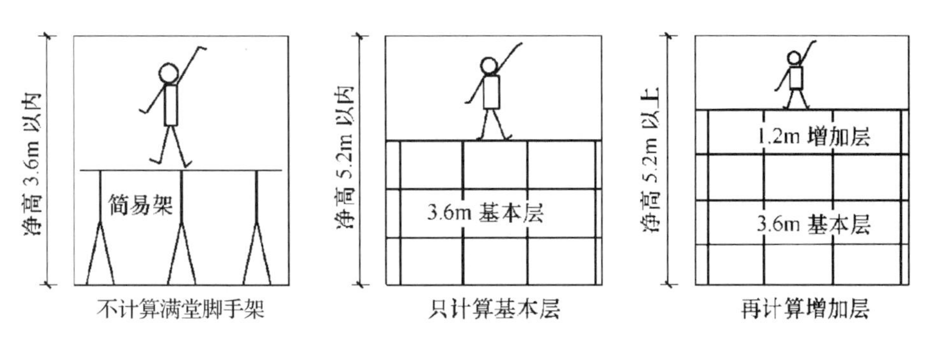

图 6-1　满堂脚手架示意图

满堂脚手架增加层=室内净高度−5.2(m)÷1.2(m)(计算结果 0.5 以内舍去)

6.3　岗位技术交底

本章定额使用中应注意的问题如下。

1. 外脚手架

(1) 本节常用的子目为：不同高度的双排钢管脚手架子目(见图 6-2)和型钢平台外挑双排钢管外脚手架子目(见图 6-3)。

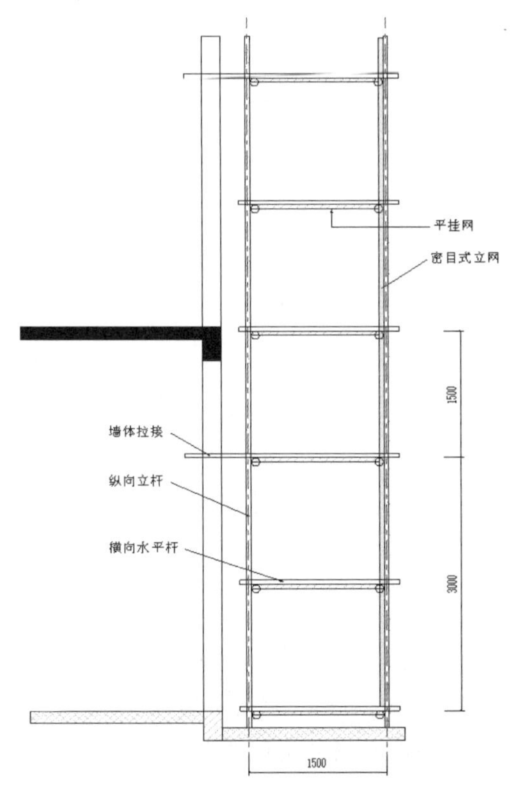

图 6-2　落地双排钢管外脚手架

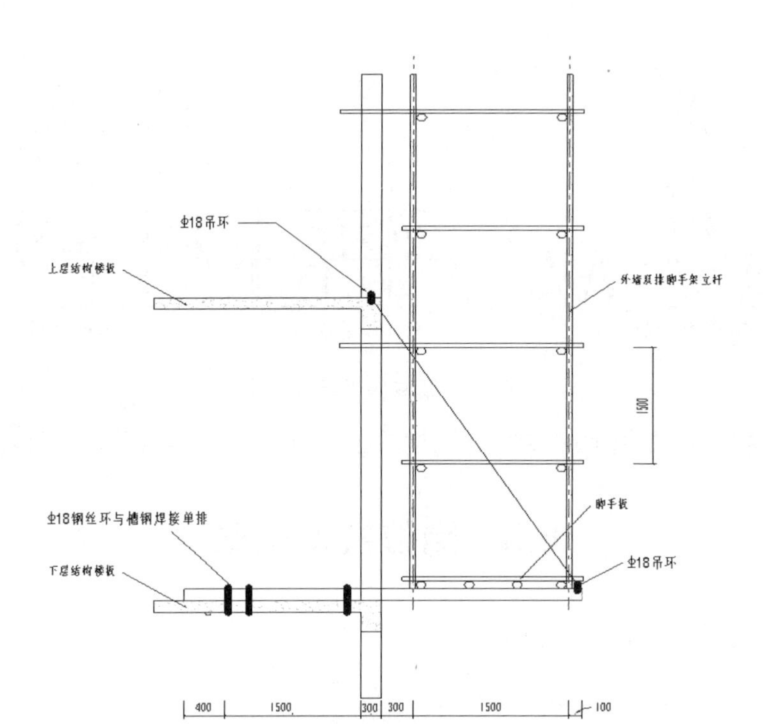

图 6-3　型钢平台外挑钢管外脚手架

(2) 外脚手架，综合了上料平台。依附斜道、安全网和建筑物的垂直封闭等，应依据相应规定另行计算。

(3) 建筑物上部层数挑出外墙或有悬挑板时应按施工组织设计确定的脚手架搭设方法，根据定额编制原则另行确定外脚手架的计算方法。

2. 里脚手架

① 内墙装饰脚手架高度，自室内地面或楼面起，有吊顶顶棚的，计算至顶棚底面另加 100mm；无吊顶顶棚的，计算至顶棚底面。

② 外墙内面抹灰，外墙内面应计算内墙装饰工程脚手架；内墙双面抹灰，内墙两面均应计算内墙装饰工程脚手架。

装配式轻质墙板的墙面装饰，应按以上规定计算内墙装饰工程脚手架。

③ 内墙装饰工程，符合下列条件之一时，不计算内墙装饰工程脚手架。

a. 内墙装饰工程，能够利用内墙砌筑脚手架时，不计算内墙装饰工程脚手架。

b. 按规定计算满堂脚手架后，室内墙面装饰工程不再计算内墙装饰脚手架。

3. 其他

(1) 总包施工单位承包工程范围不包括外墙装饰工程且不为外墙装饰工程提供脚手架施工，主体工程外脚手架的材料费按外脚手架乘以系数 0.8 计算，人工、机械不调整。外装饰工程脚手架按钢管脚手架搭设的其材料费按外脚手架乘以系数 0.2 计算，人工、机械不调整。

(2) 本章所有子目，均属于施工技术措施项目，应与其他相关施工技术措施项目一起，合并列为施工技术措施项目。在定额计价方式中，列入计算程序表的措施费部分。

6.4　工程量计算与定额套用

【例 6-1】如图 6-4 所示，装饰公司施工某工程外墙真石漆，总包施工单位不为外墙装饰工程提供脚手架，裙房 8 层(女儿墙高 2m)、塔楼 25 层、女儿墙高 2m，塔楼顶水箱间(普通粉煤灰标准砖砌筑)一层。计算其外装饰工程脚手架的工程量及适用定额项目。

解：① 塔楼外脚手架面积。

剖面右侧：36.24×(94.20+2)=3486.29(m^2)

其余三面：(36.24+26.24×2)×(94.20−36.40+2)=5305.46(m^2)

水箱间剖面右侧：10.24×(3.20−2)=12.29(m^2)

合计：8804.04m^2

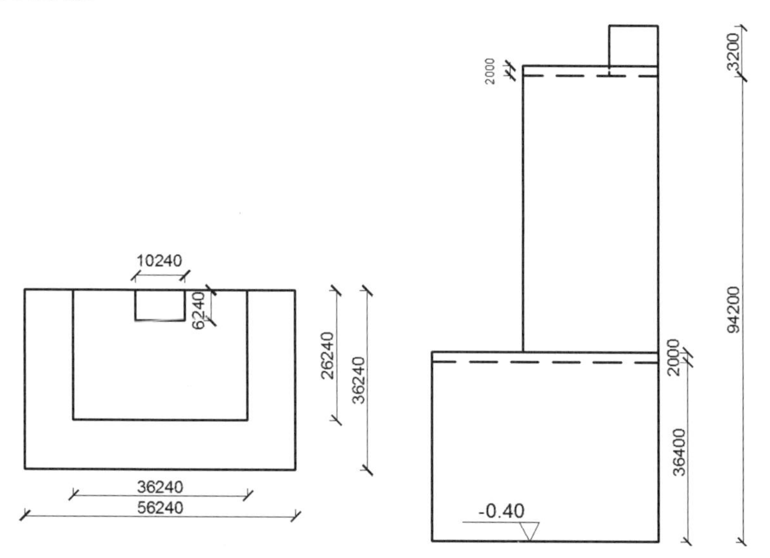

图 6-4　8 层裙房托 25 层塔楼平面图与立面图

突出屋面的水箱间，执行定额时不计入建筑物的总高度。

塔楼外脚手架高度：94.2+2=96.2(m)

套定额 17-1-17：型钢平台外挑双排钢管脚手架不大于 100m，定额基价=774.33 元/10m^2

换算基价=774.33−〈材料费〉467.897×(1−0.2)=400.01(元/10m^2)

②裙房外脚手架面积：[(36.24+56.24)×2−36.24]×(36.40+2)=5710.85(m^2)

裙房外脚手架高度：36.4+2=38.40(m)

套定额 17-1-12：外脚手架钢管架双排不大于 50m，定额基价=307.84 元/10m^2

换算基价=307.84−〈材料费〉145.726×(1−0.2)=191.26(元/10m^2)

③高出屋面的水箱间，其脚手架按自身高度计算。

水箱间外脚手架面积：(10.24+6.24×2)×3.2=72.7(m^2)

套定额 17-1-6：单排钢管外脚手架不大于 6m，定额基价=119.71 元/10m^2

换算基价=119.71-〈材料费〉53.748×(1-0.2)=76.71(元/10m^2)

【例 6-2】如图 6-5 所示，某住宅层高 2.9m，普通粉煤灰标准砖墙厚 240mm，现浇混凝土楼板，板厚为 120mm，阳台设栏杆。图中尺寸线为墙体中心线。计算图示 1 号、2 号房间内墙抹灰脚手架的工程量，确定定额项目。

解：1 号房间脚手架面积=[(3.8+2.6-0.24 ×2)×2×(2.9-0.12)=32.92(m^2)

2 号房间脚手架面积=[(4+3.6-0.24×2)×2×(2.9-0.12)=39.59(m^2)

套定额 17-2-6：双排钢管里脚手架不大于 3.6m，定额基价=89.18 元/10m^2，换算基价=89.18× 0.3=26.75(元/10m^2)

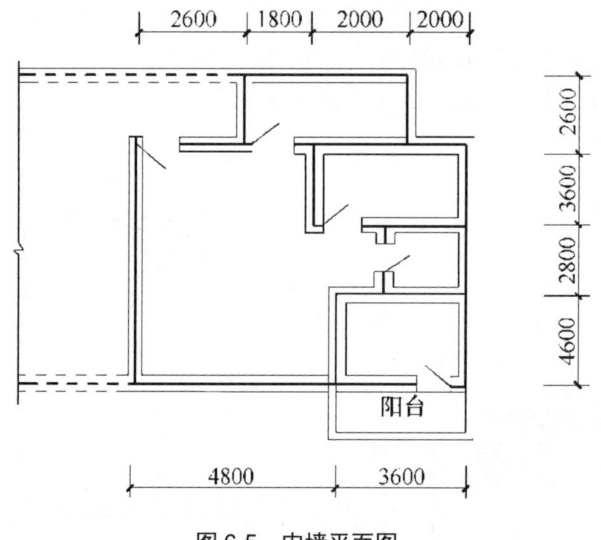

图 6-5　内墙平面图

【例 6-3】五层住宅楼外墙干挂花岗岩，尺寸如图 6-6 所示，双排钢管外脚手架。计算外装饰脚手架工程量，确定定额项目。

解：外装饰脚手架=(13.2+10.8+12+1.5)×2×(16.5+0.3)=1260(m^2)

双排钢管外脚手架(24m 以内)，套定额 17-1-10：定额除税基价=239.74 元/10m^2

换算除税基价=1.07×110〈人工费〉+0.038×451.83〈机械费〉+(239.74-1.07×110-0.038× 451.83)×0.2〈材料费〉=155.84(元/10m^2)

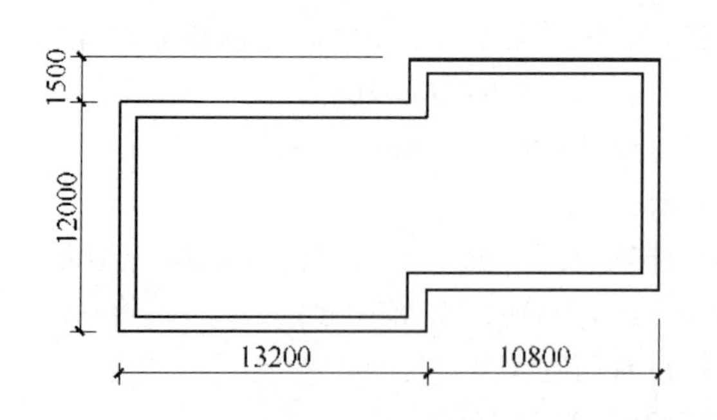

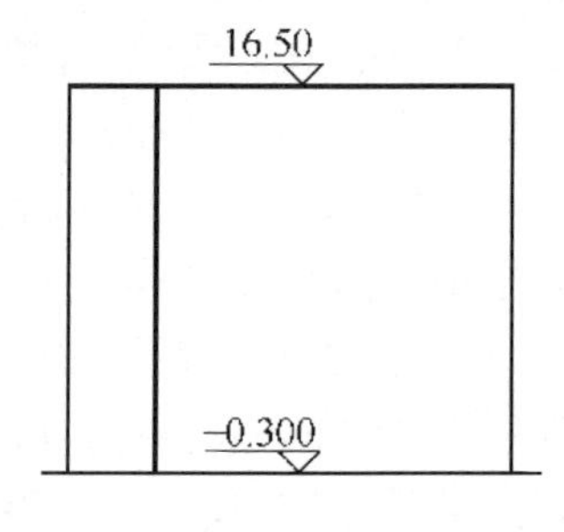

图 6-6　住宅楼平面图及立面图

【例 6-4】如图 6-7 所示，现浇混凝土框架柱 80 根，刮腻子刷涂料，搭设钢管脚手架。计算装饰脚手架工程量，确定定额项目。

解：框架柱装饰脚手架工程量=0.45×4×4.5×80=648(m^2)

套定额 17-1-7：外脚手架钢管架双排不大于 6m，定额基价=163.26 元/10m^2

换算基价=163.26×0.3=48.98(元/10m^2)

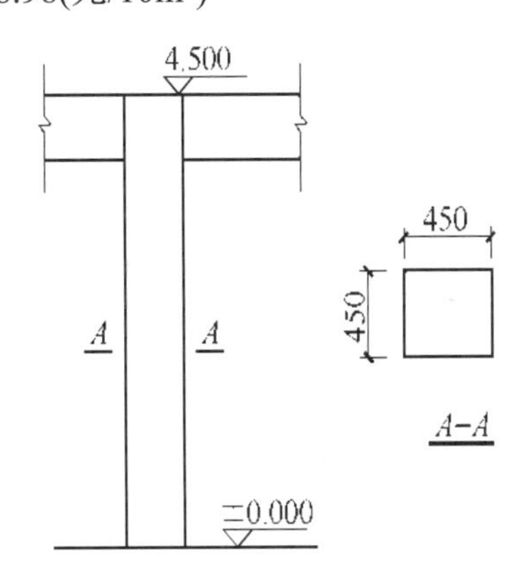

图 6-7　框架柱立面图及剖面图

【例 6-5】某顶棚抹灰，尺寸如图 6-8 所示，搭设钢管满堂脚手架。计算满堂脚手架工程量，确定定额项目。

解：满堂脚手架工程量=(7.44−0.24)×(6.84−0.24)=47.52(m^2)

增加层=(6−0.12−5.2)÷1.2=0.57 层≈1 层

钢管满堂脚手架(净高 5.88m)

套定额 17-3-3：满堂脚手架钢管架基本层，定额基价=188.4 元/10m^2

套定额 17-3-4：满堂脚手架钢管架增加层 1.2m，定额基价=27.6 元/10m^2

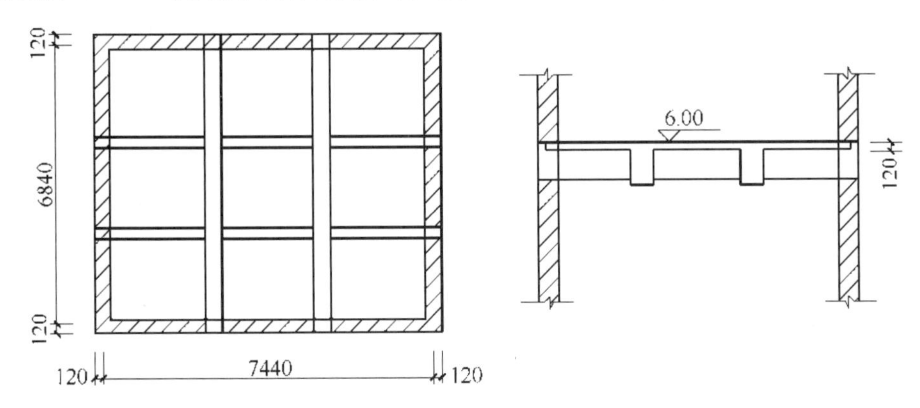

图 6-8　顶棚平面图及立面图

【课后任务单】

编制某办公楼一层脚手架工程定额预算书，计算定额分项工程量并确定定额项目。施工图见附图 1。

【考核与评价】

答案见第3篇工作任务1，共1项，10分，工程量的准确度占6分，定额套用占4分。工程量误差：1%及以内评定为满分6分；1%～3%评定为4分；3%～5%评定为2分；5%～10%评定为1分；大于10%不计分。

课后备忘录 ______________________________

鲁班精神 精益求精

第 7 章　建筑施工增加

【导学】本章讲述建筑施工增加工程的消耗量定额说明、工程量计算规则与定额应用，学习过程中可以参考《高层建筑施工规范》，在了解施工降效因素、熟练识读施工图的前提下运用本章知识通过计价软件进行计算。

【学习目标】通过对本章的学习，了解建筑施工增加的定额说明，熟悉建筑施工增加工程量计算规则，掌握消耗量定额的应用。

【课前任务单】查找《消耗量定额》第 20 章，装饰施工范围为第 20 层时确定定额项目。

7.1　本章定额说明

(1)　本章定额包括人工起重机械超高施工增加、人工其他机械超高施工增加、其他施工增加三部分。定额子目表如表 7-1 所示。

表 7-1　定额子目表

工作内容：1. 工人高处作业、上下楼及生理需要降低的工效。

2. 起重机械高度增加降低的工效。

3. 工人降效、机械降效相互影响的降效。

计量单位：%

定额编号			20-1-1	20-1-2	20-1-3	20-1-4	20-1-5
项目名称			人工起重机械超高施工增加(檐高 m)				
			40	60	80	100	120
名称		单位	消耗量				
人工	人工降效	%	4.27	9.17	13.58	17.81	21.96
机械	起重机械降效	%	10.13	21.63	27.15	32.70	38.27

(2)　超高施工增加。

①　超高施工增加，适用于建筑物檐口高度大于 20m 的工程。

檐口高度是指设计室外地坪至檐口滴水(或屋面板板顶)的高度。

只有楼梯间、电梯间、水箱间等突出建筑物主体屋面时，其突出部分不计入檐口高度。

建筑物檐口高度超过定额相邻檐口高度小于 2.20m 时，其超过部分忽略不计。

②　超高施工增加，以不同檐口高度的降效系数(%)表示，是否计算见表 7-2。

起重机械降效，是指预制混凝土构件安装子目和金属构件安装子目中的轮胎式起重机(包括轮胎式起重机安装子目所含机械，但不含除外内容)的降效。

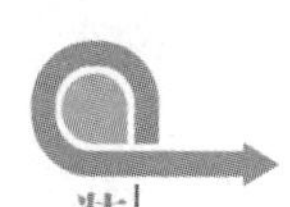

其他机械降效，是指除起重机械以外的其他施工机械(不含除外内容)的降效。

各项降效系数，均指完成建筑物檐口高度 20m 以上所有工程内容(不含除外内容)的降效。

表 7-2　超高施工增加计算范围表

<table>
<tr><th>序号</th><th>本章归类</th><th colspan="2">机械名称</th><th>机械举例</th><th>机械台班定额</th><th>超高施工增加</th></tr>
<tr><td>1</td><td>起重机械</td><td colspan="2">轮胎式起重机(不含 2)</td><td></td><td rowspan="2">起重机械</td><td>计算</td></tr>
<tr><td rowspan="4">2</td><td rowspan="4">除外内容的机械</td><td rowspan="3">①垂直运输机械</td><td>塔式起重机</td><td></td><td rowspan="4">不计算</td></tr>
<tr><td>施工电梯</td><td></td><td rowspan="2">垂直运输机械</td></tr>
<tr><td>电动卷扬机</td><td></td></tr>
<tr><td colspan="2">②除外内容(不含①)的机械</td><td>混凝土输送泵</td><td></td></tr>
<tr><td>3</td><td>其他机械</td><td colspan="2">除 1 之外所有机械(不含 2)</td><td>混凝土振捣器</td><td></td><td>计算</td></tr>
</table>

③　超高施工增加，按总包施工单位施工整体工程(含主体结构工程、外装饰工程、内装饰工程)编制。

a. 建设单位单独发包外装饰工程时，单独施工的主体结构工程和外装饰工程均应计算超高施工增加。

单独主体结构工程的适用定额，同整体工程。单独外装饰工程，按设计室外地坪至外墙装饰顶坪的高度，执行相应檐高的定额子目。

b. 建设单位单独发包内装饰工程且内装饰施工无垂直运输机械、无施工电梯上下时，按内装饰工程所在楼层，执行表 7-3 所列对应子目的人工降效系数并乘以系数 2，计算超高人工增加。

表 7-3　单独内装饰工程超高人工增加对照表

定额号	檐高/m	内装饰所在层	定额号	檐高/m	内装饰所在层
20-2-1	≤40	7～12	20-2-8	≤180	49～54
20-2-2	≤60	13～18	20-2-9	≤200	55～60
20-2-3	≤80	19～24	20-2-10	≤220	61～66
20-2-4	≤100	25～30	20-2-11	≤240	67～72
20-2-5	≤120	31～36	20-2-12	≤260	73～78
20-2-6	≤140	37～42	20-2-13	≤280	79～84
20-2-7	≤160	43～48	20-2-14	≤300	85～90

(3)　其他施工增加。

①　本节装饰成品保护增加子目，以需要保护的装饰成品的面积表示；其他 3 个施工增加子目，以其他相应施工内容的人工降效系数(%)表示。

②　冷库暗室内作增加，指冷库暗室内作施工时，需要增加的照明、通风、防毒设施的安装、维护、拆除以及防护用品、人工降效、机械降效等内容。

冷库暗室内作增加的幅度，占人工费的 30%，材料、机械不再另计。

③ 地下暗室内作增加，指在没有自然采光、自然通风的地下暗室内作施工时，需要增加的照明或通风设施的安装、维护、拆除以及人工降效、机械降效等内容。

地下暗室内作增加的幅度占人工费的18%，材料、机械不再另计。

④ 样板间内作增加，指在拟定的连续、流水施工之前，在特定部位先行内作施工，借以展示施工效果、评估建筑做法，或取得变更依据的小面积内作施工需要增加的人工降效、机械降效、材料损耗增大等内容。

样板间内作增加的幅度占人工费的15%，材料、机械不再另计。

⑤ 装饰成品保护增加，指建设单位单独分包的装饰工程及防水、保温工程，与主体工程一起经总包单位完成竣工验收时，总包单位对竣工成品的清理、清洁、维护等需要增加的内容。

建设单位与单独分包的装饰施工单位的合同约定，不影响总包单位计取该项费用。

装饰成品保护增加的幅度为0.09工日/$10m^2$，材料、机械不再另计。

以上几个施工增加子目中，装饰成品保护增加子目，属于装饰工程的实体项目，以需要保护的装饰成品的面积表现；其他3个子目，不仅指内作装饰施工，也包括在先期完成的相应围合空间内进行混凝土、砌体等二次结构的施工，其属性与超高施工增加子目相同，以其他相应施工内容的人工降效系数(%)表现。

(4) 实体项目(分部分项工程)的施工增加，仍属于实体项目；措施项目(如模板工程等)的施工增加，仍属于措施项目。

同理，建筑工程的超高人工、机械增加，仍属于建筑工程；装饰工程的超高人工、机械增加，仍属于装饰工程。

7.2 工程量计算规则

(1) 超高施工增加。

① 整体工程超高施工增加的计算基数为±0.00以上工程的全部工程内容，但下列工程内容除外。

a. ±0.00所在楼层结构层(垫层)及其以下全部工程内容。

b. ±0.00以上的预制构件制作工程。

c. 现浇混凝土搅拌制作、运输及泵送工程。

d. 脚手架工程。

e. 施工运输工程(含垂直运输、水平运输、大型机械进出场)。

② 同一建筑物檐口高度不同时，按建筑面积加权平均计算其综合降效系数。

$$综合降效系数=\sum(某檐高降效系数\times该檐高建筑面积)\div总建筑面积$$

上式说明如下。

a. 建筑面积，指建筑物±0.00以上(不含地下室)的建筑面积。

b. 不同檐高的建筑面积，以层数多的地上层的外墙外垂直面(向下延伸至±0.00)为其分界。

c. 檐高小于20m建筑物的降效系数，按0计算。

③ 整体工程超高施工增加，按±0.00 以上工程(不含除外内容)的定额人工、机械消耗量之和，乘以相应子目规定的降效系数计算。

④ 单独主体结构工程和单独外装饰工程超高施工增加的计算方法，同整体工程。

⑤ 单独内装饰工程超高人工增加，按所在楼层内装饰工程的定额人工消耗量之和，乘以“单独内装饰工程超高人工增加对照表”对应子目的人工降效系数的 2 倍计算。

(2) 其他施工增加。

① 其他施工增加(装饰成品保护增加除外)，按其他相应施工内容的定额人工消耗量之和乘以相应子目规定的降效系数计算。

② 装饰成品保护增加，按下列规定以面积计算。

a. 楼、地面(含踢脚)、屋面的块料面层、铺装面层，按其外露面层(油漆涂料层忽略不计，下同)工程量之和计算。

b. 室内墙(含隔断)、柱面的块料面层、铺装面层、裱糊面层，按其距楼、地面高度不大于 1.80m 的外露面层工程量之和计算。

c. 室外墙、柱面的块料面层、铺装面层、装饰性幕墙，按其首层顶板顶坪以下的外露面层工程量之和计算。

d. 门窗、围护性幕墙，按其工程量之和计算。

e. 栏杆、栏板，按其长度乘以高度之和计算。

f. 工程量为面积的各种其他装饰，按其外露面积工程量之和计算。

(3) 超高施工增加与其他施工增加(装饰成品保护增加除外)同时发生时，其相应系数连乘，即按系数$[(1+x)(1+y)-1]$计算。

设某项定额的综合工日消耗量为 A，当两项系数同时发生时，有

$$A[(1+x)(1+y)-1]=A(1+x+y+xy-1)=Ax+Ay+Axy=A(x+y)+A\cdot xy$$

注意以下几点。

① 系数连乘≠系数连加：其中 $A(x+y)$为系数连加。

② 第二项系数的基数，不仅包括原定额基数，还应包括第一项系数对原定额基数的增加部分。并且两项系数无先后、主次之分：

$$A[(1+x)(1+y)-1]=Ax+Ay+Axy=Ax+(A+Ax)\cdot y=Ay+(A+Ay)\cdot x$$

超高施工增加涉及±0.00 以上工程(不含除外内容)的所有定额子目；工程量套价时，将本章建筑施工增加子目置于所有应该增加的定额子目之后，以这些子目中应该增加的相应费用之和为基数，集中进行增加计算。这有效地简化了烦琐的预算书计算。

7.3 工程量计算与定额套用

【例 7-1】某高层建筑物进行室内装修，甲装饰公司施工范围为第 12 层室内装修。综合工日为 200 工日，计算内装饰超高人工增加费。

解：套定额 20-2-1：人工其他机械超高施工增加

超高人工增加费=200×120×4.27%×2=2049.60(元)

【例 7-2】某样板间室内装修，综合工日为 300 工日，计算内装饰施工增加费。

解：套定额 20-3-3：样板间内作增加费=300×120×15%=5400(元)

【课后任务单】

查找高层建筑定额计价文件，通过计价软件分析计算超高施工增加费。

课后备忘录

鲁班精神　精益求精

第2篇　装饰工程工程量清单计量与计价

本篇根据我国现行住房和城乡建设部发布的《建设工程工程量清单计价规范》(GB 50500—2013，以下简称《计价规范》)及《房屋建筑与装饰工程工程量计算规范》(GB 50584—2018，以下简称《计量规范》)的附录11～15及附录17编写。

【学习要点及总目标】

工程量清单计价简介.autosave.mp4

- 了解《计价规范》的一般规定。
- 熟悉《计量规范》的项目设置及计算规则。
- 掌握工程量清单的编制方法和操作程序。
- 熟悉工程量清单综合单价的计价过程。
- 掌握工程量清单计价的思路及操作程序。
- 会编制装饰工程工程量清单。
- 会编制装饰工程工程量清单投标报价及招标控制价。

清单实例观摩.mp4

【核心概念】

分部分项工程　措施项目　其他项目　规费　税金　综合单价

【总工作任务单】

编制某住宅楼公共区域一层装饰工程工程量清单，并做出招标控制价。住宅楼公共区域一层装饰施工图见附图2。

第 8 章　楼地面装饰工程

【学习要点及目标】

- 熟悉《计量规范》附录 11 的项目设置及计算规则。
- 掌握楼地面装饰工程工程量清单的编制方法和操作程序。
- 编制楼地面装饰工程工程量清单。
- 编制装饰工程工程量清单投标报价及招标控制价。

【课前任务单】

编制 1 号住宅楼公共区域一层楼地面装饰工程工程量清单，并制作分部分项工程量清单计价表。住宅楼公共区域一层装饰施工图见附图 2。

清单与定额对比.mp4

地面清单案例.mp4

波打线.mp4

8.1　《计量规范》项目设置及计算规则

根据《计量规范》附录 11，楼地面装饰工程的工程量清单共分 9 部分，即整体面层及找平层、块料面层、橡塑面层、其他材料面层、踢脚线、楼梯装饰、台阶装饰、零星装饰项目、装配式楼地面及其他，适用于楼地面、楼梯、台阶等装饰工程，45 个分项工程清单项目。

《计量规范》楼地面装饰工程如表 8-1～表 8-9 所示。在描述碎石材项目的面层材料特征时可不用描述规格、颜色。石材、块料与黏结材料的接合面刷防渗材料的种类在防护层材料种类中描述。

1. 整体面层及找平层

工程量清单项目设置及工程量计算规则，应按表 8-1 所列的规定执行。

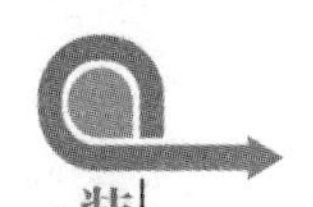

表 8-1　整体面层及找平层(编码：011101)

<table>
<tr><th>项目编码</th><th>项目名称</th><th>项目特征</th><th>计量单位</th><th>工程量计算规则</th><th>工作内容</th></tr>
<tr><td>011101001</td><td>水泥砂浆楼地面</td><td>①找平层厚度、砂浆配合比
②素水泥浆遍数
③面层厚度、砂浆配合比
④面层做法要求</td><td rowspan="2">m²</td><td rowspan="3">按设计图示尺寸以面积计算。扣除凸出地面构筑物、设备基础、室内铁道、地沟等所占面积，不扣除间壁墙及不大于 0.3m² 柱、垛、附墙烟囱及孔洞所占面积。门洞、空圈、暖气包槽、壁龛的开口部分不增加面积</td><td rowspan="2">①基层清理
②抹找平层
③抹面层
④材料运输</td></tr>
<tr><td>011101002</td><td>细石混凝土楼地面</td><td>①找平层厚度、砂浆配合比
②面层厚度、混凝土强度等级</td></tr>
<tr><td>011101003</td><td>自流平楼地面</td><td>①找平层砂浆配合比、厚度
②界面剂材料种类
③中层漆材料种类、厚度
④面漆材料种类、厚度
⑤面层材料种类</td><td>m²</td><td>①基层处理
②抹找平层
③涂界面剂
④涂刷中层漆
⑤打磨、吸尘
⑥镘自流平面漆(浆)
⑦拌合自流平浆料
⑧铺面层</td></tr>
<tr><td>011101004</td><td>耐磨楼地面</td><td>①找平层厚度、混凝土强度等级
②耐磨地坪材料种类、厚度
③磨光、打蜡要求</td><td>m²</td><td rowspan="5">按设计图示尺寸以面积计算。扣除凸出地面构筑物、设备基础、室内铁道、地沟等所占面积，不扣除间壁墙及不大于 0.3m² 柱、垛、附墙烟囱及孔洞所占面积。门洞、空圈、暖气包槽、壁龛的开口部分不增加面积</td><td>①基层清理
②抹找平层
③面层铺设
④打蜡
⑤材料运输</td></tr>
<tr><td>011101005</td><td>塑胶地面</td><td>①底胶种类、厚度
②面胶种类、厚度
③颗粒种类</td><td>m²</td><td rowspan="4">①基层清理
②抹找平层
③材料运输</td></tr>
<tr><td>011101006</td><td>平面砂浆找平层</td><td>找平层厚度、砂浆配合比</td><td>m²</td></tr>
<tr><td>011101007</td><td>混凝土找平层</td><td>①找平层厚度
②混凝土强度等级</td><td>m²</td></tr>
<tr><td>011101008</td><td>自流平找平层</td><td>①界面剂材料种类、遍数
②找平层种类、厚度</td><td>m²</td></tr>
</table>

011101001 水泥砂浆面层处理是拉毛还是提浆压光应在面层做法要求中描述。

011101006 平面砂浆找平层只适用于仅做找平层的平面抹灰。

楼地面混凝土垫层另按《计量规范》附录 0201 垫层项目编码列项。

2. 块料面层

工程量清单项目设置及工程量计算规则，应按表 8-2 所列的规定执行。

表 8-2 块料面层(编码：011102)

项目编码	项目名称	项目特征	计量单位	工程量计算规则	工作内容
011102001	石材楼地面	①工程部位 ②找平层厚度、砂浆配合比 ③接合层厚度、砂浆配合比 ④面层材料品种、规格、颜色 ⑤嵌缝材料种类 ⑥防护层材料种类 ⑦酸洗、打蜡要求	m^2	按设计图示尺寸以面积计算。门洞、空圈、暖气包槽、壁龛的开口部分并入相应的工程量内	①基层清理 ②抹找平层 ③面层铺设、磨边 ④嵌缝 ⑤刷防护材料 ⑥酸洗、打蜡 ⑦材料运输
011102002	碎石材楼地面				
011102003	块料楼地面				

工作内容中的磨边指施工现场磨边，与后面章节工作内容中涉及的磨边含义相同。

3. 橡塑面层

工程量清单项目设置及工程量计算规则，应按表 8-3 所列的规定执行。

表 8-3 橡塑面层(编码：011103)

项目编码	项目名称	项目特征	计量单位	工程量计算规则	工作内容
011103001	橡胶板楼地面	①黏结层厚度、材料种类 ②面层材料品种、规格、颜色 ③压线条种类	m^2	按设计图示尺寸以面积计算。门洞、空圈、暖气包槽、壁龛的开口部分并入相应的工程量内计算	①基层清理 ②面层铺贴 ③压缝条装钉 ④材料运输
011103002	橡胶板卷材楼地面				
011103003	塑料板楼地面				
011103004	塑料卷材楼地面				
011103005	运动地板	①面层材料品种、规格、颜色 ②固定方式 ③附加层材料种类和厚度 ④压线条种类			

4. 其他材料面层

工程量清单项目设置及工程量计算规则，应按表 8-4 所列的规定执行。
本表项目中如设计找平层，另按表 8-1 中找平层项目编码列项。

表 8-4　其他材料面层(编码：011104)

项目编码	项目名称	项目特征	计量单位	工程量计算规则	工作内容
011104001	楼地面地毯	①面层材料品种、规格、颜色 ②防护材料种类 ③黏结材料种类 ④压线条种类	m^2	按设计图示尺寸以面积计算。门洞、空圈、暖气包槽、壁龛的开口部分并入相应的工程量内计算	①基层清理 ②铺贴面层 ③刷防护材料 ④装钉压条 ⑤材料运输
011104002	竹、木(复合)地板	①龙骨材料种类、规格、铺设间距 ②基层材料种类、规格 ③面层材料品种、规格、颜色 ④防护材料种类	m^2		①基层清理 ②龙骨铺设 ③基层铺设 ④面层铺贴 ⑤刷防护材料 ⑥材料运输
011104003	金属复合地板	①龙骨材料种类、规格、铺设间距 ②基层材料种类、规格 ③面层材料品种、规格、颜色 ④防护材料种类	m^2		
011104004	防静电活动地板	①支架高度、材料种类 ②面层材料品种、规格、颜色 ③防护材料种类	m^2		①基层清理 ②固定支架安装 ③活动面层安装 ④刷防护材料 ⑤材料运输

5. 踢脚线

工程量清单项目设置及工程量计算规则，应按表 8-5 所列的规定执行。

表 8-5　踢脚线(编码：011105)

项目编码	项目名称	项目特征	计量单位	工程量计算规则	工作内容
011105001	水泥砂浆踢脚线	①踢脚线高度 ②底层厚度、砂浆配合比 ③面层厚度、砂浆配合比	m	按设计图示尺寸以延长米计算。不扣除门洞口的长度，洞口侧壁也不增加	①基层清理 ②底层和面层抹灰 ③材料运输

续表

<table>
<tr><th>项目编码</th><th>项目名称</th><th>项目特征</th><th>计量单位</th><th>工程量计算规则</th><th>工作内容</th></tr>
<tr><td>011105002</td><td>石材踢脚线</td><td rowspan="2">①踢脚线高度
②粘贴层厚度、材料种类
③面层材料品种、规格、颜色
④防护材料种类</td><td>m^2</td><td>按设计图示尺寸以面积计算</td><td rowspan="2">①基层清理
②底层抹灰
③面层铺贴、磨边
④擦缝
⑤磨光、酸洗、打蜡
⑥刷防护材料
⑦材料运输</td></tr>
<tr><td>011105003</td><td>块料踢脚线</td><td>m</td><td rowspan="3">按设计图示尺寸以延长米计算</td></tr>
<tr><td>011105004</td><td>塑料板踢脚线</td><td>①踢脚线高度
②黏结层厚度、材料种类
③面层材料种类、规格、颜色</td><td rowspan="2">m</td><td rowspan="4">①基层清理
②基层铺贴
③面层铺贴
④材料运输</td></tr>
<tr><td>011105005</td><td>木质踢脚线</td><td rowspan="3">①踢脚线高度
②基层材料种类、规格
③面层材料品种、规格、颜色</td></tr>
<tr><td>011105006</td><td>金属踢脚线</td><td>m^2</td><td>按设计图示尺寸以面积计算</td></tr>
<tr><td>011105007</td><td>防静电踢脚线</td><td>m</td><td>按设计图示尺寸以延长米计算</td></tr>
</table>

6. 楼梯装饰

工程量清单项目设置及工程量计算规则，应按表 8-6 所列的规定执行。

7. 台阶装饰

工程量清单项目设置及工程量计算规则，应按表 8-7 所列的规定执行。

8. 零星装饰项目

工程量清单项目设置及工程量计算规则，应按表 8-8 所列的规定执行。

楼梯、台阶牵边和侧面镶贴块料面层，不大于 $0.5m^2$ 的少量分散的楼地面镶贴块料面层，应按本表 1108 零星项目编码列项。

9. 装配式楼地面及其他

工程量清单项目设置及工程量计算规则，应按表 8-9 所列的规定执行。

表 8-6　楼梯装饰(编码：011106)

项目编码	项目名称	项目特征	计量单位	工程量计算规则	工作内容
011106001	水泥砂浆楼梯面层	①找平层厚度、砂浆配合比 ②面层厚度、砂浆配合比 ③防滑条材料种类、规格	m^2	按设计图示尺寸以楼梯(包括踏步、休息平台及不大于500mm的楼梯井)水平投影面积计算。楼梯与楼地面相连时，算至梯口梁内侧边沿；无梯口梁者，算至最上一层踏步边沿加300mm	①基层清理 ②抹找平层 ③抹面层 ④抹防滑条 ⑤材料运输
011106002	石材楼梯面层	①工程部位 ②找平层厚度、砂浆配合比 ③黏结层厚度、材料种类 ④面层材料品种、规格、颜色 ⑤防滑条材料种类、规格 ⑥勾缝材料种类 ⑦防滑条材料种类、规格 ⑧防护材料种类 ⑨酸洗、打蜡要求	m^2		①基层清理 ②抹找平层 ③面层铺贴、磨边 ④贴嵌防滑条 ⑤勾缝 ⑥刷防护材料 ⑦酸洗、打蜡 ⑧材料运输
011106003	块料楼梯面层	①工程部位 ②找平层厚度、砂浆配合比 ③黏结层厚度、材料种类 ④面层材料品种、规格、颜色 ⑤防滑条材料种类、规格 ⑥勾缝材料种类 ⑦防护材料种类 ⑧酸洗、打蜡要求	m^2		
011106004	地毯楼梯面层	①基层种类 ②面层材料品种、规格、颜色 ③防护材料种类 ④黏结材料种类 ⑤固定配件材料种类、规格	m^2		①基层清理 ②铺贴面层 ③固定配件安装 ④刷防护材料 ⑤材料运输
011106005	木板楼梯面层	①基层材料种类、规格 ②面层材料品种、规格、颜色 ③黏结材料种类 ④防护材料种类	m^2		①基层清理 ②基层铺贴 ③面层铺贴 ④刷防护材料 ⑤材料运输
011106006	橡胶板楼梯面层	①黏结层厚度、材料种类 ②面层材料品种、规格、颜色 ③压线条种类	m^2		①基层清理 ②面层铺贴 ③压缝条装钉 ④材料运输
011106007	塑料板楼梯面层	①黏结层厚度、材料种类 ②面层材料品种、规格、颜色 ③压线条种类	m^2	同上	①基层清理 ②面层铺贴 ③压缝条装钉 ④材料运输

表 8-7　台阶装饰(编码：011107)

项目编码	项目名称	项目特征	计量单位	工程量计算规则	工作内容
011107001	水泥砂浆台阶面	①找平层厚度、砂浆配合比 ②面层厚度、砂浆配合比 ③防滑条材料种类	m^2	按设计图示尺寸以台阶(包括最上层踏步边沿加300mm)水平投影面积计算	①基层清理 ②抹找平层 ③抹面层 ④抹防滑条 ⑤材料运输
011107002	石材台阶面	①工程部位 ②找平层厚度、砂浆配合比 ③黏结层材料种类 ④面层材料品种、规格、颜色 ⑤勾缝材料种类 ⑥防滑条材料种类、规格 ⑦防护材料种类	m^2		①基层清理 ②抹找平层 ③面层铺贴 ④贴嵌防滑条 ⑤勾缝 ⑥刷防护材料 ⑦材料运输
011107003	拼碎块料台阶面		m^2		
011107004	块料台阶面		m^2		
011107005	剁假石台阶面	①找平层厚度、砂浆配合比 ②面层厚度、砂浆配合比 ③剁假石要求	m^2		①基层清理 ②抹找平层 ③抹面层 ④剁假石 ⑤材料运输

表 8-8　零星装饰项目(编码：011108)

项目编码	项目名称	项目特征	计量单位	工程量计算规则	工作内容
011108001	石材零星项目	①工程部位 ②找平层厚度、砂浆配合比 ③接合层厚度、材料种类 ④面层材料品种、规格、颜色 ⑤勾缝材料种类 ⑥防护材料种类 ⑦酸洗、打蜡要求	m^2	按设计图示尺寸以面积计算	①基层清理 ②抹找平层 ③面层铺贴、磨边 ④勾缝 ⑤刷防护材料 ⑥酸洗、打蜡 ⑦材料运输
011108002	碎拼石材零星项目				
011108003	块料零星项目				
011108004	水泥砂浆零星项目	①工程部位 ②找平层厚度、砂浆配合比 ③面层厚度、砂浆厚度			①基层清理 ②抹找平层 ③抹面层 ④材料运输

表 8-9　装配式楼地面及其他(编码：011109)

项目编码	项目名称	项目特征	计量单位	工程量计算规则	工作内容
011109001	架空地板	①工程部位 ②龙骨材料种类、规格、铺设间距 ③功能模块种类、规格 ④地脚组件种类、规格 ⑤散热层种类、规格 ⑥黏结材料种类 ⑦防护材料种类 ⑧饰面层材料种类、规格、颜色 ⑨压线条种类	m^2	按设计图示尺寸以面积计算。门洞、空圈、暖气包槽、壁龛的开口部分并入相应的工程量内	略
011109002	卡扣式踢脚线	①踢脚线高度 ②踢脚线材料种类、规格、颜色 ③卡扣材质、种类、规格	m	按设计图示尺寸以延长米计算	略

8.2　工程量清单编制与计价应用

【背景材料】某办公大厦二层大厅楼地面设计为 DS M15 水泥砂浆 30mm 厚铺贴大理石地面，大理石拼花图案，地面面积 330m^2。大厅设有钢筋混凝土柱 8 根，直径为 1.2m，楼面找平层 C20 细石混凝土 40mm。细石混凝土采用商品混凝土。大理石图案为圆形，如图 8-1 所示，直径为 1.8m，图案外边线为 2.4m×2.4m，共 4 个，其余为规格块料点缀图案，规格块料 600mm×600mm，点缀 100 个，工厂切割加工成 100mm×100mm。点缀周边主体大理石边线为工厂切割。大理石地面表面做镜面处理，铺设前做石材防污染处理。

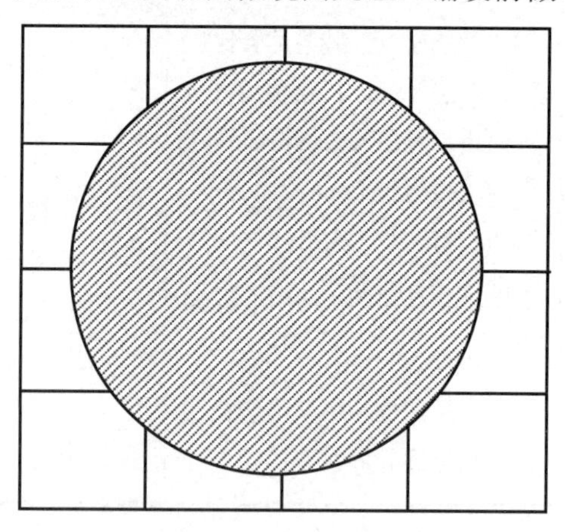

图 8-1　大理石拼花图案

【**工作任务**】编制办公大厦二层大厅楼地面装饰工程工程量清单，并编制本项目的分部分项工程量清单计价表。

说明：实际工作中工程量清单计价时采用的人工、材料、机械台班消耗量及单价按现行《山东省建筑工程消耗量定额》及行业主管部门发布的当时当地价格参考执行。本案例以2019年4季度《烟台市工程建设标准造价管理》参考价计算，风险费用暂不考虑。后续章节案例计价标准亦同，不再说明。

8.2.1　大理石地面分部分项工程量清单的编制

根据《计量规范》附录11“块料面层”列项。将相关内容填入“分部分项工程量清单”，如表8-10所示。

表8-10　分部分项工程量清单

工程名称：办公大厦　　　　　　　　　　　　　　　　　　　　　第1页　共1页

项目编码	项目名称	项目特征	计量单位	工程量
011102001001	石材楼地面	①工程部位：二层大厅 ②找平层厚度、砂浆配合比：C20细石混凝土40mm ③接合层厚度、砂浆配合比：DS M15水泥砂浆30mm厚 ④面层材料品种、规格、颜色：波斯灰大理石 800mm×800mm×20mm ⑤嵌缝材料种类：专用嵌缝剂 ⑥防护层材料种类：防污染剂 ⑦酸洗、打蜡要求：表面结晶处理	m^2	320.96

根据表8-2所列工程量计算规则计算如下：

柱占地面积=3.14×0.6×0.6=1.13(m^2)≥0.3(m^2)，因此，计算地面工程量时应该扣除柱。

地面工程量：330−8×1.13=320.96(m^2)

石材数量：320.96÷(0.801×0.801)=500.25，缝宽按1mm考虑，扣除圆形图案占地4块，取497块。

8.2.2　分部分项工程量清单计价表的编制

综合单价计算如下。

(1)　项目发生的工程内容：6个面涂刷石材防污染剂，铺设找平层、湿贴大理石面层、地面擦缝，结晶处理。

(2)　依据现行消耗量定额，计算工程量，套用定额，如表8-11所示。

表 8-11　分部分项工程量清单计价定额选用及工程量计算表

序号	定额编号	项目名称	单位	工程量计算过程	工程量
1	11-1-4	细石混凝土找平层 40mm	$10m^2$	320.96	32.096
2	11-3-8	石材块料楼地面拼图案(成品)干硬性水泥砂浆	$10m^2$	3.14×0.9×0.9×4	1.017
3	11-3-9	石材块料楼地面图案周边异形块料铺贴另加工料	$10m^2$	2.4×2.4×4−10.17	1.287
4	11-3-1	石材块料楼地面水泥砂浆不分色	$10m^2$	320.96−23.04	29.792
5	11-1-3	水泥砂浆找平层每增减 5mm(2 倍)	$10m^2$	同上	29.792
6	11-3-7	石材块料楼地面点缀	10 个	100	10
7	11-5-10	石材表面刷保护液	$10m^2$	330×2+0.8×4×0.02×497	69.18
8	补充	大理石地面结晶处理	$10m^2$	320.96	32.096

(3) 人工、材料、机械单价按现行当地人工、材料、机械单价计算，本项目按烟台市2019 年 4 季度信息价即地区单价计算，如表 8-12 所示。

表 8-12　地区单价计算过程表

序号	项目名称	人工费单价	材料费单价	机械费单价	地区单价
11-1-4s	细石混凝土找平层 40mm[商品混凝土]	88.56	217.36	0.19	306.11
11-3-8s	石材块料楼地面拼图案(成品)干硬性水泥砂浆	391.48	3023.02	2.85	3417.35
11-3-9	石材块料楼地面图案周边异形块料铺贴另加工料	394.83	13.17	115.84	523.84
11-3-1hs	石材块料楼地面　水泥砂浆不分色[干拌]	248.67	1878.88	10.63	2138.18
11-1-3hs	水泥砂浆找平层　每增减 5mm(2 倍)[干拌]	14.86	39.42	0.94	55.22
11-3-7h	石材块料楼地面点缀/点缀为加工成品(人工×0.4)	27.55	154.38		181.93
11-5-10	石材表面刷保护液	51.66	2.06		53.72
补充	大理石地面结晶处理	10	35.40		45.40

根据表 8-12 所示的地区单价计算本项目的综合单价如表 8-13 所示(后续章节地区单价计算过程同理，不再列出)。

表 8-13　分部分项工程量清单综合单价计算表

定额编号	项目名称	计量单位	工程量	地区单价	地区合价	人工费单价	人工费合价
11-1-4s	细石混凝土找平层 40mm[商品混凝土]	$10m^2$	32.096	306.11	9824.91	88.56	2842.42

续表

定额编号	项目名称	计量单位	工程量	地区单价	地区合价	人工费单价	人工费合价
11-3-8s	石材块料楼地面拼图案(成品)干硬性水泥砂浆	$10m^2$	1.017	3417.35	3475.44	391.45	398.10
11-3-9	石材块料楼地面图案周边异形块料铺贴另加工料	$10m^2$	1.287	523.84	674.18	394.83	508.15
11-3-1hs	石材块料楼地面　水泥砂浆不分色[干拌]	$10m^2$	29.792	2138.18	63700.66	248.67	7408.38
11-1-3hs	水泥砂浆找平层　每增减5mm(2 倍)[干拌]	$10m^2$	29.792	55.22	1645.11	14.86	442.71
11-3-7h	石材块料楼地面点缀/点缀为加工成品(人工×0.4)	10 个	10.00	181.93	1819.30	27.55	275.50
11-5-10	石材表面刷保护液	$10m^2$	69.18	53.72	3448.39	47.94	3316.16
补充	大理石地面结晶处理	$10m^2$	32.096	45.40	14571.58	10.00	3209.60
合计					99159.57		18401.02

(4)　确定管理费率、利润率。

根据《计价规范》规定，做招标控制价时，按照《山东省建设工程费用项目组成及计算规则》规定的管理费率、利润率计算，做投标报价时根据企业情况自主确定管理费率、利润率计算(后续章节案例计价标准亦同，不再说明)。

本项目为办公建筑，属于Ⅱ类装饰工程，选用管理费率 52.7%、利润率 23.8%。计费基础为人工费。

(5)　综合单价计算。

管理费、利润=18401.02×(0.527+0.238)=14076.78(元)

综合单价=(99159.57+14076.78)/320.96=352.81(元/m^2)

(6)　合价=99159.57+14076.78=113236.35(元)

将上述结果及相关内容填入“分部分项工程量清单计价表”，如表 8-14 所示。

表 8-14　分部分项工程量清单计价表

工程名称：办公大厦　　　　第 1 页　共 1 页

序　号	项目编码	项目名称	计量单位	工程数量	金额/元	
					综合单价	合　价
1	011102001001	石材楼地面	m^2	320.96	352.81	113236.35

【课后任务单】

编制 1 号住宅楼公共区域二层楼地面装饰工程量清单，并编制分部分项工程量清单计

价表。住宅楼公共区域装饰施工图见附图 2。

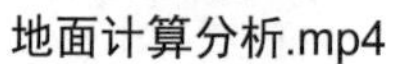

地面计算分析.mp4

地面计算区域.mp4

地面清单列项.mp4

课后备忘录

鲁班精神 精益求精

第 9 章　墙、柱面装饰及隔断、幕墙工程

【学习要点及目标】

- 熟悉《计量规范》附录 12 的项目设置及计算规则。
- 掌握墙、柱面装饰及隔断、幕墙工程量清单的编制方法和操作程序。
- 编制墙、柱面装饰及隔断、幕墙工程量清单。
- 编制墙、柱面装饰及隔断、幕墙工程量清单投标报价及招标控制价。

【课前任务单】

编制 1 号住宅楼公共区域一层墙、柱面装饰工程量清单，并编制分部分项工程量清单计价表。住宅楼公共区域一层装饰施工图见附图 2。

墙面挂贴瓷砖报价.mp4

墙面挂贴清单报价纠正.mp4

墙面砂浆选择.mp4

墙面软件换算.mp4

9.1　《计量规范》项目设置及计算规则

根据《计量规范》附录 12，墙、柱面装饰及隔断、幕墙工程的工程量清单共分 7 部分，即墙柱面抹灰、零星抹灰、墙柱面块料面层、零星块料面层、墙柱饰面、幕墙工程及隔断，24 个分项工程清单项目。

《计量规范》中墙、柱面装饰及隔断、幕墙工程如表 9-1 至表 9-7 所示。砂浆找平项目适用于仅做找平层的立面抹灰。拼碎石材项目的面层材料特征可不用描述规格、品牌、颜色。石材、块料与黏结材料的接合面刷防渗材料的种类在防护层材料种类中描述。块料面层的安装方式可描述为砂浆或黏结剂粘贴、挂贴、干挂等，不论哪种安装方式，都要详细描述与组价相关的内容。

1. 墙面抹灰

墙面抹灰的工程量清单项目设置及工程量计算规则，应按表 9-1 所列的规定执行。

墙、柱面抹石灰砂浆、水泥砂浆、混合砂浆、聚合物水泥砂浆、麻刀石灰浆、石膏灰浆等按本表中墙、柱面一般抹灰列项；墙、柱面水刷石、斩假石、干粘石、假面砖等按本表中墙、柱面装饰抹灰列项。凸出墙面的柱、梁、飘窗、挑板等增加的抹灰面积并入相应

的墙面积内。

表 9-1 墙面抹灰(编码：011201)

项目编码	项目名称	项目特征	计量单位	工程量计算规则
011201001	墙、柱面一般抹灰	①墙体类型 ②抹灰部位 ③ 底层厚度、砂浆配合比 ④ 面层厚度、砂浆配合比 ⑤ 装饰面材料种类 ⑥分格缝宽度、材料种类	m^2	按设计图示尺寸以面积计算。扣除墙裙、门窗洞口及单个大于 $0.3m^2$ 的孔洞面积，不扣除踢脚线、挂镜线和墙与构件交接处的面积，门窗洞口和孔洞的侧壁及顶面不增加面积。附墙柱、梁、垛、烟囱侧壁并入相应的墙面面积内；展开宽度大于 300mm 的装饰线条，按图示尺寸以展开面积并入相应墙面、墙裙内
011201002	墙、柱面装饰抹灰		m^2	
011201003	墙、柱面勾缝	①勾缝类型 ②勾缝材料种类	m^2	
011201004	墙、柱面砂浆找平层	①基层类型 ②找平层砂浆厚度、配合比	m^2	

2. 零星抹灰

零星抹灰的工程量清单项目设置及工程量计算规则，应按表 9-2 所列的规定执行。

表 9-2 零星抹灰(编码：011202)

项目编码	项目名称	项目特征	计量单位	工程量计算规则
011202001	零星项目一般抹灰	①基层类型、部位 ②底层厚度、砂浆配合比 ③面层厚度、砂浆配合比 ④装饰面材料种类 ⑤分格缝宽度、材料种类	m^2	按设计图示尺寸以面积计算
011202002	零星项目装饰抹灰		m^2	
011202003	零星项目砂浆找平层	①基层类型、部位 ②找平层的砂浆厚度、配合比	m^2	

零星项目抹石灰砂浆、水泥砂浆、混合砂浆、聚合物水泥砂浆、麻刀石灰浆、石膏灰浆等按本表中零星项目一般抹灰编码列项，水刷石、斩假石、干粘石、假面砖等按本表中零星项目装饰抹灰编码列项。墙、柱(梁)面不大于 $0.5m^2$ 的少量分散的抹灰按本表中零星抹灰项目编码列项。

3. 墙、柱面块料面层

墙、柱面块料面层的工程量清单项目设置及工程量计算规则，应按表 9-3 所列的规定执行。

表 9-3　墙、柱面块料面层(编码：011203)

项目编码	项目名称	项目特征	计量单位	工程量计算规则
011203001	石材墙、柱面	①墙体类型 ②安装方式 ③面层材料品种、规格、颜色 ④缝宽、嵌缝材料种类 ⑤防护材料种类 ⑥磨光、酸洗、打蜡要求	m^2	按镶贴表面积计算
011203002	碎拼石材墙、柱面			
011203003	块料墙、柱面			
011203004	干挂用钢骨架	①骨架种类、规格 ②防锈漆品种遍数	t	按设计图示尺寸以质量计算
011203005	干挂用铝方管骨架	①骨架类型 ②骨架规格、中距	m^2	按实际图示以面积计算

4. 零星块料面层

零星块料面层的工程量清单项目设置及工程量计算规则，应按表 9-4 所列的规定执行。

表 9-4　零星块料面层(编码：011204)

项目编码	项目名称	项目特征	计量单位	工程量计算规则
011204001	石材零星项目	①基层类型、部位 ②安装方式 ③面层材料品种、规格、颜色 ④缝宽、嵌缝材料种类 ⑤防护材料种类 ⑥磨光、酸洗、打蜡要求	m^2	按镶贴表面积计算
011204002	块料零星项目			
011204003	拼碎石材块料零星项目			

墙、柱面不大于 $0.5m^2$ 的少量分散的块料面层按本表中零星项目执行。

5. 墙柱饰面

墙柱饰面的工程量清单项目设置及工程量计算规则，应按表 9-5 所列的规定执行。

表 9-5　墙柱饰面(编码：011205)

项目编码	项目名称	项目特征	计量单位	工程量计算规则
011205001	墙、柱面装饰板	①龙骨材料种类、规格、中距 ②隔离层材料种类、规格 ③基层材料种类、规格 ④面层材料品种、规格、颜色 ⑤压条材料种类、规格	m^2	按设计图示尺寸以面积计算。扣除门窗洞口及单个大于 $0.3m^2$ 的孔洞所占面积

续表

项目编码	项目名称	项目特征	计量单位	工程量计算规则
011205002	墙、柱面装饰浮雕	①基层类型 ②浮雕材料种类 ③浮雕样式	m^2	按设计图示尺寸以面积计算
011205003	墙、柱面成品木饰面	①基层类型 ②木饰面材料种类 ③木饰面样式	m^2	
011205004	墙、柱面软包	①龙骨材料种类、规格、中距 ②基层材料种类、规格 ③面层材料品种	m^2	

6. 幕墙工程

幕墙工程的工程量清单项目设置及工程量计算规则，应按表 9-6 所列的规定执行。

表 9-6 幕墙工程(编码：011206)

项目编码	项目名称	项目特征	计量单位	工程量计算规则
011206001	构件式幕墙	①骨架材料种类、规格、中距 ②面层材料品种、规格、表面处理及颜色 ③面层固定方式 ④隔离带、框边封闭材料品种、规格 ⑤嵌缝、塞口材料种类	m^2	按设计图示框外围尺寸以面积计算。与幕墙同种材质的窗所占面积不扣除
011206002	单元式幕墙	①支承结构形式 ②埋件种类、材质 ③面层材料品种、规格、表面处理及颜色 ④隔离带、框边封闭材料品种、规格 ⑤嵌缝、塞口材料种类		
011206003	全玻(无框玻璃)幕墙	①玻璃品种、规格、颜色 ②黏结塞口材料种类 ③固定方式		按设计图示尺寸以面积计算。带肋全玻幕墙按展开面积计算

7. 隔断

隔断的工程量清单项目设置及工程量计算规则，应按表 9-7 所列的规定执行。

表 9-7　隔断(编码：011207)

项目编码	项目名称	项目特征	计量单位	工程量计算规则
011207001	隔断现场制作、安装	①隔断类型 ②骨架、边框材料种类、规格 ③隔板材料品种、规格、颜色 ④嵌缝、塞口材料品种 ⑤压条材料种类	m^2	按设计图示框外围尺寸以面积计算。不扣除单个不大于 $0.3m^2$ 的孔洞所占面积；浴厕门的材质与隔断相同时，门的面积并入隔断面积内
011207002	成品隔断安装	①隔断材料品种、规格、颜色 ②配件品种、规格 ③固定方式	m^2	按设计图示框外围尺寸计算

9.2　工程量清单编制与计价应用

【背景材料】传达室外墙面干挂五莲红花岗石板 600mm×400mm×25mm，花岗岩外表面宽出外墙 400mm，门窗尺寸分别为 M-1：900mm×2000mm；M-2：1200mm×2000mm；M-3：1000mm×2000mm；C-1：1500mm×1500mm；C-2：1800mm×1500mm；C-3：3000mm×1500mm，门窗侧壁花岗岩宽度为 500mm，花岗岩干挂至屋面挑檐板底，窗台外凸做法为花岗岩外墙表面粘贴 GRC 构件，如图 9-1 所示。

【工作任务】编制外墙块料面层装饰工程量清单，并编制本项目的分部分项工程量清单计价表。

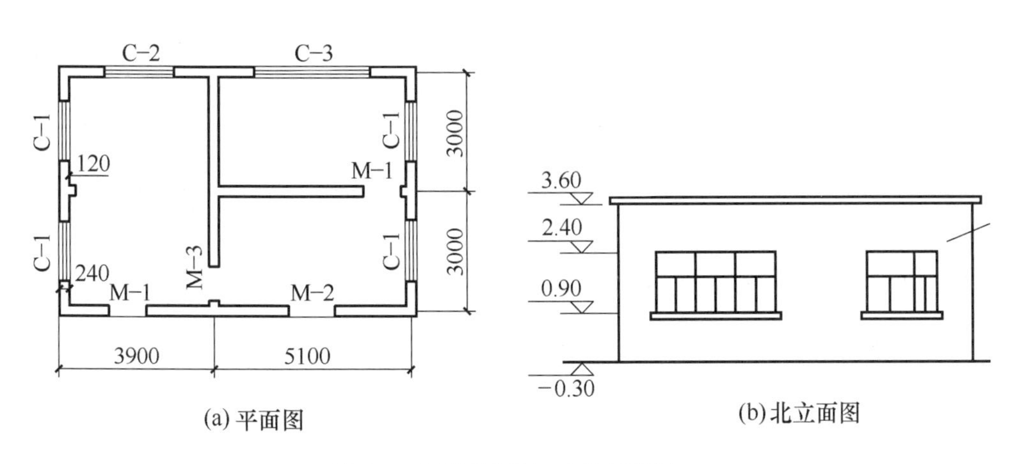

图 9-1　某房屋平面、立面示意图

说明：干挂用龙骨项目的清单编制需要根据幕墙深化设计图，计算龙骨的工程量。本案例略。

9.2.1 外墙块料面层装饰工程量清单的编制

根据《计量规范》附录 12“墙、柱面块料面层”列项。

工程数量：石材墙面工程量=墙面干挂表面积-门窗洞口面积+门窗侧壁面积

工程数量列表计算如表 9-8 所示。

表 9-8 工程数量计算表

干挂外长 L/m	干挂外宽 B/m	干挂高度 H/m	墙面干挂表面积 $S=2(L+B)H$/m²	门窗洞口面积 S_{MC}/m²	门窗侧壁面积 s/m²	石材墙面面积/m²
10.04	7.04	3.9	133.22	20.4	24.85	137.67

L=3.9+5.1+0.24+0.4×2=10.04(m)

B=3×2+0.24+0.4×2=7.04(m)

H=3.6+0.3=3.9(m)

S_{MC}= 1.5×1.5×4+1.8×1.5+3×1.5+0.9×2+1.2×2 =20.4(m²)

s=[1.5×4×4+(1.8+1.5) ×2+(3+1.5) ×2+(0.9+2×2)+(1.2+2×2)] ×0.5=24.85(m²)

将上述结果及相关内容填入“分部分项工程量清单”，如表 9-9 所示。

表 9-9 分部分项工程量清单

工程名称：传达室　　　　第 1 页　共 1 页

序号	项目编码	项目名称	项目特征	计量单位	工程数量
1	011203001001	石材墙、柱面	①墙体类型：砖墙 ②安装方式：干挂 ③面层材料品种、规格、颜色：花岗岩 600mm×400mm ④缝宽、嵌缝材料种类：6mm，耐候胶密封 ⑤防护材料种类：防污染剂 ⑥磨光、酸洗、打蜡要求	m²	137.67

9.2.2 分部分项工程量清单计价表的编制

综合单价计算如下。

(1) 该项目发生的工程内容为：花岗岩面层干挂、5 个面做防污染处理。

(2) 根据现行消耗量定额，计算工程量，套用定额。

砖墙面干挂花岗岩(定额工程量等于清单工程量)：137.67m²，套用定额 12-2-7，干挂石材块料墙面密缝。

(3) 人工、材料、机械单价按现行当地人工、材料、机械单价计算，本工程执行烟台市 2019 年 4 季度信息价即地区单价，如表 9-10 所示。

表 9-10　分部分项工程量清单综合单价计算表

定额编号	项目名称	计量单位	工程量	地区单价	地区合价	人工费单价(省)	人工费合价
12-2-7	干挂石材块料墙面密缝	$10m^2$	13.767	3266.21	44965.91	729.60	10044.40
11-5-10	石材表面刷保护液	$10m^2$	15.144	53.72	813.54	51.66	782.34
	合计				45779.45		10826.74

(4) 确定管理费率和利润率。

本项目为单独外墙装饰工程、高度小于 30m，属于III类工程，选定管理费率为 32.2%、利润率为 17.3%。计费基础为人工费。

(5) 综合单价计算。

管理费、利润=10826.74×(0.322+0.173)=5359.24(元)

综合单价=(45779.45+5359.24)/137.67=371.46(元)

(6) 合价：371.46×137.67=51138.96(元)。

将上述计算结果及相关内容填入“分部分项工程量清单计价表”中，如表 9-11 所示。

表 9-11　分部分项工程量清单计价表

工程名称：传达室　　　　第 1 页　共 1 页

序号	项目编码	项目名称	项目特征	计量单位	工程数量	金额/元	
						综合单价	合价
1	011203001001	石材墙、柱面	①墙体类型：砖墙 ②安装方式：干挂 ③面层材料品种、规格、颜色：花岗岩 600mm×400mm ④缝宽、嵌缝材料种类：6mm，耐候胶密封 ⑤防护材料种类：防污染剂 ⑥磨光、酸洗、打蜡要求	m^2	137.67	371.46	51138.90

【课后任务单】

编制 1 号住宅楼公共区域二层墙面装饰工程量清单，并编制分部分项工程量清单计价表。住宅楼公共区域装饰施工图见附图 2。

角对缝.mp4

型钢计算.mp4

课后备忘录

鲁班精神　精益求精

第 10 章　天 棚 工 程

【学习要点及目标】

- 熟悉《计量规范》附录 13 的项目设置及计算规则。
- 掌握天棚工程量清单的编制方法和操作程序。
- 编制天棚工程量清单。
- 编制天棚工程量清单投标报价及招标控制价。

【课前任务单】

编制 1 号住宅楼公共区域一层天棚装饰工程量清单，并编制分部分项工程量清单计价表。住宅楼公共区域一层装饰施工图见附图 2。

10.1　《计量规范》项目设置及计算规则

根据《计量规范》附录 13，天棚工程的工程量清单共分 3 部分(天棚抹灰、天棚吊顶、天棚其他装饰)及 12 个分项工程清单项目。

《计量规范》天棚工程如表 10-1 至表 10-3 所示。采光天棚和天棚设保温隔热吸声层时，应按《计量规范》保温、隔热、防腐工程中相应分项工程项目编码列项。天棚面层油漆防护，应按《计量规范》油漆、涂料、裱糊工程中相应分项工程项目编码列项。天棚压线、装饰线，应按《计量规范》其他装饰工程中相应分项工程项目编码列项。

1. 天棚抹灰

天棚抹灰的工程量清单项目设置及工程量计算规则，应按表 10-1 所列的规定执行。

表 10-1　天棚抹灰(编码：011301)

项目编码	项目名称	项目特征	计量单位	工程量计算规则
011301001	天棚抹灰	①基层类型 ②抹灰厚度、材料种类 ③砂浆配合比	m^2	按设计图示尺寸以水平投影面积计算。不扣除间壁墙、垛、柱、附墙烟囱、检查口和管道所占的面积，带梁天棚、梁两侧抹灰面积并入天棚面积内，板式楼梯底面抹灰按斜面积计算，锯齿形楼梯底板抹灰按展开面积计算

2. 天棚吊顶

天棚吊顶的工程量清单项目设置及工程量计算规则，应按表 10-2 所列的规定执行。

表 10-2　天棚吊顶(编码：011302)

<table>
<tr><th>项目编码</th><th>项目名称</th><th>项目特征</th><th>计量单位</th><th>工程量计算规则</th></tr>
<tr><td>011302001</td><td>平面吊顶天棚</td><td rowspan="2">①吊顶形式、吊杆规格、高度
②龙骨材料种类、规格、中距
③基层材料种类、规格
④面层材料品种、规格
⑤压条材料种类、规格
⑥嵌缝材料种类
⑦防护材料种类</td><td>m^2</td><td>按设计图示尺寸以水平投影面积计算。不扣除间壁墙、检查口、附墙烟囱、柱垛和管道所占面积，扣除单个大于 $0.3m^2$ 的孔洞、独立柱及与天棚相连的窗帘盒所占的面积</td></tr>
<tr><td>011302002</td><td>跌级吊顶天棚</td><td>m^2</td><td>按设计图示尺寸以水平投影面积计算。天棚面中的灯槽及跌级天棚面积不展开计算。不扣除间壁墙、检查口、附墙烟囱、柱垛和管道所占面积，扣除单个大于 $0.3m^2$ 的孔洞、独立柱及与天棚相连的窗帘盒所占的面积</td></tr>
<tr><td>011302003</td><td>艺术造型吊顶天棚</td><td>①吊顶形式、吊杆规格、高度
②龙骨材料种类、规格、中距
③基层材料种类、规格
④面层材料品种、规格
⑤压条材料种类、规格
⑥嵌缝材料种类
⑦防护材料种类</td><td>m^2</td><td>按设计图示尺寸以水平投影面积计算。天棚面中的灯槽及造型天棚的面积不展开计算。不扣除间壁墙、检查口、附墙烟囱、柱垛和管道所占面积，扣除单个大于 $0.3m^2$ 的孔洞、独立柱及与天棚相连的窗帘盒所占的面积</td></tr>
<tr><td>011302004</td><td>格栅吊顶</td><td>①龙骨材料种类、规格、中距
②基层材料种类、规格
③面层材料品种、规格
④防护材料种类</td><td>m^2</td><td rowspan="4">按设计图示尺寸以水平投影面积计算</td></tr>
<tr><td>011302005</td><td>吊筒吊顶</td><td>①吊筒形状、规格
②吊筒材料种类
③防护材料种类</td><td>m^2</td></tr>
<tr><td>011302006</td><td>藤条造型悬挂吊顶</td><td></td><td>m^2</td></tr>
<tr><td>011302006</td><td>组物软雕吊顶</td><td>①骨架材料种类、规格
②面层材料品种、规格</td><td>m^2</td></tr>
<tr><td>011302008</td><td>装饰网架吊顶</td><td>网架材料品种、规格</td><td>m^2</td><td>按设计图示尺寸以水平投影面积计算</td></tr>
</table>

3. 天棚其他装饰

天棚其他装饰的工程量清单项目设置及工程量计算规则，应按表10-3所列的规定执行。

表10-3　天棚其他装饰(编码：011303)

项目编码	项目名称	项目特征	计量单位	工程量计算规则
011303001	灯带(槽)	①灯带形式、尺寸 ②格栅片材料品种、规格 ③安装固定方式	m^2	按设计图示尺寸以框外围面积计算
011303002	送风口、回风口	①风口材料品种、规格、品牌、颜色 ②安装固定方式 ③防护材料种类	个	按设计图示数量计算

10.2　工程量清单编制与计价应用

【背景材料】某二星级酒店包厢天棚平面如图10-1所示，设计U50系列轻钢龙骨防火板吊顶，龙骨间距450mm×450mm，九夹板基层，暗窗帘盒，宽度为200mm，墙厚为240mm。设计要求木饰面基层刷防火涂料3遍达到B1级防火要求。

【工作任务】编制该酒店包厢天棚工程工程量清单，并编制本项目的分部分项工程量清单计价表。

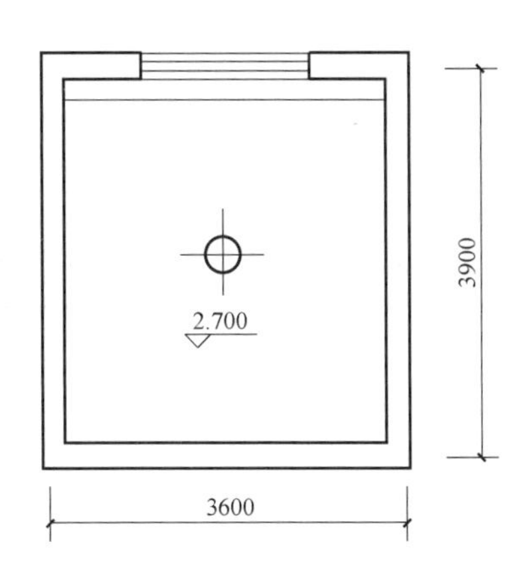

图10-1　包厢天棚平面图

10.2.1　天棚吊顶工程量清单的编制

根据《计量规范》附录13“天棚吊顶”列项，将相关内容填入“分部分项工程量清单”，

如表 10-4 所示。

表 10-4 分部分项工程量清单

工程名称：某装饰工程　　　　第 1 页　共 1 页

项目编码	项目名称	项目特征	计量单位	工程量
011302001	平面吊顶天棚	①吊顶形式、吊杆规格、高度：不上人吊顶 ②龙骨材料种类、规格、中距：U50 系列轻钢龙骨，龙骨间距为 450mm×450mm ③基层材料种类、规格：九夹板 ④面层材料品种、规格：防火胶板 ⑤防护材料种类：基层刷防火涂料 3 遍	m^2	11.63

根据表 10-2 的工程量计算规则：按设计图示尺寸以水平投影面积计算。

工程数量：

天棚吊顶清单工程量=主墙间的面积-窗帘盒的占位面积

=(3.6−0.24)×(3.9−0.24)−(3.6−0.24)×0.2

=3.36×3.66−3.36×0.2

=11.63(m^2)

10.2.2 分部分项工程量清单计价表的编制

综合单价计算如下。

(1) 该项目发生的工程内容：龙骨安装、基层板刷防火涂料、基层板铺贴、面层铺贴。

(2) 根据现行的消耗量定额，计算工程量，套用定额，如表 10-5 所示。

轻钢龙骨的工程量=主墙间的面积=(3.6−0.24)×(3.9−0.24)=3.36×3.66=12.30(m^2)

九夹板基层的工程量=主墙间的面积-窗帘盒的占位面积=11.63(m^2)

防火板面层的工程量=基层的工程量=11.63m^2

表 10-5 分部分项工程量清单计价定额选用表

序号	定额编号	项目名称	单位	工程量
1	13-2-9	装配式 U 型轻钢天棚龙骨网格尺寸 450mm×450mm 平面不上人型	$10m^2$	1.23
2	13-3-3	钉铺胶合板基层九夹板轻钢龙骨	$10m^2$	1.163
3	13-3-18	防火板	$10m^2$	1.163

(3) 人工、材料、机械单价按现行当地人工、材料、机械单价计算，本工程执行烟台市 2019 年 4 季度信息价即地区单价，如表 10-6 所示。

表 10-6 分部分项工程量清单综合单价计算表

定额编号	项目名称	计量单位	工程量	地区单价	地区合价	人工费单价(省)	人工费合价
13-2-9	装配式 U 型轻钢天棚龙骨网格尺寸 450mm×450mm 平面不上人型	$10m^2$	1.23	497.02	611.33	231.60	284.87
13-3-3	钉铺胶合板基层九夹板轻钢龙骨	$10m^2$	1.163	411.52	478.60	100.80	117.23
13-3-18	防火板	$10m^2$	1.163	420.25	488.75	96.00	111.65
	合计				1578.68		513.75

(4) 本项目为二星级酒店工程，属于III类装饰工程，选定管理费率为 32.2%、利润率为 17.3%。计费基础为人工费。

(5) 综合单价计算。

管理费、利润=513.75×(0.322+0.173)=254.31(元)

综合单价=(1578.68+254.31)/11.63=157.61(元)

(6) 合价：157.61×11.63=1833.00(元)

根据《计量规范》的要求，将上述计算结果及相关内容填入“分部分项工程量清单计价表”中，如表 10-7 所示。

表 10-7 分部分项工程量清单计价表

工程名称：某酒店装饰工程　　　　第 1 页　共 1 页

序号	项目编码	项目名称	项目特征	计量单位	工程数量	金额/元	
						综合单价	合价
1	011302001	平面吊顶天棚	①吊顶形式、吊杆规格、高度：不上人吊顶 ②龙骨材料种类、规格、中距：U50 系列轻钢龙骨，龙骨间距为 450mm ×450mm ③基层材料种类、规格：九夹板 ④面层材料品种、规格：防火板	m^2	11.63	157.61	1833.00

【课后任务单】

编制 1 号住宅楼公共区域二层天棚装饰工程量清单，并编制分部分项工程量清单计价表。住宅楼公共区域装饰施工图见附图 2。

课后备忘录

鲁班精神 精益求精

第 11 章　油漆、涂料、裱糊工程

【学习要点及目标】

- 熟悉《计量规范》附录 14 的项目设置及计算规则。
- 掌握油漆、涂料、裱糊工程量清单的编制方法和操作程序。
- 编制油漆、涂料、裱糊工程量清单。
- 编制油漆、涂料、裱糊工程量清单投标报价及招标控制价。

【课前任务单】

编制 1 号住宅楼公共区域一层天棚涂料工程量清单，并编制分部分项工程量清单计价表。住宅楼公共区域一层装饰施工图见附图 2。

11.1　《计量规范》项目设置及计算规则

根据《计量规范》附录 14，油漆、涂料、裱糊工程的工程量清单共分 5 部分(木材面油漆、金属面油漆、抹灰面油漆、喷刷涂料、裱糊)及 40 个分项工程清单项目。

《计量规范》油漆、涂料、裱糊工程如表 11-1～表 11-5 所示。

1. 木材面油漆

木材面油漆的工程量清单项目设置及工程量计算规则，应按表 11-1 所列的规定执行。

表 11-1　木材面油漆(编码：011401)

项目编码	项目名称	项目特征	计量单位	工程量计算规则
011401001	木门油漆	①门、窗类型 ②腻子种类 ③刮腻子遍数 ④防护材料种类 ⑤油漆品种、刷漆遍数	m^2	按设计图示洞口尺寸以面积计算
011401002	木窗油漆		m^2	

续表

项目编码	项目名称	项目特征	计量单位	工程量计算规则
011401003	木扶手油漆	①断面尺寸 ②腻子种类 ③刮腻子遍数 ④防护材料种类 ⑤油漆品种、刷漆遍数	m	按设计图示尺寸以长度计算
011401004	窗帘盒油漆		m	
011401005	封檐板、顺水板油漆		m	
011401006	挂衣板、黑板框油漆		m	
011401007	挂镜线、窗帘棍油漆		m	
011401008	木线条油漆		m	
011401009	木护墙、木墙裙油漆	①腻子种类 ②刮腻子遍数 ③防护材料种类 ④油漆品种、刷漆遍数	m^2	按设计图示尺寸以面积计算
011401010	窗台板、筒子板、盖板、门窗套、踢脚线油漆		m^2	
011401011	清水板条天棚、檐口油漆		m^2	
011401012	木方格吊顶天棚油漆		m^2	
011401013	吸声板墙面、天棚面油漆		m^2	
011401014	暖气罩油漆		m^2	
011401015	其他木材面油漆		m^2	
011401016	木间壁、木隔断油漆		m^2	按设计图示尺寸以单面外围面积计算
011401017	玻璃间壁露明墙筋油漆		m^2	
011401018	木栅栏、木栏杆(带扶手)油漆		m^2	
011401019	衣柜、壁柜油漆		m^2	按设计图示尺寸以油漆部分展开面积计算
011401020	梁柱饰面油漆		m^2	
011401021	零星木装修油漆		m^2	
011401022	木地板油漆		m^2	按设计图示尺寸以面积计算。空洞、空圈、暖气包槽、壁龛的开口部分并入相应的工程量内
011401023	木地板烫硬蜡面	①硬蜡品种 ②面层处理要求	m^2	

木门油漆应区分木大门、单层木门、双层(一玻一纱)木门、双层(单裁口)木门、全玻自

由门、半玻自由门、装饰门及有框门或无框门等项目，分别编码列项。

木窗油漆应区分单层木窗、双层(一玻一纱)木窗、双层框扇(单裁口)木窗、双层框三层(二玻一纱)木窗、单层组合窗、双层组合窗、木百叶窗、木推拉窗等项目，分别编码列项。

木扶手应区分带托板与不带托板，分别编码列项，若是木栏杆带扶手，木扶手不应单独列项，应包含在木栏杆油漆中。

2. 金属面油漆

金属面油漆的工程量清单项目设置及工程量计算规则，应按表 11-2 所列的规定执行。

表 11-2　金属面油漆(编码：011402)

项目编码	项目名称	项目特征	计量单位	工程量计算规则
011402001	金属门油漆	①门、窗类型 ②腻子种类 ③刮腻子遍数 ④防护材料种类 ⑤油漆品种、刷漆遍数	m^2	按设计图示洞口尺寸以面积计算
011402002	金属窗油漆		m^2	
011402003	金属面油漆	①构件名称 ②主要材料特征 ③腻子种类 ④刮腻子要求 ⑤防护材料种类 ⑥油漆品种、刷漆遍数	m^2	按设计图示尺寸以展开面积计算
011402004	金属构件油漆	①构件名称 ②主要材料特征 ③腻子种类 ④刮腻子要求 ⑤防护材料种类 ⑥油漆品种、刷漆遍数	t	按设计图示尺寸以质量计算
011402005	钢结构除锈	①构件名称 ②除锈方式 ③除锈等级	t	

金属门油漆应区分平开门、推拉门、钢制防火门等项目，分别编码列项。

金属窗油漆应区分平开窗、推拉窗、固定窗、组合窗、金属格栅窗等项目，分别编码列项。

3. 抹灰面油漆

抹灰面油漆的工程量清单项目设置及工程量计算规则，应按表 11-3 所列的规定执行。

表 11-3　抹灰面油漆(编码：011403)

项目编码	项目名称	项目特征	计量单位	工程量计算规则
011403001	抹灰面油漆	①基层类型 ②腻子种类 ③刮腻子遍数 ④防护材料种类 ⑤油漆品种、刷漆遍数 ⑥部位	m^2	按设计图示尺寸以面积计算
011403002	抹灰线条油漆	①线条宽度、道数 ②腻子种类 ③刮腻子遍数 ④防护材料种类 ⑤油漆品种、刷漆遍数	m	按设计图示尺寸以长度计算
011403003	满刮腻子	①基层类型 ②腻子种类 ③刮腻子遍数 ④部位	m^2	按设计图示尺寸以面积计算

抹灰面油漆和刷涂料工作内容中包括“刮腻子”，但又单独列有“满刮腻子”项目，此项目只适用于仅做“满刮腻子”的项目，不得将抹灰面油漆和刷涂料中“刮腻子”内容单独分出执行满刮腻子项目。

墙面油漆应扣除墙裙、门窗洞口及单个＞$0.3m^2$ 的孔洞面积，不扣除踢脚线、挂镜线和墙与构件交接处的面积，门窗洞口和孔洞的侧壁及顶面不增加面积；附墙柱、梁、垛、烟囱侧壁并入相应的墙面面积内；展开宽度＞300mm 的装饰线条，按设计图示尺寸以展开面积并入相应墙面内。

4. 喷刷涂料

喷刷涂料的工程量清单项目设置及工程量计算规则，应按表 11-4 所列的规定执行。

表 11-4　喷刷涂料(编码：011404)

项目编码	项目名称	项目特征	计量单位	工程量计算规则
011404001	墙面喷刷涂料	①基层类型 ②喷刷涂料部位 ③腻子种类 ④刮腻子要求 ⑤涂料品种、喷刷遍数	m^2	按设计图示尺寸以面积计算
011404002	天棚喷刷涂料		m^2	

续表

项目编码	项目名称	项目特征	计量单位	工程量计算规则
011404003	空花格、栏杆刷涂料	①腻子种类 ②刮腻子遍数 ③涂料品种、刷喷遍数	m^2	按设计图示尺寸以单面外围面积计算
011404004	线条刷涂料	①基层清理 ②线条宽度 ③刮腻子遍数 ④刷防护材料、油漆	m	按设计图示尺寸以长度计算
011404005	金属面刷防火涂料	①喷刷防火涂料构件名称 ②耐火等级要求 ③涂料品种、喷刷遍数	m^2	按设计图示尺寸以展开面积计算
011404006	金属构件刷防火涂料		t	按设计图示尺寸以质量计算
011404007	木材构件喷刷防火涂料		m^2	以 m^2 计量，按设计图示尺寸以面积计算

喷刷墙面涂料部位要注明内墙或外墙。墙面油漆和喷刷涂料外墙时，应注明墙面分割界缝做法描述。

5. 裱糊

裱糊的工程量清单项目设置及工程量计算规则，应按表 11-5 所列的规定执行。

表 11-5　裱糊(编码：011405)

项目编码	项目名称	项目特征	计量单位	工程量计算规则
011405001	墙纸裱糊	①基层类型 ②裱糊部位 ③腻子种类 ④刮腻子遍数 ⑤黏结材料种类 ⑥防护材料种类 ⑦面层材料品种、规格、颜色	m^2	按设计图示尺寸以面积计算
011405002	织锦缎裱糊			

11.2　工程量清单编制与计价应用

【背景材料】如图 9-1 所示，传达室外墙做法变更为：5mm 聚合物水泥砂浆粘贴 50mm 厚岩棉板保温层，聚合物抹面砂浆两道，总厚度为 4mm，中间压入耐碱纤维网格布一道，外墙柔性腻子两遍，刷弹性涂料。门窗侧壁涂刷宽度为 120mm。

【工作任务】编制外墙涂料装饰工程量清单，并编制本项目的分部分项工程量清单计价表。

11.2.1 外墙涂料装饰工程量清单的编制

根据《计量规范》附录 14“喷刷涂料”列项，工程数量：

涂料墙面工程量=墙面涂料表面积-门窗洞口面积+门窗侧壁面积

工程数量列表如表 11-6 所示。

表 11-6 工程数量计算表

外墙长 L/m	外墙宽 B/m	外墙高 H/m	墙面涂料表面积 $S=2(L+B)H$/m^2	门窗洞口面积 S_{MC}/m^2	门窗侧壁面积 s/m^2	涂料墙面面积/m^2
9.358	6.358	3.9	122.58	20.4	5.964	108.15

L=3.9+5.1+0.24+0.059×2=9.358(m)

B=3×2+0.24+0.059×2=6.358(m)

H=3.6+0.3=3.9(m)

S_{MC}= 1.5×1.5×4+1.8×1.5+3×1.5+0.9×2+1.2×2 =20.4(m^2)

s=[1.5×4×4+(1.8+1.5) ×2+(3+1.5) ×2+(0.9+2×2)+(1.2+2×2)] ×0.12=5.964(m^2)

将上述结果及相关内容填入“分部分项工程量清单”，如表 11-7 所示。

表 11-7 分部分项工程量清单

工程名称：传达室　　　　第 1 页　共 1 页

序号	项目编码	项目名称	项目特征	计量单位	工程数量
1	011404001001	墙面喷刷涂料	①基层类型：保温墙面 ②喷刷涂料部位：外墙 ③腻子种类：柔性成品腻子 ④刮腻子要求：两遍 ⑤涂料品种、喷刷遍数：弹性涂料	m^2	108.15

11.2.2 分部分项工程量清单计价表的编制

综合单价计算如下。

(1) 该项目发生的工程内容为：刮柔性腻子两遍，刷弹性涂料。

(2) 根据现行消耗量定额，计算工程量，套用定额，如表 11-8 所示。

表 11-8 分部分项工程量清单计价定额选用表

序号	定额编号	项目名称	单位	工程量计算过程	工程量
1	14-4-15	满刮柔性腻子 保温墙面	10m^2	108.15-5.964	10.219
2	14-3-33	外墙弹性涂料	10m^2	108.15-5.964	10.219

注意：现行《山东省建筑工程消耗量定额》计算规则规定：

涂料工程量=抹灰工程量

(3) 人工、材料、机械单价按现行当地人工、材料、机械单价计算，本工程执行烟台市 2019 年 4 季度信息价即地区单价，如表 11-9 所示。

表 11-9　分部分项工程量清单综合单价计算表

定额编号	项目名称	计量单位	工程量	地区单价	地区合价	人工费单价(省)	人工费合价
14-4-15	满刮柔性腻子保温墙面	$10m^2$	10.219	238.03	2432.43	96.00	981.02
14-3-33	外墙弹性涂料	$10m^2$	10.219	313.80	3206.72	55.20	564.09
合计					5639.15		1545.11

(4) 确定管理费率和利润率。

本项目按III类装饰工程，选定管理费率为 32.2%、利润率为 17.3%。计费基础为人工费。

(5) 综合单价计算。

管理费、利润=1545.11×(0.322+0.173)=764.83(元)

综合单价=(5639.15+764.83)/108.15=59.21(元)

(6) 合价：59.21×108.15=6403.56(元)。

将上述计算结果及相关内容填入“分部分项工程量清单计价表”中，如表 11-10 所示。

表 11-10　分部分项工程量清单计价表

工程名称：传达室　　　　第 1 页　共 1 页

序号	项目编码	项目名称	项目特征	计量单位	工程数量	金额/元	
						综合单价	合价
1	011404001	墙面喷刷涂料	①基层类型：保温墙面 ②喷刷涂料部位：外墙 ③腻子种类：柔性腻子 ④刮腻子要求：两遍 ⑤涂料品种、喷刷遍数：弹性涂料	m^2	108.15	59.21	6403.56

【课后任务单】

编制 1 号住宅楼公共区域二层天棚涂料工程量清单，并编制分部分项工程量清单计价表。住宅楼公共区域装饰施工图见附图 2。

课后备忘录

鲁班精神　精益求精

第 12 章　其他装饰工程

【学习要点及目标】

- 熟悉《计量规范》附录 15 的项目设置及计算规则。
- 掌握其他装饰工程量清单的编制方法和操作程序。
- 编制其他装饰工程量清单。
- 编制其他装饰工程量清单投标报价及招标控制价。

【课前任务单】

编制 1 号住宅楼公共区域一层装饰线条工程量清单，并编制分部分项工程量清单计价表。住宅楼公共区域一层装饰施工图见附图 2。

12.1　《计量规范》项目设置及计算规则

根据《计量规范》附录 15，其他装饰工程的工程量清单共分 8 部分(柜类货架、装饰线条、扶手栏杆栏板装饰、暖气罩、浴厕配件、雨篷旗杆装饰柱、招牌灯箱、美术字)及 20 个分项工程清单项目。

《计量规范》其他装饰工程如表 12-1 至表 12-8 所示。柜类货架、镜箱、美术字等项目，工作内容中包括了“刷油漆”，主要考虑整体性，不得单独将油漆分离，单列油漆项目。木橱柜、暖气罩、木线等木材面油漆按油漆、涂料、裱糊工程中相应项目编码列项。

1. 柜类、货架

柜类、货架的工程量清单项目设置及工程量计算规则，应按表 12-1 所列的规定执行。

表 12-1　柜类、货架(编码：011501)

<table>
<tr><th>项目编码</th><th>项目名称</th><th>项目特征</th><th>计量单位</th><th>工程量计算规则</th></tr>
<tr><td>011501001</td><td>柜类</td><td rowspan="2">①柜类名称
②柜类规格
③安装方式
④材料种类、规格
⑤五金种类、规格
⑥防护材料种类
⑦油漆品种、刷漆遍数</td><td>m^2</td><td>按设计图示尺寸以正投影面积计算</td></tr>
<tr><td>011501002</td><td>货架</td><td>m</td><td>按设计图示尺寸以延长米计算</td></tr>
</table>

柜类名称包括柜台、酒柜、衣柜、存包柜、鞋柜、书柜、厨房壁柜、木壁柜、厨房低柜、厨房吊柜、矮柜、吧台背柜、酒吧吊柜、酒吧台、展台、收银台、试衣间、货架、书架、服务台等。橱柜面层为软包或金属面时应参考《计量规范》中相应项目分别编码列项。

酒柜、吧台背柜、酒吧吊柜等橱柜照明灯具，按《通用安装工程计量规范》(GB 5008 56—2013)相应项目编码列项。

2. 装饰线条

装饰线条的工程量清单项目设置及工程量计算规则，应按表 12-2 所列的规定执行。

表 12-2 装饰线条(编码：011502)

项目编码	项目名称	项目特征	计量单位	工程量计算规则
011502001	装饰线条	①基层类型 ②线条材料品种、规格、颜色 ③防护(填充)材料种类	m	按设计图示尺寸以延长米计算

橱柜压线、柜门扇收口线、暖气罩压线等装饰线按装饰线条项目编码列项。

3. 扶手、栏杆、栏板装饰

扶手、栏杆、栏板装饰的工程量清单项目设置及工程量计算规则，应按表 12-3 所列的规定执行。

表 12-3 扶手、栏杆、栏板装饰(编码：011503)

项目编码	项目名称	项目特征	计量单位	工程量计算规则
011503001	带扶手的栏杆、栏板	①扶手材料种类、规格、品牌 ②栏杆材料种类、规格、品牌 ③栏板材料种类、规格、品牌、颜色 ④固定配件种类 ⑤防护材料种类	m	按设计图示以扶手中心线长度(包括弯头长度)计算
011503002	不带扶手的栏杆、栏板	①栏杆材料种类、规格、品牌 ②栏板材料种类、规格、品牌、颜色 ③固定配件种类 ④防护材料种类		
011503003	扶手	①扶手材料种类、规格、品牌 ②固定配件种类 ③防护材料种类		

带扶手、栏杆、栏板项目，包括扶手，不得单独将扶手进行编码列项。

4. 暖气罩

暖气罩的工程量清单项目设置及工程量计算规则，应按表 12-4 所列的规定执行。

表 12-4　暖气罩(编码：011504)

项目编码	项目名称	项目特征	计量单位	工程量计算规则
011504001	暖气罩	①暖气罩材质 ②规格 ③防护材料种类	m^2	按设计图示尺寸以垂直投影面积(不展开)计算

5. 浴厕配件

浴厕配件的工程量清单项目设置及工程量计算规则，应按表 12-5 所列的规定执行。

表 12-5　浴厕配件(编码：011505)

项目编码	项目名称	项目特征	计量单位	工程量计算规则
011505001	洗漱台	①材料品种、规格、品牌、颜色 ②支架品种、规格	m^2	按设计图示尺寸以台面外接矩形面积计算。不扣除孔洞、挖弯、削角所占面积，挡板、吊沿板面积并入台面面积内计算
011505002	洗厕配件	①配件名称 ②配件品种 ③规格 ④品牌	个	按设计图示数量计算
011505003	镜面玻璃	①镜面玻璃品种、规格 ②边框材质、断面尺寸 ③基层材料种类 ④防护材料种类	m^2	按设计图示尺寸以边框外围面积计算
011505004	镜箱	①箱体材质、规格 ②玻璃品种、规格 ③基层材料种类 ④防护材料种类 ⑤油漆品种、刷漆遍数	个	按设计图示数量计算

洗厕配件包括晒衣架、帘子杆、浴缸拉手、卫生间扶手、毛巾杆(架)、毛巾环、卫生纸盒、肥皂盒等。

6. 雨篷、旗杆

雨篷、旗杆的工程量清单项目设置及工程量计算规则，应按表 12-6 所列的规定执行。

表 12-6　雨篷、旗杆(编码：011506)

项目编码	项目名称	项目特征	计量单位	工程量计算规则
011506001	雨篷吊挂饰面	①基层类型 ②龙骨材料种类、规格、中距 ③面层材料品种、规格、品牌 ④吊顶(天棚)材料品种、规格、品牌 ⑤嵌缝材料种类 ⑥防护材料种类	m^2	按设计图示尺寸以水平投影面积计算
011506002	金属旗杆	①旗杆材料、种类、规格 ②旗杆高度 ③基础材料种类 ④基座材料种类 ⑤基座面层材料、种类、规格	根	按设计图示数量计算
011506003	玻璃雨篷	①玻璃雨篷固定方式 ②龙骨材料种类、规格、中距 ③玻璃材料品种、规格、品牌 ④嵌缝材料种类 ⑤防护材料种类	m^2	按设计图示尺寸以水平投影面积计算
011506004	成品装饰柱	①柱截面、高度尺寸 ②柱材质	根	按设计图示数量计算

7. 招牌、灯箱

招牌、灯箱的工程量清单项目设置及工程量计算规则，应按表 12-7 所列的规定执行。

表 12-7　招牌、灯箱(编码：011507)

<table>
<tr><th>项目编码</th><th>项目名称</th><th>项目特征</th><th>计量单位</th><th>工程量计算规则</th></tr>
<tr><td>011507001</td><td>平面、箱式招牌</td><td rowspan="3">①箱体规格
②基层材料种类
③面层材料种类
④防护材料种类</td><td>m^2</td><td>按设计图示尺寸以正立面边框外围面积计算。复杂形状的凸凹造型部分不增加面积</td></tr>
<tr><td>011507002</td><td>竖式标箱</td><td rowspan="2">个</td><td rowspan="3">按设计图示数量计算</td></tr>
<tr><td>011507003</td><td>灯箱</td></tr>
<tr><td>011507004</td><td>信报箱</td><td>①箱体规格
②基层材料种类
③面层材料种类
④保护材料种类
⑤户数</td><td>个</td></tr>
</table>

8. 美术字

美术字的工程量清单项目设置及工程量计算规则，应按表12-8所列的规定执行。

表12-8　美术字(编码：011508)

项目编码	项目名称	项目特征	计量单位	工程量计算规则
011508001	美术字	①基层类型 ②镌字材料材质、颜色 ③字体规格 ④固定方式 ⑤油漆品种、刷漆遍数	个	按设计图示数量计算

美术字的基层类型是指美术字依托体的材料，如砖墙、混凝土墙等。固定方式是指粘贴、焊接以及铁钉、螺栓、铆钉固定等方式。字的支架价款应计入相应项目的报价中。

12.2　工程量清单编制与计价应用

【背景材料】某住宅楼卧室内木壁柜共12个，木壁柜高2.40m、宽1.20m、深0.60m，壁柜做法：顶板、底板及背板为细木工板18mm厚，壁柜门为成品推拉门扇。柜内分3层，隔板两块，为细工木板，尺寸为500mm×1200mm，厚度为18mm，暗拉手两个。

【工作任务】编制木壁柜工程量清单，并编制本项目的分部分项工程量清单计价表。

12.2.1　木壁柜工程量清单的编制

根据《计量规范》“柜类、货架”列项，将相关内容填入分部分项工程量清单，如表12-9所示。

表12-9　分部分项工程量清单

工程名称：某工程　　　　第1页，共1页

序　号	项目编码	项目名称	计量单位	工程数量
1	011501008001	木壁柜 ①柜的形式、规格：嵌入式壁柜2400mm×1200mm×600mm ②骨架、围板、隔板、面层材料种类：顶板、底板、背板、隔板均为18 mm细木工板，隔板两块500mm×1200mm ③抽屉、柜门材料种类：柜门铝合金框玻璃推拉门 ④木板刷防火涂料3遍	个	12

12.2.2 分部分项工程量清单计价表的编制

综合单价计算如下。

(1) 该项目发生的工程内容为：围板、隔板及柜门的制作、安装，五金件安装，木板刷防火涂料3遍。

(2) 根据《消耗量定额》计算规则，计算木壁柜的工程量。

背板细木工板：$1.14×2.34×12=32.01(m^2)$

顶板、底板细木工板：$1.14×0.57×2×12=15.6(m^2)$

隔板细木工板：$0.50×1.20×2×12=14.4(m^2)$

细木工板合计：$32.01+15.6+14.4=62.01(m^2)$

柜门：$0.6×2.4×2×12=34.56(m^2)$

木板刷防火涂料(3遍)=$(32.01+15.6+14.4)×2=124.02(m^2)$

五金件：推拉门滑轨=l2套

橱门拉手=24个

(3) 选用定额。人工、材料、机械单价按现行当地人工、材料、机械单价计算，本工程执行烟台市2019年4季度信息价即地区单价，如表12-10所示。

表12-10 分部分项工程量清单综合单价计算表

定额编号	项目名称	计量单位	工程量	地区单价	地区合价	人工费单价(省)	人工费合价
15-1-5	骨架围板及隔板制作安细木工板	$10m^2$	6.201	661.81	4103.88	103.20	639.94
15-1-31	橱柜成品门扇安装	$10m^2$	3.456	161.13	556.87	157.20	543.28
15-1-22	木橱柜五金件安装推拉门滑轨	10套	1.2	128.9	154.68	55.20	66.24
15-1-23	木橱柜五金件安装橱门拉手	10个	2.4	150.32	360.77	13.20	31.68
14-1-112	防火涂料两遍木板面	$10m^2$	12.402	141.33	1710.36	72.00	892.94
14-1-114	防火涂料每增一遍木板面	$10m^2$	12.402	59.83	742.01	31.20	386.94
	合计				7628.57		2561.02

(4) 本项目为住宅工程，属于III类装饰工程，选定管理费率为32.2%、利润率为17.3%。计费基础为人工费。

(5) 综合单价计算。

管理费、利润=2561.02×(0.322+0.173)=1267.70(元)

综合单价=(7628.57+1267.70)/12=741.356(元)

(6) 合价：741.356×12=8896.27(元)

根据《计量规范》的要求，将上述计算结果及相关内容填入“分部分项工程量清单计价表”中，如表 12-11 所示。

表 12-11　分部分项工程量清单计价表

工程名称：某工程　　　　第 1 页　共 1 页

序号	项目编码	项目名称	计量单位	工程数量	金额/元	
					综合单价	合　价
1	011501008001	木壁柜 ①柜的形式、规格：嵌入式壁柜 2400mm×1200mm×600mm ②骨架、围板、隔板、面层材料种类：顶板、底板、背板、隔板均为 18mm 厚的细木工板，隔板两块 500mm×1200mm ③抽屉、柜门材料种类：柜门铝合金框玻璃推拉门 ④木板刷防火涂料 3 遍	个	12	741.356	8896.27

【课后任务单】

编制 1 号住宅楼公共区域二层天棚装饰线条工程量清单，并编制分部分项工程量清单计价表。住宅楼公共区域装饰施工图见附图 2。

课后备忘录

鲁班精神　精益求精

第 13 章　措 施 项 目

【学习要点及目标】

- 熟悉《计量规范》附录 17 的项目设置及计算规则。
- 掌握措施项目工程量清单的编制方法和操作程序。
- 编制措施项目工程量清单。
- 编制措施项目工程量清单投标报价及招标控制价。

【课前任务单】

编制 1 号住宅楼公共区域一层措施项目工程量清单，并编制措施项目工程量清单计价表。住宅楼公共区域一层装饰施工图见附图 2。

13.1　措施项目设置及计算规则

措施项目是指为完成工程项目施工，发生于该工程施工准备和施工过程中的技术、生活、安全、环境保护等方面的工作内容。根据《计量规范》措施项目划分为两类：一类是不能计算工程量的项目，如文明施工和安全防护、临时设施、冬雨期施工、二次搬运、地上地下已完工程设备保护等，以“项”计价，称为总价措施项目。也就是说，总价措施项目是指建设行政部门根据建筑市场状况和多数企业经营管理情况、技术水平等测算发布了费率、应以总价计价的措施项目；另一类是可以计算工程量的项目，如脚手架、垂直运输机械及超高、模板及支撑、大型机械进出场、施工运输工程及降排水工程等，以“量”计价，称为单价措施项目。单价措施项目是指规定了工程量计算规则、能够计算工程量、应以综合单价计价的措施项目。

根据《计量规范》附录 17，措施项目的工程量清单共分 4 部分(脚手架、施工运输工程、施工降排水及其他工程和总价措施项目)及 31 个分项工程清单项目。

《计量规范》措施项目如表 13-1 至表 13-4 所示。

1. 脚手架

脚手架的工程量清单项目设置及工程量计算规则，应按表 13-1 所列的规定执行。

表 13-1　脚手架(编码：011701)

项目编码	项目名称	项目特征	计量单位	工程量计算规则
011701001	综合脚手架	①建筑物性质 ②结构形式 ③檐口高度 ④层数	m^2	按设计图示尺寸以建筑面积计算
011701002	整体工程外脚手架	①材质 ②搭设形式 ③搭设高度	m^2	按外墙外边线长度乘以搭设高度以面积计算。外挑阳台、凸出墙面大于 240mm 的墙垛等，其图示展开尺寸的增加部分并入外墙外边线长度内计算
011701003	整体提升外脚手架	搭设高度	m^2	
011701004	电梯井字脚手架	搭设高度	座	按不同搭设高度以座数计算
011701005	斜道	①材质 ②搭设形式 ③搭设高度	座	
011701006	安全网	①材质 ②搭设形式	m^2	密目立网按封闭墙面的垂直投影面积计算。其他安全网按架网部分的实际长度乘以实际高度(宽度)，以面积计算
011701007	混凝土浇筑脚手架	①材质 ②搭设形式 ③搭设高度	m^2	柱按设计图示结构外围周长另加 3.6m，乘以搭设高度，以面积计算。 墙、梁按墙、梁净长乘以搭设高度以面积计算。轻型框剪墙不扣除其间砌筑洞口所占面积，洞口上方的连梁不另计算
011701008	砌体砌筑脚手架		m^2	按墙体净长度乘以搭设高度以面积计算，不扣除位于其中的混凝土圈梁、过梁、构造柱的尺寸。混凝土圈梁、过梁、构造柱不另计算脚手架
011701009	天棚装饰脚手架		m^2	按室内水平投影净面积 (不扣除柱、垛)计算
011701010	内墙面装饰脚手架		m^2	按内墙装饰面(外墙内面、内墙两面)投影面积计算，但计算了天棚装饰脚手架的室内空间，不另计算
011701011	外墙面装饰脚手架		m^2	按外墙装饰面垂直投影面积计算
011701012	防护脚手架	①材质 ②搭设形式	m^2	水平防护架，按实际铺板的水平投影面积计算。垂直防护架，按实际搭设长度乘以自然地坪至最上一层横杆之间的搭设高度，以面积计算

续表

项目编码	项目名称	项目特征	计量单位	工程量计算规则
011701013	卸载支撑	①卸载部位 ②层数	处	按卸载部位以数量(处)计算。砌体加固卸载，每卸载部位为一处；梁加固卸载，卸载梁的一个端头为一处；柱加固卸载，一根柱为一处
011701014	单独铺板、落翻板		m^2	按施工组织设计规定以面积计算

注：综合脚手架项目，适用于按建筑面积加权综合了各种单项脚手架且能够按《建筑工程建筑面积计量规范》(GB/T 50353—2013)计算建筑面积的房屋新建工程。综合脚手架项目未综合的内容，可另行使用单项脚手架项目补充。房屋附属工程、修缮工程以及其他不适宜使用综合脚手架项目的，应使用单项脚手架项目编码列项。

与外脚手架一起设置的接料平台(上料平台)，应包括在建筑物外脚手架项目中，不单独编码列项。斜道(上下脚手架人行通道)应单独编码列项，不包括在安全施工项目(总价措施项目)中。安全网的形式，指在外脚手架上发生的平挂网、立挂网、挑出网和密目式立网，应单独编码列项。“四口”“五临边”防护用的安全网，已包括在安全施工项目(总价措施项目)中，不单独编码列项。

现浇混凝土板(含各种悬挑板)以及有梁板的板下梁、各种悬挑板中的梁和挑梁，不单独计算脚手架。计算了整体工程外脚手架的建筑物，其四周外围的现浇混凝土梁、框架梁、墙和砌筑墙体，不另计算脚手架。

单项脚手架的起始高度如下。

① 石砌体高度大于 1m 时，计算砌体砌筑脚手架。

② 各种基础高度大于 1m 时，计算基础施工的相应脚手架。

③ 室内结构净高大于 3.6m 时，计算天棚装饰脚手架。

④ 其他脚手架，脚手架搭设高度大于 1.2m 时，计算相应脚手架。

计算各种单项脚手架时，均不扣除门窗洞口、空圈等所占面积。

搭设脚手架，应包括落地脚手架下的平土、挖坑或安底座，外挑式脚手架下型钢平台的制作和安装，附着于外脚手架的上料平台、挡脚板、护身栏杆的敷设，脚手架作业层铺设木(竹)脚手板等工作内容。

脚手架基础，实际需要时，应综合于相应脚手架项目中，不单独编码列项。

2. 施工运输工程

施工运输工程的工程量清单项目设置及工程量计算规则，应按表 13-2 所列的规定执行。

表 13-2　施工运输工程(编码：011702)

项目编码	项目名称	项目特征	计量单位	工程量计算规则
011702001	民用建筑工程垂直运输	①结构形式 ②檐口高度 ③装饰工程类别	m^2	按建筑物建筑面积计算。 同一建筑物檐口高度不同时，应区别不同檐口高度分别计算，层数多的地上层的外墙外直面(向下延伸至±0.00)为其分界
011702002	工业厂房工程垂直运输	①结构形式 ②层数 ③厂房类别	m^2	
011702003	零星工程垂直运输	类别(材质)	m^3	按零星工程的体积(或面积、质量)计算
011702004	大型机械基础	①机械名称 ②基础形式 ③混凝土强度等级	m^3	按施工组织设计规定的尺寸以体积(或长度、座数)计算
011702005	垂直运输机械进出场	①机械名称 ②檐口高度	台次	按施工组织设计规定以数量计算
011702006	其他机械进出场	①机械名称 ②规格能力	台次	
011702007	修缮、加固工程垂直运输		台日	按相应分部分项工程及措施项目的定额人工消耗量(乘系数)以工日计算

注：檐口高度在 3.6m 以内的建筑物，不计算垂直运输。工业建筑中，为物质生产配套和服务的食堂、宿舍、医疗、卫生及管理用房等独立建筑物，按民用建筑垂直运输项目编码列项。零星工程垂直运输项目，指能够计算建筑面积(含 1/2 面积)空间的外装饰层(含屋面顶坪)范围以外的零星工程所需要的垂直运输。大型机械基础，指大型机械安装就位所需要的基础及固定装置的制作、铺设、安装及拆除等工作内容。大型机械进出场，指大型机械整体或分体自停放地点运至施工现场，或由一施工地点运至另一施工地点的运输、装卸，以及大型机械在施工现场进行的安装、试运转和拆卸等工作内容。

3. 施工降排水及其他工程

施工降排水及其他工程的工程量清单项目设置及工程量计算规则，应按表 13-3 所列的规定执行。

表 13-3　施工降排水及其他工程(编码：011703)

项目编码	项目名称	项目特征	计量单位	工程量计算规则
011703001	集水井成井	①成井类型 ②井壁材质 ③成井直径 ④成井深度	m	按施工组织设计规定以深度计算

续表

项目编码	项目名称	项目特征	计量单位	工程量计算规则
011703002	井点管安装拆除	①井点类型 ②井点深度	根	按施工组织设计规定的井点管数量计算。 井点管布置应根据地质条件和施工降水要求，按施工组织设计规定确定。施工组织设计未规定时，可按轻型井点管距 0.8～1.6m(或平均 1.2m)、喷射井点管 2～3m(或平均 1.3m)确定
011703003	排水降水	①机械规格 ②排水管规格	台日	按施工组织设计规定的设备数量和工作天数计算。 集水井降水，以每台抽水机工作 24h 为一台日。 井点管降水，以每台设备工作 24h 为一台日。 井点设备“台(套)”的组成如下：轻型井点，50 根/套；喷射井点，30 根/套；大口径井点，45 根/套；水平井点，10 根/套；电渗井点，30 根/套；不足一套，按一套计算
011703004	混凝土泵送	①输送泵类型 ②输送高度	m^3	按混凝土构件的混凝土消耗量之和以体积计算
011703005	预制构件吊装机械	吊装机械名称	台班	按预制构件的吊装机械台班消耗量之和以台班计算

注：施工降排水，是指为降低地下水位所发生的形成集水井、排除地下水等工作内容。混凝土泵送，是指预拌混凝土在施工现场通过输送泵和输送管道使混凝土就位等工作内容。预制构件吊装机械，指预制混凝土构件、预制金属构件自施工现场地面至构件就位位置，使用轮胎式起重机(汽车式起重机)吊装的机械消耗。混凝土泵送和预制构件吊装机械，可以按本节的相应规定单独编码列项，也可以作为项目特征附属于《计量规范》附录 5 混凝土构件相应项目中。附属于附录 5 混凝土构件相应项目时，应按本节规定进行项目特征描述。

4. 总价措施项目

总价措施项目的工程量清单项目设置及工程量计算规则，应按表 13-4 所列的规定执行。

表 13-4　总价措施项目(编码：011704)

项目编码	项目名称	工作内容及包含范围
011704001	安全文明施工	(1)环境保护 ①材料堆放：材料、构件、料具等堆放时，悬挂有名称、品种、规格等标牌；水泥和其他易飞扬细颗粒建筑材料应密闭存放或采取覆盖等措施；易燃、易爆和有毒有害物品分类存放。 ②垃圾清运：施工现场应设置密闭式垃圾站，施工垃圾、生活垃圾应分类存放。施工垃圾必须采用相应容器或管道运输。

续表

项目编码	项目名称	工作内容及包含范围
011704001	安全文明施工	③污染源控制：有毒有害气味控制，除“四害”措施费用，开挖、预埋污水排放管线。 ④粉尘噪声控制：视频监控及扬尘噪声监测仪，噪声控制，密目网，雾炮，喷淋设施，洒水车及人工，洗车平台及基础，洗车泵，渣土车辆 100%密闭运输。 ⑤扬尘治理补充：扬尘治理用水，扬尘治理用电，人工清理路面，司机、汽柴油费用。 (2)文明施工 ①施工现场围挡：现场及生活区采用封闭围挡，高度不小于 1.8m；围挡材料可采用彩色、定型钢板，砖、混凝土砌块等墙体。 ②五板一图：在进门处悬挂工程概况、管理人员名单及监督电话、安全生产、文明施工、消防保卫五板；施工现场总平面一图。(八牌二图，项目岗位职责牌) ③企业标志：现场出入的大门应设有本企业标识、企业标志及企业宣传图、企业各类图表、会议室形象墙、效果图及架子。 ④场容场貌：道路畅通；排水沟、排水设施通畅；现场及生活区地面硬化处理；绿化，彩旗，现场画面喷涂，现场标语条幅，围墙墙面美化，宣传栏等。 ⑤其他补充：工人防暑降温、蚊虫叮咬，食堂洗涤、消毒设施，施工现场各门禁保安服务费用，职业病预防及保健费用，现场医药、器材急救措施，室外 LED 显示屏，不锈钢伸缩门，铺设钢板路面，施工现场铺设砖，砖砌围墙，智能化工地设备，大门及喷绘，槽边、路边防护栏杆等设施(含底部砖墙)，路灯。 (3)临时设施 ①现场办公生活设施：工地办公室、临时宿舍、文化福利及公用事业房屋食堂、卫生间、淋浴室、娱乐室、急救室，构筑物、仓库、加工厂以及规定范围内道路等临时设施；施工现场办公、生活区与作业区分开设置，保持安全距离；工地办公室、现场宿舍、食堂、厕所、饮水、休息场所符合卫生和安全要求，办公室、宿舍热水器、空调等设施；现场监控线路及摄像头，生活区衣架等设施，阅读栏，生活区喷绘宣传，宿舍区外墙大牌。 ②施工现场临时用电：配电线路电缆，按照 TN-S 系统要求配备五芯电缆、四芯电缆和三芯电缆；按要求架设临时用电线路的电杆、横担、瓷夹、瓷瓶等，或电缆埋地的地沟；对靠近施工现场的外电线路，设置木质、塑料等绝缘体的防护设施；按三级配电要求，配备总配电箱、分配电箱、开关箱三类标准电箱及维护架。开关箱应符合一机、一箱、一闸、一漏。三类电箱中的各类电器应是合格品；按两级保护的要求，选取符合容量要求和质量合格的总配电箱和开关箱中的漏电保护器；接地装置保护，施工现场保护零线的重复接地应不少于 3 处。

续表

项目编码	项目名称	工作内容及包含范围
011704001	安全文明施工	③施工现场临时设施用水：施工现场饮用水，生活用水，施工用水，临时给排水设施。 ④其他补充：木工棚、钢筋棚，太阳能，空气能，办公区及生活用电，工人宿舍场外租赁，临时用电，化粪池、仓库、楼层临时厕所，变频柜。 (4)安全施工 ①一般防护(“三宝”)：安全网(下文所示的水平网、密目式立网)、安全帽、安全带。 ②通道棚：包括杆架、扣件、脚手板。 ③防护围栏：建筑物作业周边设防护栏杆，配电箱和固位使用的施工机械周边设围栏、防护棚。 ④消防安全防护：灭火器、砂箱、消防水桶、消防铁锹(钩)、高层建筑物安装消防水管(钢管、软管)、加压泵等。 ⑤“四口”防护：楼梯口防护，设 1.2m 高的定型化、工具化、标准化的防护栏杆，18cm 高的踢脚板；电梯井口防护，设置定型化、工具化、标准化的防护门；在电梯井内每隔两层(不大于 10m)设置一道安全平网；通道口防护，设防护棚，防护棚应为不小于 5cm 厚的木板或两道相距 50cm 的竹笆，两侧应沿栏杆架用密目式安全网封闭；预留洞口防护，用木板全封闭，短边超过 1.5m 长洞口，除封闭外四周还应设有防护栏杆。 ⑥“五临边”防护：阳台、楼板、屋面等周边防护，用密目式安全立网全封闭，作业层另加两边防护栏杆和 18cm 高的踢脚板；基坑周边防护栏杆以及上下人斜道防护栏杆；施工电梯、物料提升机、吊篮升降处及接料平台两边设防护栏杆。 ⑦垂直方向交叉作业防护：设置防护隔离棚或其他设施。 ⑧高空作业防护：有悬挂安全带的悬索或其他设施，有操作平台，有上下的梯子或其他形式的通道。 ⑨安全警示标志牌：危险部位悬挂安全警示牌、各类建筑材料及废弃物堆放标志牌。 ⑩其他：各种应急救援预案的编制、培训和有关器材的配置及检修等费用；工人工作证，作业人员其他必备安全防护用品胶鞋、雨衣等，安全培训，安全员培训；特殊工种培训，塔吊智能化防碰撞系统、空间限制器，电阻仪、力矩扳手、漏保测试仪等检测器具
011704002	夜间施工增加	因夜间施工所发生的夜班补助费、夜间施工降效、夜间施工照明设备摊销及照明用电等工作内容

续表

项目编码	项目名称	工作内容及包含范围
011704003	冬雨期施工增加	指在冬季或雨季施工需增加的临时设施、防滑、排除雨雪，人工及施工机械效率降低等工作内容。 冬雨季施工增加，不包括混凝土、砂浆的骨料炒拌、提高强度等级以及掺加于其中的早强、抗冻等外加剂等工作内容
011704004	二次搬运	由于施工场地条件限制而发生的材料、构配件、半成品等一次运输不能到达堆放地点，必须进行二次或多次搬运等工作内容
011704005	已完工程及设备保护	竣工验收前，对已完工程及设备采取的覆盖、包裹、封闭、隔离等必要保护措施等工作内容

注：与外脚手架连成一体的接料平台(上料平台)、上下脚手架人行通道(斜道)和各种安全网，不包括在安全施工项目中，按1701脚手架的相应规定编码列项。

13.2 工程量清单编制与计价应用

【背景材料】详见9.2节的“背景材料”。

【工作任务】编制措施项目工程量清单，并编制本项目的措施项目清单计价表。

13.2.1 总价措施项目清单的编制

措施项目清单的编制需考虑多种因素，除工程本身的因素外，还涉及水文、气象、环境、安全等因素。由于影响措施项目设置的因素太多，《计量规范》不可能将施工中可能出现的措施项目一一列出。在编制措施项目清单时，因工程情况不同，出现《计量规范》附录中未列的措施项目，可根据工程的具体情况对措施项目清单加以补充。

根据《计量规范》总价措施项目列项，如表13-5所示。

表13-5 总价措施项目清单

工程名称：传达室

序号	项目编码	项目名称	计算基础	费率/%	金额/元
1	011704002	夜间施工增加			
2	011704003	冬雨期施工增加			
3	011704004	二次搬运			
4	011704005	已完工程及设备保护			
合计					

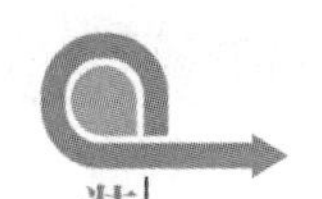

13.2.2 单价措施项目清单的编制

根据《计量规范》措施项目“脚手架”列项，如表 13-6 所示。

表 13-6 单价措施项目清单

序号	项目编码	项目名称	项目特征	计量单位	工程数量
1	011701011	外墙面装饰脚手架	①材质：钢管 ②搭设形式：双排落地 ③搭设高度：小于 6m	m^2	133.22
合计					

根据图 9-1 及表 9-8 得知：

L=10.04m；

B=7.04m；

H=3.9m。

外墙面装饰脚手架工程数量=(10.04+7.04) ×2×3.9=133.22(m^2)。

13.2.3 总价措施项目清单计价表的编制

根据《计量规范》总价措施项目清单计价表如表 13-7 所示。

表 13-7 总价措施项目清单计价表

工程名称：传达室

序号	项目编码	项目名称	计算基础/元	费率/%	金额/元
1	011704002	夜间施工增加	10826.74	3.64	394.09
2	011704003	冬雨季施工增加	10826.74	3.28	355.12
3	011704004	二次搬运	10826.74	4.10	443.90
4	011704005	已完工程及设备保护	43611.72	0.15	65.42
合计					1258.53

说明：夜间施工增加、冬雨季施工增加及二次搬运费计费基础为省价人工费，已完工程及设备保护计费基础为省价人、材、机之和。费率按照《山东省建设工程费用项目组成及计算规则》(2016 年)计取。《山东省建设工程费用项目组成及计算规则》(2016 年)规定，安全文明施工费列入规费，按规费前造价乘以费率计算。省价人工费 10826.74 元来源于表 9-10，省价已完工程及设备保护费如表 13-8 所示。

表 13-8 省价人、材、机计算表

工程名称：传达室

序号	项目名称	计量单位	定额消耗量	工程量	消耗量合计	除税基价	省价合价
1	综合工日(装饰)	工日	6.08	13.767	83.706	120.00	10044.72
2	不锈钢连接件	个	56.6		779.235	7.18	5594.91
3	石材块料	m²	10.15		139.739	173.95	24307.60
4	AB 干挂胶	kg	0.2		2.754	35.22	96.996
5	密封胶	kg	2.75		37.86	22.29	843.90
6	泡沫垫杆	m	27.25		375.162	2.35	881.63
7	棉纱	kg	0.1		1.377	6.95	9.570
8	美纹纸胶带	m	54.5		750.323	0.22	165.071
9	石料切割锯片	片	0.269		3.703	66.97	247.99
10	水	m³	0.02		0.275	5.87	1.614
11	石料切割机	台班	0.449		6.162	48.43	298.43
12	双组分注胶机	台班	0.1		1.377	235.92	324.86
13	综合工日	工日	0.42	15.144	6.360	120	763.2
14	石材保护液	kg	0.25		3.786	8.25	31.235
省价人、材、机合价							43611.72

依据山东省住房和城乡建设厅发布的鲁建标字〔2018〕45 号文，2016 版建筑、工程消耗量定额中的人工综合工日单价为装饰工程 120 元/工日。其余材料和机械基价依据定额价目表，鲁建标字〔2018〕29 号文说明：本案例为 2019 年 4 季度按上述政策文件计算。山东省住房和城乡建设厅于 2020 年 11 月 24 日发布的鲁建标字〔2020〕24 号文，将 2016 版装饰人工单价调整为 138 元/工日。

13.2.4 单价措施项目清单计价表的编制

综合单价计算如下。

(1) 该项目发生的工程内容为：场内、场外材料搬运，搭、拆脚手架，拆除脚手架后材料的堆放。

(2) 根据《消耗量定额》计算规则，计算外墙装饰脚手架的工程量。与清单工程量相同。

(3) 选用定额。人工、材料、机械单价按现行当地人工、材料、机械单价计算，本工程执行烟台市 2019 年 4 季度信息价即地区单价，如表 13-9 所示。

表 13-9　单项措施工程量清单综合单价计算表

定额编号	项目名称	计量单位	工程量	地区单价	地区合价	人工费单价(省)	人工费合价
17-1-7	外脚手架钢管架双排不大于 6m	10m^2	13.322	166.59	2218.91	70.40	937.87

(4) 本项目为单独外墙装饰工程，属于Ⅲ类装饰工程，选定管理费率为 32.2%、利润率为 17.3%。计费基础为人工费。

(5) 综合单价计算。

管理费、利润=937.87×(0.322+0.173)=464.25(元)

综合单价=(2218.91+464.25)/133.22=20.141(元)

(6) 合价：20.141×133.22=2683.18(元)

根据《计量规范》的要求，将上述计算结果及相关内容填入“单价措施项目工程量清单计价表”中，如表 13-10 所示。

表 13-10　单价措施项目工程量清单计价表

工程名称：传达室　　　　第 1 页　共 1 页

序号	项目编码	项目名称	项目特征	计量单位	工程数量	金额/元	
						综合单价	合　价
1	011701011	外墙面装饰脚手架	①材质：钢管 ②搭设形式：双排落地 ③搭设高度：小于 6m	m^2	133.22	20.141	2683.18

13.2.5　措施项目清单计价汇总表的编制

传达室工程措施项目清单计价汇总表如表 13-11 所示。

表 13-11　措施项目清单计价汇总表

工程名称：传达室　　　　第 1 页共 1 页

序号	项目名称	金额/元
1	总价措施项目清单	1258.53
2	单价措施项目清单	2683.18
合计		3941.71

【课后任务单】

编制 1 号住宅楼公共区域三层措施项目工程量清单，并编制措施项目工程量清单计价表。住宅楼公共区域装饰施工图见附图 2。

课后备忘录

鲁班精神　精益求精

第 14 章　其 他 项 目

【学习要点及目标】

- 熟悉《计价规范》4.4 节其他项目。
- 掌握其他项目工程量清单的编制方法和操作程序。
- 编制其他项目工程量清单。
- 编制其他项目工程量清单投标报价及招标控制价。

【课前任务单】

编制 1 号住宅楼公共区域一层其他项目工程量清单，并编制出其他项目工程量清单计价表。住宅楼公共区域一层装饰施工图见附图 2。

14.1　《计价规范》其他项目设置

工程建设标准的高低、工程的复杂程度、工程的工期长短、工程的组成内容、发包人对工程管理要求等都直接影响其他项目清单的具体内容，本节仅提供了 4 项内容作为列项参考，不足部分可根据工程的具体情况进行补充。

(1) 暂列金额在本规范中已经定义为招标人暂定并包括在合同中的一笔款项。不管采用何种合同形式，其理想的标准是，一份合同的价格就是其最终的竣工结算价格，或者至少两者应尽可能接近。我国规定对政府投资工程实行概算管理，经项目审批部门批复的设计概算是工程投资控制的刚性指标，即使商业性开发项目也有成本的预先控制问题；否则，无法相对准确地预测投资的收益和科学合理地进行投资控制。但工程建设自身的特性决定了工程的设计需要根据工程进展不断地进行优化和调整，业主需求可能会随工程建设进展而出现变化，工程建设过程还会存在一些不能预见、不能确定的因素。消化这些因素必然会影响合同价格的调整，暂列金额正是应这类不可避免的价格调整而设立，以便达到合理确定和有效控制工程造价的目标。

(2) 暂估价是指招标阶段直至签订合同协议时，招标人在招标文件中提供的用于支付必然要发生但暂时不能确定价格的材料以及专业工程的金额。暂估价类似于 FIDIC 合同条款中的 Prime CostItems，在招标阶段预见肯定要发生，只是因为标准不明确或者需要由专业承包人完成，暂时无法确定价格。暂估价数量和拟用项目应当结合工程量清单中的“暂估价表”予以补充说明。

为方便合同管理，需要纳入分部分项工程项目清单综合单价中的暂估价应只是材料、工程设备费，以方便投标人组价。

专业工程的暂估价应是综合暂估价，包括除规费和税金以外的管理费、利润等。总承包招标时，专业工程设计深度往往是不够的，一般需要交由专业设计人设计，出于提高可建造性角度考虑，国际上惯例，一般由专业承包人负责设计，以发挥其专业技能和专业施工经验的优势。这类专业工程交由专业分包人完成是国际工程的良好实践，目前在我国工程建设领域也已经比较普遍。公开透明、合理地确定这类暂估价的实际开支金额的最佳途径就是通过施工总承包人与工程建设项目招标人共同组织招标。

(3) 计日工是为了解决现场发生的零星工作的计价而设立的。国际上常见的标准合同条款中，大多数都设立了计日工(Daywork)计价机制。计日工对完成零星工作所消耗的人工工时、材料数量、施工机械台班进行计量，并按照计日工表中填报的适用项目的单价进行计价支付。计日工适用的所谓零星工作一般是指合同约定之外或者因变更而产生的、工程量清单中没有相应项目的额外工作，尤其是那些时间不允许事先商定价格的额外工作。

(4) 总承包服务费是为了解决招标人在法律、法规允许的条件下进行专业工程发包以及自行供应材料、工程设备，并需要总承包人对发包的专业工程提供协调和配合服务，对甲供材料、工程设备提供收发和保管服务以及进行施工现场管理时发生并向总承包人支付的费用。招标人应预计该项费用，并按投标人的投标报价向投标人支付该项费用。

14.2　工程量清单编制与计价应用

【背景材料】详见 9.2 节的“背景材料”。

【工作任务】编制其他项目工程量清单，并编制本项目的其他项目清单计价表。

14.2.1　其他项目清单的编制

根据《计价规范》其他项目列项，如表 14-1 所示。

表 14-1　其他项目清单

序号	项目名称	计量单位	金额/元
1	暂列金额	项	
2	暂估价	项	
3	计日工	项	
4	总承包服务费	项	
5	采购保管费	项	
6	其他检验试验费	项	

14.2.2　其他项目清单计价表的编制

根据《计价规范》其他项目清单计价表，如表 14-2 所示。

表 14-2　其他项目清单计价表

序号	项目名称	计量单位	金额/元
1	暂列金额	项	
2	暂估价	项	
3	计日工	项	
4	总承包服务费	项	
5	采购保管费	项	
6	其他检验试验费	项	

根据招标文件，本项目其他项目无金额。

【课后任务单】

编制 1 号住宅楼公共区域一层其他项目清单投标报价。1 号住宅楼公共区域装饰施工图见附图 2。招标文件其他项目无金额。

课后备忘录

鲁班精神　精益求精

第 15 章　规费及税金

【学习要点及目标】

- 熟悉《计价规范》4.5 节规费及 4.6 节税金。
- 掌握工程量清单报价的组成内容。
- 会编制装饰工程量清单投标报价或招标控制价。

【课前任务单】

编制 1 号住宅楼公共区域一层装饰工程量清单报价。住宅楼公共区域一层装饰施工图见附图 2。

15.1　规费及税金概述

《计价规范》4.5 条规定，根据建设部、财政部印发的《建筑安装工程费用项目组成》的规定，规费包括工程排污费、社会保险费(养老保险、失业保险、医疗保险、工伤保险、生育保险)、住房公积金。规费作为政府和有关权力部门规定必须缴纳的费用，编制人对《建筑安装工程费用项目组成》未包括的规费项目，在编制规费项目清单时，应根据省级政府或省级有关权力部门的规定列项。因此，山东省住房和城乡建设厅于 2019 年 9 月 17 日发布了规费调整的文件，自 2018 年 1 月 1 日起工程排污费不再征收，改征环境保护税，该费用暂列在规费中。

规费包括内容及计算方式如表 15-1 所示。

表 15-1　规费清单

序号	项目名称	计算方法
1	安全文明施工费	规费前造价×费率
2	社会保险费	规费前造价×费率
3	住房公积金	按工程所在地设区市相关规定计算
4	环境保护税	按工程所在地设区市相关规定计算
5	建设项目工伤保险	按工程所在地设区市相关规定计算
6	优质优价费用	规费前造价×费率

增值税的计算以规费前造价(除税分部分项工程费+除税措施费+企业管理费+利润)为基数，乘以增值税率计算。

例如，某住宅小区工程，施工单位的竣工结算价为 6000 万元(含税)，经过财务考核，施工单位对该项目所有的购入项总价为 3000 万元(含税)，各购入项目的综合增值税率为

11%(大部分为 13%，小部分为 3%)，则该施工单位对此住宅小区工程缴纳的增值税计算如下。

销项税=销售含税价÷(1+税率)×税率=6000÷(1+9%)×9%=495.41(万元)

进项税=购进含税价÷(1+税率)×税率=3000÷(1+11%)×11%=297.30(万元)

增值税=销项税-进项税=495.41-297.30=198.11(万元)

15.2 工程量清单计价应用

【背景材料】详见 9.2 节的“背景材料”。本工程非优质工程。

【工作任务】编制本项目的单位工程清单报价。

根据本项目分部分项工程清单计价表(见表 9-11)、措施项目清单计价表(见表 13-7、表 13-10)、其他项目清单计价表(见表 14-2)，计算规费税金清单计价表如表 15-2 所示。

表 15-2 规费、税金项目清单计价表

工程名称：传达室

序号	项目名称	计算基础	计算费率/%	金额/元
1	规费			7337.52
1.1	安全文明施工费			4473.48
1.1.1	安全施工费	101607.10+2683.18+3504.55	2.34	2522.40
1.1.2	环境保护费	101607.10+2683.18+3504.55	0.12	129.35
1.1.3	文明施工费	101607.10+2683.18+3504.55	0.10	107.79
1.1.4	临时设施费	101607.10+2683.18+3504.55	1.59	1713.94
1.2	社会保险费	101607.10+2683.18+3504.55	1.52	1638.48
1.3	住房公积金	20947.75+1537.42	3.60	809.47
1.4	环境保护税	101607.10+2683.18+3504.55	0.15	161.69
1.5	建设项目工伤保险	101607.10+2683.18+3504.55	0.236	254.40
1.6	优质优价费	101607.10+2683.18+3504.55		
2	税金	101607.10+2683.18+3504.55+7337.52	9.00	10361.91

说明：20947.75 为分部分项工程中的市价人工费，1537.42 为措施费中的人工费。本案例为 2019 年 4 季度施工的工程，装饰工程省价人工工日单价为 120 元/工日(依据鲁建标字〔2018〕45 号文)，市价人工工日单价为 123 元/工日(烟台住建局于 2018 年 12 月 12 日发布)。

根据表 9-10，市价人工费=省价人工费÷120×123=20436.83÷120×123=20947.75(元)

根据表 13-7、表 13-10，措施费中的人工费计算如下。

措施费中的人工费=总价措施费中的人工费+单价措施费中的人工费

=(夜间施工增加+冬雨季施工增加+二次搬运)×25%+已完工程设备保护×10%+单价措施费中的省价人工费÷120×123

=(743.90+670.33+837.91)×25%+837.91×10%=1537.42(元)

本项目的单位工程工程量清单报价汇总表如表15-3所示。

表15-3 单位工程投标报价汇总表

工程名称：传达室

序号	汇总内容	计算公式	费率	金额/元	其中：暂估价/元
1	分部分项工程费			101607.1	
2	措施项目费			6187.73	
2.1	总价措施项目清单			3504.55	
2.2	单价措施项目清单			2683.18	
3	其他项目费				
4	规费前合计	101607.1+6187.73+0		107794.83	
5	规费	4473.48+1638.48+809.47+161.69+254.40		7337.52	
6	税金	107794.83+7337.52	9%	10361.91	
合计		4+5+6		125494.26	

【课后任务单】

编制1号住宅楼公共区域一层规费、税金项目清单，并编制规费、税金清单计价表及单位工程清单计价表。1号住宅楼公共区域装饰施工图见附图2。

课后备忘录

鲁班精神 精益求精

第 16 章　工程量清单计价表格

【学习要点及目标】

- 熟悉《计价规范》工程量清单计价表格。
- 掌握工程量清单、招标控制价及投标报价的组成内容。
- 会编制装饰工程量清单、招标控制价及投标报价。

【课前任务单】

编制 1 号住宅楼公共区域一层装饰工程量清单及投标报价。住宅楼公共区域一层装饰施工图见附图 2。

1. 工程量清单编制使用的表格(后面的括号中是对应的表序号)

(1) 工程量清单(封-1)。

(2) 总说明(表 16-01)。

(3) 分部分项工程量清单与计价表(表 16-05)。

(4) 材料暂估价一览表(表 16-07)。

(5) 措施项目清单与计价表(一)(表 16-12)。

(6) 措施项目清单与计价表(二)(表 16-13)。

(7) 其他项目清单与计价汇总表(表 16-14)。

(8) 暂列金额明细表(表 16-15)。

(9) 特殊项目暂估价表(表 16-16)。

(10) 计日工表(表 16-17)。

(11) 总承包服务费清单与计价表(表 16-18)。

(12) 规费、税金项目清单与计价表(表 16-20)。

2. 招标控制价编制使用的表格(后面的括号中是对应的表序号)

(1) 招标控制价(封-2)。

(2) 总说明(表 16-01)。

(3) 工程项目费用汇总表(表 16-02)。

(4) 单项工程费用汇总表(表 16-03)。

(5) 单位工程费用汇总表(表 16-04)。

(6) 分部分项工程量清单与计价表(表 16-05)。

(7) 工程量清单综合单价分析表(表 16-06)。

(8) 材料暂估价一览表(表 16-07)。

(9) 工料机汇总表(表 16-08)。

(10) 措施项目清单计价汇总表(表 16-11)。

(11) 措施项目清单与计价表(一)(表 16-12)。
(12) 措施项目清单与计价表(二)(表 16-13)。
(13) 其他项目清单与计价汇总表(表 16-14)。
(14) 暂列金额明细表(表 16-15)。
(15) 特殊项目暂估价表(表 16-16)。
(16) 计日工表(表 16-17)。
(17) 总承包服务费清单与计价表(表 16-18)。
(18) 规费、税金项目清单与计价表(表 16-20)。
3. 投标报价编制使用表格(后面的括号中是对应的表序号)
(1) 投标总价(封-3)。
(2) 总说明(表 16-01)。
(3) 工程项目费用汇总表(表 16-02)。
(4) 单项工程费用汇总表(表 16-03)。
(5) 单位工程费用汇总表(表 16-04)。
(6) 分部分项工程量清单与计价表(表 16-05)。
(7) 工程量清单综合单价分析表(表 16-06)。
(8) 材料暂估价一览表(表 16-07)。
(9) 工料机汇总表(表 16-08)。
(10) 措施项目清单计价汇总表(表 16-11)。
(11) 措施项目清单与计价表(一)(表 16-12)。
(12) 措施项目清单与计价表(二)(表 16-13)。
(13) 其他项目清单与计价汇总表(表 16-14)。
(14) 暂列金额明细表(表 16-15)。
(15) 特殊项目暂估价表(表 16-16)。
(16) 计日工表(表 16-17)。
(17) 总承包服务费清单与计价表(表 16-18)。
(18) 规费、税金项目清单与计价表(表 16-20)。
4. 竣工结算编制使用表格(后面的括号中是对应的表序号)
(1) 竣工结算总价(封-4)。
(2) 总说明(表 16-01)。
(3) 工程项目费用汇总表(表 16-02)。
(4) 单项工程费用汇总表(表 16-03)。
(5) 单位工程费汇总表(表 16-04)。
(6) 分部分项工程量清单与计价表(表 16-05)。
(7) 工程量清单综合单价分析表(表 16-06)。
(8) 材料暂估价调整表(表 16-09)。
(9) 工料机价格调整表(表 16-10)。
(10) 措施项目清单计价汇总表(表 16-11)。

(11) 措施项目清单与计价表(一)(表16-12)。
(12) 措施项目清单与计价表(二)(表16-13)。
(13) 其他项目清单与计价汇总表(表16-14)。
(14) 特殊项目结算价表(表16-16)。
(15) 计日工表(表16-17)。
(16) 总承包服务费清单与计价表(表16-18)。
(17) 索赔与现场签证计价汇总表(表16-19)。
(18) 规费、税金项目清单与计价表(表16-20)。
(19) 费用索赔申请(核准)表(表16-21)。
(20) 现场签证表(表16-22)。
(21) 工程款支付申请(核准)表(表16-23)。

______________________工程

工 程 量 清 单

工程造价
招　标　人：______________________　　咨　询　人：______________________
(单位盖章)　　(单位资质专用章)

法定代表人
或其授权人：______________________
(签字或盖章)

法定代表人
或其授权人：______________________
(签字或盖章)

编　制　人：______________________
(造价人员签字盖专用章)

复　核　人：______________________
(造价工程师签字盖专用章)

编制时间：　　年　　月　　日　　复核时间：　　年　　月　　日

(封-1)

__________________工程

招 标 控 制 价

招标控制价(小写)：

(大写)：

招　标　人：______________
(单位盖章)

工程造价
咨 询 人：______________
(单位资质专用章)

法定代表人
或其授权人：______________
(签字或盖章)

法定代表人
或其授权人：______________
(签字或盖章)

编　制　人：______________
(造价人员签字盖专用章)

复　核　人：
(造价工程师签字盖专用章)

编制时间：　　年　　月　　日

复核时间：　　年　　月　　日

(封-2)

投 标 总 价

招　　标　　人：________________________________

工　程　名　称：________________________________

投标总价(小写)：________________________________

　　　　(大写)：________________________________

投　标　人：________________________________

(单位盖章)

法定代表人
或其授权人：________________________________

(签字或盖章)

编　制　人：________________________________

(造价人员签字盖专用章)

编制时间：　　年　　月　　日

(封-3)

________________工程

竣工结算总价

中标价(小写)：________________　　(大写)：____________________

结算价(小写)：________________　　(大写)：____________________

发　包　人：__________	承　包　人：__________	工程造价 咨 询 人：__________
(单位盖章)	(单位盖章)	(单位资质专用章)

法定代表人 或其授权人：__________	法定代表人 或其授权人：__________	法定代表人 或其授权人：__________
(签字或盖章)	(签字或盖章)	(签字或盖章)

编　制　人：____________________　　核　对　人：____________________

(造价人员签字盖专用章)　　(造价工程师签字盖专用章)

编制时间：　　年　　月　　日　　　　核对时间：　　年　　月　　日

(封-4)

总　说　明

工程名称 ：　　　　　　　　　　　　　　　　　　　　　　第　页　共　页

表 16-01

工程项目费用汇总表

工程名称：　　　　　　　　　　　　　　　　　　　　　　第　页　共　页

序号	单项工程名称	金额/元	其中/元		
			暂列金额及特殊项目暂估价	材料暂估价	规费
合计					

注：本表用于编制竣工结算文件时，不列暂列金额及特殊项目暂估价、材料暂估价。

(表 16-02)

单项工程费用汇总表

工程名称：　　　　　　　　　　　　　　　　　　　　　　第　页　共　页

序号	单位工程名称	金额/元	其中/元		
			暂列金额及特殊项目暂估价	材料暂估价	规费
合计					

注：本表用于编制竣工结算文件时，不列暂列金额及特殊项目暂估价、材料暂估价。

(表 16-03)

单位工程费用汇总表

工程名称：　　　　　　　　　　　　　标段：　　　　　　　　　　　　第　页　共　页

序号	项目名称	金额/元	其中：暂估价/元
1	分部分项工程费		
1.1	分部分项工程 1		
1.2	分部分项工程 2		
⋮	⋮		
2	措施项目费		
2.1	措施项目费(一)		
2.2	措施项目费(二)		
3	其他项目费		
3.1	暂列金额		
3.2	特殊项目费		
3.3	计日工		
3.4	总承包服务费		
3.5	索赔与现场签证费用		
3.6	价格调整费用		
4	规费		
5	税金		
单位工程费用合计=1+2+3+4+5			

注：①“暂列金额”在编制招标控制价及投标报价文件时填列，在竣工结算文件中无此内容。

②“索赔与现场签证费用”“价格调整费用”在编制招标控制价及投标报价文件时无须填列，仅在竣工结算文件中填列。“价格调整费用”指暂估价材料差价、超出约定风险范围(幅度)的差价。

(表 16-04)

分部分项工程量清单与计价表

工程名称：　　　　　　　　　　　　　标段：　　　　　　　　　　　　　第　页　共　页

<table>
<tr><td rowspan="2">序号</td><td rowspan="2">项目编码</td><td rowspan="2">项目名称
项目特征</td><td rowspan="2">计量单位</td><td rowspan="2">工程数量</td><td colspan="3">金额/元</td></tr>
<tr><td>综合单价</td><td>合价</td><td>其中：暂估价</td></tr>
<tr><td></td><td></td><td></td><td></td><td></td><td></td><td></td><td></td></tr>
<tr><td colspan="6">合　计</td><td></td><td></td></tr>
</table>

(表 16-05)

工程量清单综合单价分析表

工程名称：　　　　　　　　　　　　　标段：　　　　　　　　　　　　　第　页　共　页

<table>
<tr><td rowspan="2">序号</td><td rowspan="2">编码</td><td rowspan="2">名称</td><td rowspan="2">单位</td><td rowspan="2">工程量</td><td colspan="5">综合单价组成/元</td><td rowspan="2">综合单价/元</td></tr>
<tr><td>人工费</td><td>材料费</td><td>机械费</td><td>计费基础</td><td>管理费和利润</td></tr>
<tr><td>1</td><td>(清单项目编码1)</td><td>(清单项目名称及特征)</td><td></td><td>—</td><td></td><td></td><td></td><td></td><td></td><td></td></tr>
<tr><td></td><td>(定额编号 1)</td><td>(定额项目名称或工程内容)</td><td></td><td></td><td></td><td></td><td></td><td></td><td></td><td>—</td></tr>
<tr><td></td><td>(定额编号 2)</td><td>(定额项目名称或工程内容)</td><td></td><td></td><td></td><td></td><td></td><td></td><td></td><td>—</td></tr>
<tr><td></td><td>⋮</td><td>⋮</td><td></td><td></td><td></td><td></td><td></td><td></td><td></td><td>—</td></tr>
<tr><td></td><td>(主材或暂估价材料编码 1)</td><td>(名称、规格、型号)</td><td></td><td></td><td>—</td><td></td><td>—</td><td>—</td><td>—</td><td>—</td></tr>
<tr><td></td><td>(主材或暂估价材料编码 2)</td><td>(名称、规格、型号)</td><td></td><td></td><td>—</td><td></td><td>—</td><td>—</td><td>—</td><td>—</td></tr>
<tr><td></td><td>⋮</td><td>⋮</td><td></td><td></td><td></td><td></td><td></td><td></td><td></td><td>—</td></tr>
<tr><td></td><td></td><td>材料费中：暂估价合计</td><td></td><td></td><td>—</td><td></td><td>—</td><td>—</td><td>—</td><td>—</td></tr>
<tr><td>2</td><td>(清单项目编码2)</td><td>(清单项目名称及特征)</td><td></td><td>—</td><td></td><td></td><td></td><td></td><td></td><td></td></tr>
</table>

注：①如不使用省级或行业建设主管部门发布的计价依据，可不填写定额编号、定额项目名称等。

②对于具有市场成活报价的项目可不提供分析表。

③若为暂估价材料，在编码后标注“*”。

(表 16-06)

材料暂估价一览表

工程名称：　　　　　　　　　　　　标段：　　　　　　　　　　　　第　页　共　页

序号	材料名称、规格、型号	计量单位	单价/元	备　注

注：①此表由招标人填写，并在备注栏内注明暂估价的材料拟用在哪些清单项目上及其中招标人拟自行供应的材料，投标人应将上述材料暂估单价计入工程量清单综合单价报价中。

②材料包括原材料、燃料、构配件等。

(表 16-07)

工料机汇总表

工程名称：　　　　　　　　　　　　标段：　　　　　　　　　　　　第　页　共　页

序号	工料机编码	名称、规格、型号	单位	数量	单价	合价	备注
		合计					
		其中：人工费合计	—	—	—		—
		材料费合计	—	—	—		—
		其中：暂估材料费	—	—	—		—
		机械费合计	—	—	—		—

注：暂估价的材料，在备注栏内标注“暂估价”。

(表 16-08)

材料暂估价调整表

工程名称：　　　　　　　　　　　　　　　　　　标段：　　　　　　　　　　　　　　第　页　共　页

序号	材料名称、型号、规格	计量单位	耗用量 A	暂估单价/元 B	确认单价/元 C	单价差额/元 $D=C-B$	合价差额/元 $E=A\cdot D$	备注
合　计								

注：发包人自行供应材料需在“备注”栏内注明“甲供”。

(表 16-09)

工料机费用调整表

工程名称：　　　　　　　　　　　　　　　　　　标段：　　　　　　　　　　　　　　第　页　共　页

序号	工料机编码	名称、规格、型号	单位	数量 A	基准价/元 B	施工期价/元 C	单价差额/元 D	合价差额/元 $E=A\cdot D$

注：①本表为超过风险范围(幅度)的费用调整表，表中基准价、施工期价的确定或计算办法按合同约定执行，合同未约定或约定不明确的，按工程造价管理机构规定执行。

②当单价变动幅度小于合同约定风险范围幅度(以 d 表示)时，单价不调整；当单价变动幅度大于合同约定风险幅度时，单价调整，单价差额计算方法为：价格上涨时，$D=C-(1+d)B$;价格下跌时，$D=C-(1-d)B$。

(表 16-10)

措施项目清单计价汇总表

工程名称：　　　　　　　　　　　　　　　　　　标段：　　　　　　　　　　　　　　第　页　共　页

序号	项目名称	金额/元
	措施项目清单计价(一)	
	措施项目清单计价(二)	

(表 16-11)

措施项目清单与计价表(一)

工程名称 ：　　　　　　　　　　　　标段：　　　　　　　　　　　　第　页　共　页

序号	项目名称	计算基础	费率/%	金额/元	备注
1	夜间施工				
2	二次搬运				
3	冬雨期施工				
4	已完工程及设备保护				
5	留置(地上、地下)设施、建筑物的临时保护设施				
6	有关专业工程的措施项目				
⋮					
合　计					

注：①本表适用于以“项”计价的措施费，投标人可自行增加项目。

②按施工方案计算的措施费，若无“计算基础”和“费率”的数值，也可只填“金额”数值，但应在“备注”栏内注明施工方案出处(或计算办法)。

(表 16-12)

措施项目清单与计价表(二)

工程名称 ：　　　　　　　　　　　　　　标段：　　　　　　　　　　　　第　页　共　页

序号	项目编码	项目名称 项目特征	计量单位	工程数量	金额/元		
					综合单价	合价	其中：暂估价
		混凝土、钢筋混凝土模板及支架					
		施工排水					
		施工降水					
		大型机械设备进出场及安拆费					
		⋮					
合　计							

注：①本表适用于以“综合单价”形式计价的措施项目，投标人可自行增加项目。

②综合单价分析表使用表 16-06，工料机汇总表使用表 16-08。

(表 16-13)

其他项目清单与计价汇总表

工程名称：　　　　　　　　　　　　标段：　　　　　　　　　　　　第　页　共　页

序号	项目名称	计量单位	金额/元	备注
1	暂列金额	项		明细详见表 16-15
2	特殊项目费用			明细详见表 16-16
3	计日工			明细详见表 16-17
4	总承包服务费			明细详见表 16-18
5	索赔与现场签证费用			明细详见表 16-19
6	价格调整费用			明细详见表 16-09、表 16-10
合　计				

注：①“暂列金额”在编制招标控制价及投标报价文件时填列，在竣工结算文件中无此内容。

②“索赔与现场签证费用”“价格调整费用”仅在竣工结算文件中编制。

(表 16-14)

暂列金额明细表

工程名称：　　　　　　　　　　　　标段：　　　　　　　　　　　　第　页　共　页

序号	项目名称	计量单位	暂定金额/元	备注
合　计				

注：此表由招标人填写，如不能详列，也可只列暂定金额总额。

(表 16-15)

特殊项目暂估价/结算价表

工程名称：　　　　　　　　　　　标段：　　　　　　　　　　　第　页　共　页

序号	特殊项目名称	内容、范围	计量单位	计算方法	金额/元	备注
合　计						

注：①在招投标阶段，此表由招标人填写，投标人按招标人所列费用计入投标价中；竣工结算时，可按合同约定对所列费用进行调整。

②竣工结算时，对于工程中实际发生且应纳入工程结算价款但在其他的费用项目中均未包括的工程费用，可列入该表。

(表 16-16)

计日工表

工程名称：　　　　　　　　　　　标段：　　　　　　　　　　　第　页　共　页

编号	项目名称、型号、规格	单位	暂定数量	综合单价	合价
一	人工				
1					
人工小计					
二	材料				
1					
材料小计					
三	机械				
1					
机械小计					
总　计					

(表 16-17)

总承包服务费清单与计价表

工程名称：　　　　　　　　　　　　　　标段：　　　　　　　　　　　　第　页　共　页

序号	项目名称及服务内容	项目费用/元	费率/%	金额/元
	发包人发包专业工程 1			
	发包人发包专业工程 2			
	⋮			
	发包人供应设备、材料			
合　计				

注：①对发包人供应设备、材料进行服务的费用计费基数为发包人供应设备、材料的总价。

②竣工结算时按实际分包工程、供应设备、材料的总价进行调整(总承包服务费已在合同中包干的除外)。

(表 16-18)

索赔与现场签证计价汇总表

工程名称：　　　　　　　　　　　　　　标段：　　　　　　　　　　　　第　页　共　页

序号	索赔与签证项目名称	计量单位	数量	单价/元	合价/元	索赔与签证依据

(表 16-19)

规费、税金项目清单与计价表

工程名称：　　　　　　　　　　　　标段：　　　　　　　　　　　　第　页 共　页

序号	项目名称	计算基础	费率/%	金额/元
1	规费			
1.1	安全文明施工费			
1.1.1	环境保护费			
1.1.2	文明施工费			
1.1.3	临时设施费			
1.1.4	安全施工费			
1.2	工程排污费			
1.3	社会保障费			
1.4	住房公积金			
1.5	危险作业意外伤害保险费			
2	税金			
合　计				

注：①编制招标控制价、投标报价文件时，应包括社会保障费。

②编制竣工结算文件时，若由发包人按规定代缴社会保障费的，该费用仅作为计税基础，不计入合计中。

(表 16-20)

费用索赔申请(核准)表

工程名称: 标段: 编号:

致: ______________________________ (被索赔方全称)

根据施工合同条款第__________条的约定，由于________________原因，我方要求索赔金额(大写)______________________________元，(小写)__________元，请予核准。

附：1．费用索赔的详细理由和依据：

2．索赔金额的计算：

3．证明材料：

索赔方(章)

索赔方代表____________

日　　期 ____________

<table>
<tr>
<td>复核意见：
根据施工合同条款第_____条的约定，你方提出的费用索赔申请经复核：
□ 不同意此项索赔，具体意见见附件。
□ 同意此项索赔，索赔金额的计算，由造价工程师复核。

工　程　师：____________
日　　期：____________</td>
<td>复核意见：
根据施工合同条款第_____条的约定，你方提出的费用索赔申请经复核，索赔金额为(大写)：
______________________________元，
(小写)：____________元。

造价工程师：____________
日　　期：____________</td>
</tr>
</table>

审核意见：

□ 不同意此项索赔。

□ 同意此项索赔。

被索赔方(章)

被索赔方代表 ____________

日　　期 ____________

注：①在选择栏中的“□”内作标识“√”。

②本表一式四份，由发包人、监理人、造价咨询人、承包人各存一份。

(表 16-21)

现 场 签 证 表

工程名称：　　　　　　　　　　　　标段：　　　　　　　　　　　　编号：

<table>
<tr><td>施工部位</td><td></td><td>日期</td><td></td></tr>
<tr><td colspan="4">致：________________________(发包人全称)
根据_______(指令人姓名)____年____月____日的口头指令或你方_________(或监理人)________年________月______日的书面通知，我方要求完成此项工作应支付价款金额为(大写)________________元，(小写)__________元，请予核准。
附：1．签证事由及原因：
2．附图及计算式：
承包人(章)
承包人代表 __________
日　　期 __________</td></tr>
<tr><td colspan="2">复核意见：
你方提出的此项签证申请经复核：
□ 不同意此项签证，具体意见见附件。
□ 同意此项签证，签证金额的计算，由造价工程师复核。
监理工程师：__________
日　　期：__________</td><td colspan="2">复核意见：
□ 此项签证按承包人中标的计日工单价计算，金额为(大写)：__________元，(小写)：________元。
□ 此项签证因无计日工单价，金额为(大写)：__________元，(小写)：________元。
造价工程师：__________
日　　期：__________</td></tr>
<tr><td colspan="4">审核意见：
□ 不同意此项签证。
□ 同意此项签证，价款与本期进度款同期支付。
发包人(章)
发包人代表 __________
日　　期 __________</td></tr>
</table>

注：①在选择栏中的“□”内作标识“√”。

②本表一式四份，由承包人在收到发包人(监理人)的口头或书面通知后填写，发包人、监理人、造价咨询人、承包人各存一份。

(表 16-22)

工程款支付申请(核准)表

工程名称：　　　　　　　　　　　　　　标段：　　　　　　　　　　　　　　编号：

致：____(发包人全称)

我方于________至________期间已完成了____________工作，根据施工合同的约定，现申请支付本期的工程款额为(大写)__________________________元，(小写)__________元，请予核准。

序号	名称	金额/元	备注
1	累计已完成的工程价款		
2	累计已实际支付的工程价款		
3	本周期已完成的工程价款		
4	本周期已完成的计日工金额		
5	本周期应增加和扣减的变更金额		
6	本周期应增加和扣减的索赔金额		
7	本周期应抵扣的预付款		
8	本周期应扣减的质保金		
9	本周期应增加和扣减的其他金额		
10	本周期实际支付的工程价款		

承包人(章)

承包人代表 ____________

日　　期

复核意见： □与实际施工情况不相符，修改意见见附件。 □与实际施工情况相符，具体金额由造价工程师复核。 监理工程师： 日　　期：	复核意见： 你方提出的支付申请经复核，本期间已完工程款额为(大写)：__________________元，(小写)：__________元，本期间应支付金额为(大写)：______________元，(小写)：______元。 造价工程师： 日　　期：

审核意见：

□ 不同意。

□ 同意，支付时间为本表签发后的___天内。

发包人(章)

发包人代表 ____________

日　　期

注：①在选择栏中的“□”内作标识“√”。

②本表一式四份，由承包人填报，发包人、监理人、造价咨询人、承包人各存一份。

(表 16-23)

【课后任务单】

汇总整理 1 号住宅楼公共区域二层装饰工程量清单及投标报价。住宅楼公共区域一层装饰施工图见附图 2。

课后备忘录

鲁班精神　精益求精

第3篇　基于工作过程的典型任务

本篇根据校企合作单位提供的三个真实案例，讲述了施工阶段装饰工程两种计价模式的三个典型工作任务。工作任务1，根据附图1采用定额计价模式，编制装饰工程结算。工作任务2，根据附图2编制装饰工程工程量清单。工作任务3，采用清单计价模式，编制工作任务2的工程量清单报价。

本篇工作任务1即第1篇总工作任务单的答案，本篇工作任务2、3即第2篇总工作任务单的答案，供同学们自学参考及核对工程量与工程造价，并自我考核与评价。

工作任务 1　编制某办公楼一层装饰工程结算

工作背景

2020 年 3 月，装饰公司承接某办公楼一层的装饰工程(大厅及雅间墙面精装除外)，设计图纸见附图 1。工程施工合同约定，结算方式执行 2016 版《山东省建筑工程消耗量定额》及其配套的 2016 版《山东省建设工程费用项目组成及计算规则》，人工工日单价为 123 元/工日。开工日期为 2020 年 3 月 1 日，竣工日期为 2020 年 3 月 30 日。施工单位按合同约定保质保量地完成了施工任务，并编制了竣工结算。结算书见表Ⅲ-1 至表Ⅲ-5。

2020 年 10 月 28 日，施工单位将竣工结算递交给建设单位，建设单位委托某工程造价咨询公司进行审核。

假如你是工程造价咨询公司的审核人员，该怎样审核结算呢？

1. 封面(见表Ⅲ-1)

表Ⅲ-1　建筑工程预(结)算

建设单位：	某开发公司	工程编号：	MSGM-1
工程名称：	某办公楼一层装饰工程	结构类型：	框架
施工单位：	某装饰公司	工程类别：	Ⅱ类
编制单位：	某装饰公司	编制人(签章)	
工程造价：	294240.77 元	建筑面积：	810.84m^2
单位造价：	362.88 元/m^2	编制日期：	2020 年 10 月 28 日
审核单位：		审核人(签章)	
审定造价：		审定日期：	年　月　日

2. 取费程序表(见表Ⅲ-2)

表Ⅲ-2　装饰工程费用表

工程名称：某办公楼一层装饰工程

序号	费用名称	计算公式	金额/元
1	一、分部分项工程费	∑(人工费+材料费+机械费)	235942.42
2	其中：人工费 R1(省)	78862.68	78862.68
3	二、措施项目费	2.1+2.2	10205.75
4	2.1 单价措施费	1166.19	1166.19
5	2.2 总价措施费	2870.6+2586.7+3233.37+348.89	9039.56
6	夜间施工费	78862.68×3.64%	2870.60
7	二次搬运费	78862.68×3.28%	2586.70

续表

序号	费用名称	计算公式	金额/元
8	冬雨期施工增加费	78862.68×4.1%	3233.37
9	已完工程及设备保护费	232596.09×0.15%	348.89
10	其中：人工费 R2(省)	864.19+78862.68×0.02755+232596.09×0.00015	3071.75
11	其中：人工费 R2(市)	879.82+2207.55	3087.37
12	三、企业管理费	(78862.68+3071.75)×52.7%	43179.44
13	四、利润	(78862.68+3071.75)×23.8%	19500.39
14	规费前合计	235942.42+10205.75+0+43179.44+19500.39	308828.00
15	五、规费	6.1+6.2+6.3+6.4+6.5+6.6	21744.18
16	5.1 安全文明施工费	(一+二+三+四+五)×费率	12816.37
17	安全施工费	308828×2.34%	7226.58
18	环境保护费	308828×0.12%	370.59
19	文明施工费	308828×0.1%	308.83
20	临时设施费	308828×1.59%	4910.37
21	5.2 社会保险费	(一+二+三+四+五)×1.52%	4694.19
22	5.3 住房公积金	(81400.17+3087.37) ×3.6%	3041.55
23	5.4 环境保护税	308828×0.15%	463.24
24	5.5 建设项目工伤保险	308828×0.105%	324.27
25	5.6 优质优价费	鲁建建管字〔2019〕16 号	
26	六、税金	(一+二+三+四+五+六)×9%	24244.92
27	扣除甲供	−60779.57	−60779.57
28	不取费项目合计	607.80	607.80
29	工程总造价	235942.42	294240.77

说明：本工程结算为 2020 年 10 月 28 日，根据山东省住房和城乡建设厅相关规定，建设项目工伤保险按一般计税法取定费率为 0.105%。

3. 单位工程预(结)算表(见表III-3)

表III-3 装饰工程预(结)算定额表

工程名称：1 号住宅楼一层公共区域装饰工程

序号	定额号	项目名称	单位	工程量	基价	定额合价	人工费	工程价	工程合价
1	11-3-37s	地板砖楼地面干硬性水泥砂浆周长不大于3200mm [干拌]	10m²	41.863	1408.02	58943.94	13839.9	1409.18	58992.50
2	11-3-73hs	结合层调整干硬性水泥砂浆每增减 5mm(2 倍) [干拌]	10m²	41.863	59.81	2503.83	622.08	55.02	2303.30

续表

序号	定额号	项目名称	单位	工程量	基价	定额合价	人工费	工程价	工程合价
3	11-3-45s	地板砖踢脚板　直线形水泥砂浆[干拌]	$10m^2$	3.729	1550.35	5781.26	2454.65	1575.58	5875.34
4	11-3-36s	地板砖楼地面干硬性水泥砂浆周长不大于 2400mm [干拌]	$10m^2$	4.032	1119.30	4513.58	1377.78	1120.73	4519.34
5	11-3-73hs	结合层调整干硬性水泥砂浆每增减 5mm(2 倍)[干拌]	$10m^2$	4.032	59.81	241.18	59.92	55.02	221.87
6	11-3-5s	石材块料楼地面干硬性水泥砂浆 不分色[干拌]	$10m^2$	5.10	2177.42	11104.84	1293.82	2182.93	11132.94
7	11-3-52s	缸砖楼地面　水泥砂浆勾缝[干拌]	$10m^2$	9.40	678.77	6380.44	2668.38	681.59	6406.95
8	11-3-56s	缸砖踢脚板　水泥砂浆[干拌]	$10m^2$	0.635	995.41	632.09	360.60	1009.99	641.34
9	11-3-33s	地板砖楼地面干硬性水泥砂浆周长不大于 1200mm [干拌]	$10m^2$	4.166	965.54	4022.44	1449.02	967.12	4029.02
10	11-3-73hs	结合层调整　干硬性水泥砂浆 每增减5mm (2倍)[干拌]	$10m^2$	4.166	59.81	249.17	61.91	55.02	229.21
11	11-3-38s	地板砖楼地面干硬性水泥砂浆周长不大于 4000mm [干拌]	$10m^2$	6.419	1731.27	11113.02	2227.84	1732.65	11121.88
12	11-2-1s	水泥砂浆　楼地面 20mm [干拌]	$10m^2$	2.137	239.76	512.37	239.64	240.38	513.69
13	11-3-12s	石材块料串边、过门石水泥砂浆[干拌]	$10m^2$	0.493	2262.82	1115.57	185.66	2279.10	1123.60
14	11-3-20s	石材块料踢脚板　直线形 水泥砂浆[干拌]	$10m^2$	0.578	2436.07	1408.05	349.90	2460.22	1422.01
		地面				108521.7	27191.1		108533.0
15	12-2-28s	胶黏剂粘贴全瓷墙面砖周长不大于 1800mm [干拌]	$10m^2$	1.54	1767.02	2721.21	793.98	1494.75	2301.92
16	12-1-10s	混合砂浆厚 9mm+6mm 混凝土墙(砌块墙)[干拌]	$10m^2$	95.114	210.40	20011.99	13611.7	203.17	19324.31
17	14-4-16	乳液界面剂 涂敷	$10m^2$	110.516	11.13	1230.04	679.67	13.98	1545.01

续表

序号	定额号	项目名称	单位	工程量	基价	定额合价	人工费	工程价	工程合价
18	14-3-7	室内乳胶漆两遍墙、柱面 光面	$10m^2$	100.227	88.64	8884.12	4684.61	93.76	9397.28
19	17-2-6h	里脚手架钢管架双排不大于 3.6m/内墙装饰高度不大于 3.6m(0.30 倍)	$10m^2$	42.238	26.76	1130.29	879.82	27.61	1166.19
20	14-3-11	室内乳胶漆每增一遍墙、柱面 光面	$10m^2$	100.227	40.71	4080.24	1972.47	43.19	4328.80
		墙面				38057.90	22622.3		38063.51
21	13-2-13	装配式 U 型轻钢天棚龙骨网格尺寸600mm×600mm 平面不上人型	$10m^2$	30.919	477.02	14748.74	6655.21	482.27	14911.06
22	13-3-32	天棚其他饰面 矿棉板搁在龙骨上	$10m^2$	29.334	377.19	11064.68	1876.23	378.75	11110.44
23	13-2-17	装配式 U 型轻钢天棚龙骨网格尺寸大于 600mm × 600mm 平面不上人型	$10m^2$	16.93	445.19	7537.07	3456.77	450.17	7621.38
24	13-3-30	天棚其他饰面塑钢扣板	$10m^2$	16.93	486.99	8244.74	2498.87	408.27	6912.01
25	13-2-2	方木天棚龙骨(成品) 平面 双层	$10m^2$	0.288	431.21	124.19	61.64	580.55	167.20
26	13-2-4	方木天棚龙骨(成品) 跌级 双层	$10m^2$	6.629	507.91	3366.83	1720.37	677.72	4492.47
27	13-2-17	装配式 U 型轻钢天棚龙骨网格尺寸大于 600mm× 600mm 平面不上人型	$10m^2$	2.255	445.19	1003.90	460.43	450.17	1015.13
28	13-2-19	装配式 U 型轻钢天棚龙骨 网 格 尺 寸 大 于 600mm× 600mm 跌级不上人型	$10m^2$	6.077	598.49	3637.14	1749.14	608.04	3695.18
29	13-3-28h	天棚其他饰面镜面玻璃/跌级天棚基层、面层(人工×1.10)	$10m^2$	0.763	1104.49	842.95	155.92	1129.59	862.10
30	13-3-8	钉铺细木工板基层木龙骨	$10m^2$	0.288	667.53	192.25	31.53	671.37	193.35
31	13-3-8h	钉铺细木工板基层木龙骨/跌级天棚基层、面层(人工×1.10)	$10m^2$	10.631	678.21	7210.39	1280.25	682.32	7254.09

续表

序号	定额号	项目名称	单位	工程量	基价	定额合价	人工费	工程价	工程合价
32	13-3-7	钉铺细木工板基层 轻钢龙骨	$10m^2$	2.255	599.97	1352.93	246.85	600.36	1353.81
33	13-3-7h	钉铺细木工板基层轻钢龙骨/跌级天棚基层、面层(人工×1.10)	$10m^2$	6.077	610.65	3711.04	731.82	611.31	3715.05
34	13-3-9	钉铺纸面石膏板基层轻钢龙骨	$10m^2$	2.543	238.26	605.90	337.81	251.10	638.55
35	13-3-9h	钉铺纸面石膏板基层轻钢龙骨/跌级天棚基层、面层(人工×1.10)	$10m^2$	15.946	251.22	4005.83	2329.96	264.38	4215.67
36		灯槽	m	56.62			566.20	63.10	3572.72
37	14-1-113	防火涂料两遍 木方面	$10m^2$	6.917	186.97	1293.23	808.23	175.26	1212.24
38	14-1-115	防火涂料每增一遍 木方面	$10m^2$	6.917	83.80	579.63	365.83	78.31	541.65
39	14-1-112	防火涂料两遍 木板面	$10m^2$	38.502	152.09	5855.77	2841.45	137.91	5309.81
40	14-1-114	防火涂料每增一遍 木板面	$10m^2$	27.728	66.49	1843.61	886.73	59.83	1658.94
41	14-4-14	满刮成品腻子 两遍 不抹灰天棚	$10m^2$	30.093	228.17	6866.32	1665.65	227.01	6831.41
42	14-3-9	室内乳胶漆两遍 天棚	$10m^2$	30.093	101.67	3059.56	1739.68	107.26	3227.78
		天棚				87146.73	32466.5		90512.10
43		甲供采保费	项	1				607.80	607.80
		某办公楼一层装饰工程					82279.9		237108.6

4. 工料分析汇总表(见表III-4)

表III-4　装饰工程人材机分析表

工程名称：某办公楼装饰工程

序号	材料名称规格	单位	数量	省价(含税)	市地价(含税)	市地价(除税)	市地价合计	税率/%
1	综合工日(土建)	工日	7.856	110.00	112.00	112.00	879.87	—
2	综合工日(装饰)	工日	657.191	120.00	123.00	123.00	80834.48	—
3	吊筋	kg	204.322	4.11	4.11	3.64	743.73	13
4	镀锌低碳钢丝 8 号	kg	5.74	7.14	6.50	5.75	33.01	13

续表

序号	材料名称规格	单位	数量	省价(含税)	市地价(含税)	市地价(除税)	市地价合计	税率/%
5	扁钢(综合)	kg	0.936	4.54	4.54	4.02	3.76	13
6	角钢 L25mm×25mm×3mm	kg	55.099	4.34	5.10	4.51	248.50	13
7	钢板(综合)	kg	0.286	4.67	4.67	4.13	1.18	13
8	双面胶条	m	80.136	0.52	0.52	0.46	36.86	13
9	塑料薄膜	m^2	24.682	2.06	2.06	1.82	44.92	13
10	白布	m^2	0.712	6.66	2.70	2.39	1.70	13
11	棉纱	kg	9.007	7.85	2.70	2.39	21.53	13
12	麻袋布	m^2	12.305	3.12	9.00	7.96	97.94	13
13	无纺布	m	287.724	0.08	0.08	0.07	20.14	13
14	六角螺栓	kg	9.638	11.50	11.50	10.18	98.12	13
15	自攻螺钉镀锌(4～6)mm×(10～16)mm	100个	120.804	2.75	2.00	1.77	213.82	13
16	膨胀螺栓	套	119.349	0.75	0.75	0.66	78.77	13
17	石料切割锯片	片	2.529	75.68	94.90	83.98	212.41	13
18	砂纸	张	294.837	0.50	0.50	0.44	129.73	13
19	低合金钢焊条 E43 系列	kg	78.633	11.64	11.64	10.30	809.92	13
20	合金钢钻头	个	1.463	9.44	9.44	8.35	12.21	13
21	气动排钉 F30	100个	91.724	8.99	8.99	7.96	730.12	13
22	射钉	个	860.78	0.12	0.12	0.11	94.69	13
23	圆钉	kg	18.664	5.28	6.50	5.75	107.32	13
24	铁件(综合)	kg	239.605	5.18	5.18	4.58	1097.39	13
25	水泥	kg	0.864	0.50	0.50	0.44	0.38	13
26	白水泥	kg	73.075	0.78	0.86	0.76	55.54	13
27	石材块料	m^2	56.769	179.17	179.17	173.95	9874.96	3
28	细木工板 1220mm×2440mm×18mm	m^2	202.143	52.17	52.17	46.17	9332.94	13
29	车边镜面玻璃$\delta 6$	m^2	8.014	84.73	84.73	74.98	600.89	13
30	地板砖 300mm×300mm	m^2	42.493	57.00	57.00	50.44	2143.35	13
31	地板砖 600mm×600mm	m^2	79.369	74.33	74.33	65.78	5220.90	13
32	地板砖 800mm×800mm	m^2	431.189	106.83	106.83	94.54	40764.61	13
33	地板砖 1000mm×1000mm	m^2	70.609	131.67	131.67	116.52	8227.36	13
34	缸砖 150mm×150mm	m^2	96.003	40.50	40.50	35.84	3440.73	13
35	全瓷墙面砖 300mm×600mm	m^2	16.17	68.67	68.67	60.77	982.65	13
36	锯成材	m^3	0.04	2544.44	2544.44	2251.72	90.07	13
37	纸面石膏板 1200mm×3000mm×9.5mm	m^2	195.978	10.42	10.42	9.22	1806.92	13

续表

序号	材料名称规格	单位	数量	省价(含税)	市地价(含税)	市地价(除税)	市地价合计	税率/%
38	矿棉板 600mm×600mm	m^2	308.012	33.88	33.88	29.98	9234.20	13
39	塑钢扣板 200mm	m^2	177.765	24.23	20.00	17.70	3146.44	13
40	轻钢龙骨不上人型(平面) 600mm×600mm	m^2	324.644	20.55	20.55	18.19	5905.27	13
41	轻钢龙骨不上人型(平面) 600mm×600mm 以上	m^2	201.443	18.55	18.55	16.42	3307.69	13
42	轻钢龙骨不上人型(跌级) 600mm×600mm 以上	m^2	63.811	23.00	23.00	20.35	1298.55	13
43	木龙骨 25mm×30mm	m	629.533	1.73	3.00	2.65	1668.26	13
44	木龙骨 40mm×60mm	m	96.835	3.75	8.00	7.08	685.59	13
45	石材踢脚板　直线形	m^2	5.867	178.33	178.33	157.81	925.87	13
46	PVC 板条	m	229.122	9.50	6.00	5.31	1216.64	13
47	成品腻子	kg	445.376	13.10	12.90	11.42	5086.19	13
48	乳胶漆	kg	506.019	17.37	19.00	16.81	8506.18	13
49	红丹防锈漆	kg	0.231	16.10	12.64	11.19	2.58	13
50	防火涂料	kg	271.725	18.65	14.50	12.83	3486.23	13
51	嵌缝石膏	kg	46.424	0.65	6.00	5.31	246.51	13
52	油漆溶剂油	kg	0.027	5.61	15.00	13.27	0.36	13
53	稀释剂	kg	23.585	14.66	16.00	14.16	333.96	13
54	108 胶	kg	258.42	2.30	2.50	2.21	571.11	13
55	白乳胶	kg	3.603	7.00	11.00	9.73	35.06	13
56	玻璃胶 310g	支	5.953	10.08	13.00	11.50	68.46	13
57	干粉型胶黏剂	kg	64.834	15.51	8.00	7.08	459.02	13
58	乳液界面剂	kg	276.29	2.32	3.54	3.13	864.79	13
59	钢管ϕ48.3mm×3.6mm	m	0.658	17.28	17.28	15.29	10.06	13
60	方钢管 25mm×25mm×2.5mm	m	3.719	4.64	9.30	8.23	30.61	13
61	锯末	m^3	3.763	19.52	21.80	19.29	72.58	13
62	水	m^3	26.151	6.05	10.10	9.81	256.55	3
63	电	kW · h	1.759	0.90	0.80	0.71	1.25	13
64	直角扣件	个	0.356	6.08	9.50	8.41	2.99	13
65	对接扣件	个	0.023	5.35	10.00	8.85	0.20	13
66	木脚手板	m^3	0.015	1950.00	2871.00	2540.71	38.11	13
67	底座	个	0.119	7.21	4.70	4.16	0.50	13
68	干硬性水泥砂浆 1∶3 地面(干拌)	m^3	18.283	445.29	393.65	382.18	6987.45	3

续表

序号	材料名称规格	单位	数量	省价(含税)	市地价(含税)	市地价(除税)	市地价合计	税率/%
69	水泥抹灰砂浆 1∶1 地面(干拌)	m^3	0.289	544.56	583.11	566.13	163.36	3
70	水泥抹灰砂浆 1∶2 地面(干拌)	m^3	0.703	502.87	481.53	467.50	328.48	3
71	水泥抹灰砂浆 1∶2.5 地面(干拌)	m^3	0.14	488.62	449.13	436.05	61.08	3
72	水泥抹灰砂浆 1∶3 地面(干拌)	m^3	1.361	446.50	395.67	384.15	522.77	3
73	水泥抹灰砂浆 1∶3 抹灰(干拌)	m^3	0.155	446.50	395.67	384.15	59.54	3
74	水泥石灰抹灰砂浆 1∶0.5∶3 抹灰(干拌)	m^3	6.62	444.32	398.72	387.11	2562.67	3
75	水泥石灰抹灰砂浆 1∶1∶6 抹灰(干拌)	m^3	9.93	382.64	304.89	296.01	2939.38	3
76	素水泥浆地面(干拌)	m^3	0.543	782.86	994.35	965.39	524.66	3
77	素水泥浆(现拌)	m^3	0.149	782.86	994.35	880.22	131.36	—
78	载重汽车 6t	台班	0.405	481.42	510.00	477.10	193.23	—
79	干混砂浆罐式搅拌机	台班	1.558	228.71	228.71	225.86	351.99	—
80	石料切割机	台班	11.536	49.74	49.74	48.43	558.70	—
81	交流弧焊机 32kV · A	台班	16.052	104.40	104.40	94.74	1520.75	—
82	电动空气压缩机 $0.6m^3/min$	台班	1.911	42.63	42.63	40.21	76.82	—
83	人工费合计						82279.99	
84	材料费合计						152127.35	
85	机械费合计						2701.27	

5. 甲方供应材料表(见表III-5)

表III-5 甲方供应材料表

序号	材料名称规格	单位	单价(含税)	单价(除税)	汇材量	甲供数量	甲供金额(除税)	税率/%
1	地板砖 300mm×300mm	m^2	57.00	50.44	42.493	42.49	2143.35	13
2	地板砖 600mm×600mm	m^2	74.33	65.78	79.369	79.37	5220.90	13
3	地板砖 800mm×800mm	m^2	106.83	94.54	431.189	431.19	40764.61	13
4	地板砖 1000mm×1000mm	m^2	131.67	116.52	70.609	70.61	8227.36	13
5	缸砖 150mm×150mm	m^2	40.50	35.84	96.003	96.00	3440.73	13
6	全瓷墙面砖 300mm× 600mm	m^2	68.67	60.77	16.17	16.17	982.65	13
	合　计						60779.57	

【考核与评价】

工作任务 1 单位工程预(结)算表共 43 项，每项 2 分，每项工程量的准确度占 0.6 权重，定额套用或换算占 0.4 权重，工程量误差 1%及以内评定为满分 0.6 分，1%～3%评定为 0.4 分，3%～5%评定为 0.2 分，5%～10%评定为 0.1 分，大于 10%不计分，取费程序表共 28 项，每项 0.5 分，共 14 分。合计 100 分。

课后备忘录

鲁班精神　精益求精

工作任务 2　编制 1 号住宅楼一层公共区域装饰工程工程量清单

工作背景

2020 年 6 月 15 日，某招标代理公司承接了某开发公司委托的一项工作任务，即对 1 号住宅楼一层公共区域的施工单位进行招标。公司招标部工作人员明确工作任务后，编制招标文件，并依据国家计量规范、行业建设主管部门颁发的计价定额、设计文件、拟定的招标文件、施工现场情况、常规施工方案、与建设项目相关的标准、规范等相关资料，编制招标工程量清单，工作计划如下。

任务分工	编制人	完成时间
招标文件(正文)	孙××	2020 年 6 月 20 日
装饰工程工程量清单	李××	2020 年 7 月 10 日
安装工程工程量清单	王××	2020 年 7 月 10 日

装饰工程工程量清单详见表Ⅲ-6 至表Ⅲ-11。施工图详见附图 2。

1. 招标工程量清单封面(见表Ⅲ-6)

表Ⅲ-6　工程量清单

1号住宅楼工程

招标工程量清单

招　标　人：________________

（单位盖章）

造价咨询人：________________

（单位盖章）

2. 招标工程量清单扉页

1号住宅楼工程

招标工程量清单

招 标 人：	________ （单位盖章）	造价咨询人：	________ （单位资质专用章）
法定代表人 或其授权人：	________ （签字或盖章）	法定代表人 或其授权人：	________ （签字或盖章）
编 制 人：	________ （造价人员签字盖专用章）	复 核 人：	________ （造价工程师签字盖专用章）
编 制 时 间：		复 核 时 间：	

3. 总说明(见表III-7)

表III-7　总说明

1. 本清单依据 2018《房屋建筑与装饰工程工程量清单计算规范》征求意见稿编制而成。
2. 报价人须知。
(1) 应按工程量清单报价格式规定的内容进行编制、填写、签字、盖章。
(2) 工程量清单及其报价格式中的任何内容不得随意删除或修改。
(3) 工程量清单报价格式中所有需要填报的单价和合价，投标人均应填报，未填报的单价和合价视为此项费用已包含在工程量清单的其他单价或合价中。
(4) 金额(价格)均应以人民币表示。

4. 分部分项工程工程量清单(见表III-8)

表III-8　分部分项工程工程量清单

工程名称：1 号住宅楼一层公共区域装饰工程

序号	项目编码	项目名称	计量单位	工程数量
1		地面		
2	011102003001	瓷砖地面 ①CT01 ②规格：400mm×400mm，800mm×800mm ③20mm 厚 1∶3 干硬性水泥砂浆找平层，10∶1(水泥：107 胶)水泥浆黏结层	m^2	18.01

续表

序号	项目编码	项目名称	计量单位	工程数量
3	011102003002	瓷砖地面 ①CT02 ②规格：400mm×400mm ③20mm 厚 1∶3 干硬性水泥砂浆找平层，10∶1(水泥：107 胶)水泥浆黏结层	m^2	2.73
4	011102001001	过门石 ①ST01 ②奥特曼 ③30mm 厚 1∶3 干硬性水泥砂浆找平层，10∶1(水泥：107 胶)水泥浆黏结层。 ④表面做镜面处理，6 面做石材防护处理	m^2	0.24
5	011102003003	地面瓷砖串边 ①CT01 ②规格：20mm 宽地面砖 ③20mm 厚 1∶3 干硬性水泥砂浆找平层，10∶1(水泥：107 胶)水泥浆黏结层	m^2	0.12
6	011102003004	地面瓷砖串边 ①CT01 ②规格：40mm 宽地面砖 ③20mm 厚 1∶3 干硬性水泥砂浆找平层，10∶1(水泥：107 胶)水泥浆黏结层	m^2	0.32
7	011102003005	地面瓷砖串边 ①CT03 ②规格：20mm 宽地面砖 ③20mm 厚 1∶3 干硬性水泥砂浆找平层，10∶1(水泥：107 胶)水泥浆黏结层	m^2	0.16
8	011102003006	地面瓷砖串边 ①CT03 ②规格：40mm 宽地面砖 ③20mm 厚 1∶3 干硬性水泥砂浆找平层，10∶1(水泥：107 胶)水泥浆黏结层	m^2	0.25
9	011102003007	地面瓷砖串边 ①CT03 ②规格：60mm 宽地面砖 ③20mm 厚 1∶3 干硬性水泥砂浆找平层，10∶1(水泥：107 胶)水泥浆黏结层	m^2	0.89

续表

序号	项目编码	项目名称	计量单位	工程数量
10	011105004001	瓷砖踢脚线 ①高度：100mm ②胶黏剂粘贴 ③直形踢脚线 ④基层：18mm 细木工板，节点详图 12	m	32.88
11	011105004002	瓷砖踢脚线 ①高度：100mm ②胶黏剂粘贴 ③直形踢脚线(白色) ④部位：硬包处	m	1.60
12	011105002001	石材踢脚线 ①踢脚线高度：80mm ②粘贴层厚度、材料种类：20mm 厚水泥砂浆 ③部位：休息平台，节点详图 01	m^2	0.20
13		墙面		
14	011502003001	石材装饰线 ①ST01 ②异形石材线条 b=80mm ③胶黏剂粘贴	m	39.75
15	011502003002	石材装饰线 ①ST01 ②直形石材线条 b=60mm ③胶黏剂粘贴，灯槽处	m	11.30
16	011207001001	墙面硬包饰面 ①UP01 ②18mm 细木工板防火涂料，密度板基层 ③硬包饰面采用自然倒角，含灯槽及内壁刷白，节点详图 02	m^2	7.94
17	011204003001	瓷砖墙面 ①CT06 ②400mm×800mm 墙面砖 ③30mm 厚 1∶3 干硬性水泥砂浆，10∶1(水泥：107 胶)水泥砂浆黏结层 ④背面开槽，钢丝挂贴，局部干挂，节点详图 02	m^2	74.05

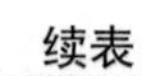

续表

序号	项目编码	项目名称	计量单位	工程数量
18	011204003002	瓷砖墙面 ①CT06 ②400mm×800mm 墙面砖 ③直径 30mm 钢杆，5 号镀锌角钢 ④干挂瓷砖，节点详图 09	m^2	2.88
19	011204003003	瓷砖墙面 ①CT06 ②400mm×800mm 墙面砖 ③8 号镀锌槽钢，5 号镀锌角钢 ④干挂瓷砖，节点详图 10	m^2	3.92
20	011204001001	石材墙面 ①ST01 ②奥特曼 ③干挂，门上方，节点详图 08	m^2	0.40
21	011502003003	石材包梁 ①ST01 ②奥特曼 ③膨胀螺栓，6 号镀锌钢方管，石材干挂件，木工板刷防火涂料 ④三面造型干挂，节点详图 01	m	2.53
22	011205001001	石材墙柱面 ①ST01 ②奥特曼 ③4 号方钢，镀锌钢板，干挂五金件，节点详图 20	m^2	3.36
23	011205004001	石材梁面 ①ST01 ②奥特曼 ③干挂五金件，节点详图 05	m^2	1.07
24	010808005001	石材电梯门套 ①立面胶黏剂粘贴，顶面干挂 ②干挂五金件 ③节点详图 08	m	5.92
25	011502001001	不锈钢收口条 ①基层类型：瓷砖与乳胶漆墙面分界处 ②节点详图 10A	m	4.50

续表

序号	项目编码	项目名称	计量单位	工程数量
26	011208001001	柱侧面石膏板 ①25mm×25mm 木龙骨刷防火涂料 ②18mm 细木工板刷防火涂料 ③9.5mm 纸面石膏板	m^2	1.27
27	011407001001	乳胶漆墙面 ①PTO1，滚涂 ②喷刷涂料部位：一层休息平台上柱侧面 ③腻子种类：第一遍腻子加入石膏粉，调入10%清油 ④刮腻子要求：3遍 ⑤涂料品种、喷刷遍数：3遍	m^2	1.27
28		天棚		
29	011302001001	吊顶天棚 ①PT01 ②U50 系列龙骨 ③双层 9.5mm 厚纸面石膏板	m^2	10.28
30	011407002001	天棚喷刷涂料 ①基层：纸面石膏板 ②3遍腻子 ③刮腻子要求：第一遍调入10%清油 ④3遍乳胶漆	m^2	11.31
31	011502004001	石膏装饰线 ①SG01 ②石膏线条	m	15.94
32	011502004002	石膏装饰线 ①SG02 ②石膏线条	m	6.18
33	011502004003	石膏装饰线 ①SG03 ②石膏线条	m	4.54
34	011502007001	塑料装饰线 ①PVC 护角条 ②节点详图 01	m	22.22

5. 总价措施项目清单(见表III-9)

表III-9　总价措施项目清单

工程名称：1号住宅楼一层公共区域装饰工程

序 号	项目编码	项目名称	计费基础	金额/元
1	011707002001	冬、雨季施工增加费		
2	011707004001	夜间施工费		
3	011707005001	二次搬运费		
4	011707007001	已完工程及设备保护费		

6. 单价措施项目清单(见表III-10)

表III-10　单价措施项目清单

工程名称：1号住宅楼一层公共区域装饰工程

序号	项目编码	项目名称	计量单位	工程量	金额/元	
					综合单价	合价
1	011701010001	内墙面装饰脚手架 ①搭设方式：落地双排 ②搭设高度：≤3.6m ③脚手架材质：钢管	m^2	48.75		
2	011701009001	天棚装饰脚手架 ①搭设方式：落地双排 ②搭设高度：≤6m ③脚手架材质：钢管	m^2	7.57		
3	011704001001	装饰成品保护增加(措施费部分)	m^2	139.00		
	合计					

7. 其他项目清单(见表III-11)

表III-11　其他项目清单

工程名称：1号住宅楼一层公共区域装饰工程

序号	项目名称	计量单位	金额/元	备注
1	暂列金额			
2	特殊项目暂估价			
3	计日工			
4	采购保管费			
5	其他检验试验费			
6	总承包服务费			

【考核与评价】

工作任务 2 考核评价标准如下。

分部分项工程量清单共 31 项，每项 3 分，每项工程量误差 1%及以内评定为满分 1.8 分，1%~3%评定为 1.2 分，3%~5%评定为 0.6 分，5%~10%评定为 0.3 分，大于 10%不计分。

总价措施项目清单共 4 项，每项 0.4 分。

单价措施项目清单共 3 项，每项 1 分， 每项工程量误差 1%及以内评定为满分 0.6 分，1%～3%评定为 0.4 分，3%～5%评定为 0.2 分，5%～10%评定为 0.1 分，大于 10%不计分。

其他项目清单共 6 项，每项 0.4 分。

课后备忘录 ______________________________

鲁班精神　精益求精

工作任务3　1号住宅楼一层公共区域装饰工程量清单报价

工作背景

某装饰公司受邀进行1号住宅楼一层公共区域装饰工程施工投标，经过仔细斟酌招标文件，开始编制投标文件。具体工作计划如下。

任务分工	编制人	完成时间
技术标编制	刘××	2020年2月25日
商务标-装饰工程工程量清单报价	张××	2020年2月25日
商务标-安装工程工程量清单报价	王××	2020年2月25日

技术标部分安排本公司技术科技术员刘××编制，商务标部分安排投标部张××、王××编制。张××按照招标文件、招标工程量清单、行业建设主管部门颁发的计价定额、设计文件、施工现场情况、投标时拟定的施工组织设计、工程造价管理机构发布的工程造价信息、与建设项目相关的标准、规范等相关资料，编制投标报价详见表Ⅲ-12～表Ⅲ-18。

1. 单位工程投标报价汇总表(见表Ⅲ-12)

表Ⅲ-12　单位工程费用表

工程名称：1号住宅楼一层公共区域装饰工程

序号	项目名称	金额/元	其中暂估价/元
1	分部分项工程费	45261.38	16606.76
2	措施项目费	2092.83	
3	其他项目费		
4	规费	3230.89	
5	税金	4552.66	
合　计		55137.76	

2. 分部分项工程量清单计价表(见表III-13)

表III-13　分部分项工程量清单计价表

工程名称：1 号住宅楼一层公共区域装饰工程

序号	项目编码	项目名称	单位	工程数量	综合单价	合价
1		地面			4694.11	1678.01
2	011102003001	瓷砖地面 ①CT01 ②规格：400mm×400mm，800mm×800mm ③20mm 厚 1∶3 干硬性水泥砂浆找平层，10∶1 (水泥：107 胶)水泥浆黏结层	m^2	18.01	2355.05	1287.72
3	011102003002	瓷砖地面 ①CT02 ②规格：400mm×400mm ③20mm 厚 1∶3 干硬性水泥砂浆找平层，10∶1 (水泥：107 胶)水泥浆黏结层	m^2	2.73	367.18	209.87
4	011102001001	过门石 ①ST01 ②奥特曼 ③30mm 厚 1∶3 干硬性水泥砂浆找平层，10∶1 (水泥：107 胶)水泥浆黏结层 ④表面做镜面处理，6 面做石材防护处理	m^2	0.24	55.13	42.37
5	011102003003	地面瓷砖串边 ①CT01 ②规格：20mm 宽地面 ③20mm 厚 1∶3 干硬性水泥砂浆找平层，10∶1 (水泥：107 胶)水泥浆黏结层	m^2	0.12	23.60	8.03
6	011102003004	地面瓷砖串边 ①CT01 ②规格：40mm 宽地面砖 ③20mm 厚 1∶3 干硬性水泥砂浆找平层，10∶1 (水泥：107 胶)水泥浆黏结层	m^2	0.32	54.42	21.42
7	011102003005	地面瓷砖串边 ①CT03 ②规格：20mm 宽地面砖 ③20mm 厚 1∶3 干硬性水泥砂浆找平层，10∶1 (水泥：107 胶)水泥浆黏结层	m^2	0.16	31.24	10.71

续表

序号	项目编码	项目名称	单位	工程数量	综合单价	合价
8	011102003006	地面瓷砖串边 ①CT03 ②规格：40mm 宽地面砖 ③20mm 厚 1∶3 干硬性水泥砂浆找平层，10∶1(水泥：107 胶)水泥浆黏结层	m^2	0.25	42.46	16.74
9	011102003007	地面瓷砖串边 ①CT03 ②规格：60mm 宽地面砖 ③20mm 厚 1∶3 干硬性水泥砂浆找平层，10∶1(水泥：107 胶)水泥浆黏结层	m^2	0.89	63.86	
10	011105004001	瓷砖踢脚线 ①高度：100mm ②胶黏剂粘贴 ③直形踢脚线 ④基层：18mm 细木工板，节点详图 12	m	32.88	44.24	21.56
11	011105004002	瓷砖踢脚线 ①高度：100mm ②胶黏剂粘贴 ③直形踢脚线(白色) ④部位：硬包处	m	1.60	37856.36	14479.66
12	011105002001	石材踢脚线 ①踢脚线高度：80mm ②粘贴层厚度、材料种类：20mm 厚水泥砂浆 ③部位：休息平台，节点详图 01	m^2	0.20	6049.16	5593.00
13		墙面			299.34	169.61
14	011502003001	石材装饰线 ①ST01 ②异形石材线条 b=80mm ③胶黏剂粘贴	m	39.75	3131.62	702.51
15	011502003002	石材装饰线 ①ST01 ②直形石材线条 b=60mm ③胶黏剂粘贴，灯槽处	m	11.30	15789.59	5442.68

续表

序号	项目编码	项目名称	单位	工程数量	综合单价	合价
16	011207001001	墙面硬包饰面 ①UP01 ②18mm 细木工板防火涂料，密度板基层 ③硬包饰面采用自然倒角，含灯槽及内壁刷白，节点详图 02	m^2	7.94	2146.52	211.68
17	011204003001	瓷砖墙面 ①CT06 ②400mm×800mm 墙面砖 ③30mm 厚 1∶3 干硬性水泥砂浆，10∶1(水泥：107 胶)水泥浆黏结层 ④背面开槽，钢丝挂贴，局部干挂，节点详图 02	m^2	74.05	3547.48	288.12
18	011204003002	瓷砖墙面 ①CT06 ②400mm×800mm 墙面砖 ③直径 30mm 钢杆，5 号镀锌角钢 ④干挂瓷砖，节点详图 09	m^2	2.88	153.39	70.62
19	011204003003	瓷砖墙面 ①CT06 ②400mm×800mm 墙面砖 ③8 号镀锌槽钢，5 号镀锌角钢 ④干挂瓷砖，节点详图 10	m^2	3.92	2240.91	968.42
20	011204001001	石材墙面 ①ST01 ②奥特曼 ③干挂，门上方，节点详图 08	m^2	0.40	3105.58	593.24
21	011502003003	石材包梁 ①ST01 ②奥特曼 ③膨胀螺栓，6 号镀锌钢方管，石材干挂件，木工板刷防火涂料 ④三面造型干挂，节点详图 01	m	2.53	539.72	188.92
22	011205001001	石材墙柱面 ①ST01 ②奥特曼 ③4 号方钢，镀锌钢板，干挂五金件，节点详图 20	m^2	3.36	467.15	250.86

续表

序号	项目编码	项目名称	单位	工程数量	综合单价	合价
23	011205004001	石材梁面 ①ST01 ②奥特曼 ③干挂五金件，节点详图 05	m^2	1.07	90.86	
24	010808005001	石材电梯门套 ①立面胶黏剂粘贴，顶面干挂 ②干挂五金件 ③节点详图 08	m	5.92	238.04	
25	011502001001	不锈钢收口条 ①基层类型：瓷砖与乳胶漆墙面分界处 ②节点详图 10A	m	4.50	57.00	
26	011208001001	柱侧面石膏板 ①25mm×25mm 木龙骨刷防火涂料 ②18mm 细木工板刷防火涂料 ③9.5mm 纸面石膏板	m^2	1.27	2710.91	449.09
27	011407001001	乳胶漆墙面 ①PTO1，滚涂 ②喷刷涂料部位：一层休息平台上柱侧面 ③腻子种类：第一遍腻子加入石膏粉，调入10%清油 ④刮腻子要求：3 遍 ⑤涂料品种、喷刷遍数：3 遍	m^2	1.27	1095.16	
28		天棚			548.13	
29	011302001001	吊顶天棚 ①PT01 ②U50 系列龙骨 ③双层 9.5mm 厚纸面石膏板	m^2	10.28	520.60	299.07
30	011407002001	天棚喷刷涂料 ①基层：纸面石膏板 ②3 遍腻子 ③刮腻子要求：第一遍调入 10%清油 ④3 遍乳胶漆	m^2	11.31	201.84	115.95
31	011502004001	石膏装饰线 ①SG01 ②石膏线条	m	15.94	73.21	34.07

续表

序号	项目编码	项目名称	单位	工程数量	综合单价	合价
32	011502004002	石膏装饰线 ①SG02 ②石膏线条	m	6.18	271.97	
33	011502004003	石膏装饰线 ①SG03 ②石膏线条	m	4.54	1095.16	
34	011502007001	塑料装饰线 ①PVC 护角条 ②节点详图 01	m	22.22	548.13	

3. 总价措施项目清单计价表(见表III-14)

表III-14 总价措施项目清单计价表

工程名称：1 号住宅楼一层公共区域装饰工程

序号	项目编码	项目名称	计算基础	费率/%	金额/元
1	011707002001	夜间施工	11135.80	3.64	455.50
2	011707004001	二次搬运	11135.80	3.28	410.45
3	011707005001	冬雨季施工	11135.80	4.10	513.07
4	011707007001	已完工程及设备保护	44784.80	0.15	70.50
合计					1449.52

4. 单价措施项目清单计价表(见表III-15)

表III-15 单价措施项目清单计价表

工程名称：1 号住宅楼一层公共区域装饰工程

序号	项目编码	项目名称	计量单位	工程量	金额/元	
					综合单价	合价
1	011701010001	内墙面装饰脚手架 ①搭设方式：落地双排 ②搭设高度：不大于 3.6m ③脚手架材质：钢管	m^2	48.75	4.02	195.98
2	011701009001	天棚装饰脚手架 ①搭设方式：落地双排 ②搭设高度：不大于 6m ③脚手架材质：钢管	m^2	7.57	29.53	223.54
3	011704001001	装饰成品保护增加(措施费部分)	m^2	139.00	1.61	223.79
合计						643.31

5. 其他项目清单计价表(见表Ⅲ-16)

表Ⅲ-16 其他项目清单计价表

工程名称：1号住宅楼一层公共区域装饰工程

序号	项目名称	计量单位	金额/元	备注
1	暂列金额			
2	特殊项目暂估价			
3	计日工			
4	采购保管费			
5	其他检验试验费			
6	总承包服务费			

6. 规费、税金计价表(见表Ⅲ-17)

表Ⅲ-17 规费、税金计价表

工程名称：1号住宅楼一层公共区域装饰工程

序号	项目名称	计算基础	计算费率/%	金额/元
1	规费			3230.89
1.1	安全文明施工费			1965.20
1.1.1	安全施工费	47354.21	2.34	1108.09
1.1.2	环境保护费	47354.21	0.12	56.83
1.1.3	文明施工费	47354.21	0.10	47.35
1.1.4	临时设施费	47354.21	1.59	752.93
1.2	社会保险费	47354.21	1.52	719.78
1.3	住房公积金	11135.80+674.18	3.60	425.16
1.4	环境保护税	47354.21	0.15	71.03
1.5	建设项目工伤保险	47354.21	0.105	49.72
1.6	优质优价费	47354.21		
2	税金	47354.21+3230.89	9.00	4552.66
合计 1+2				7783.55

7. 综合单价分析表(部分略，见表III-18)

表Ⅲ-18　综合单价分析表

工程名称:1号住宅楼一层公共区域装饰工程

项目编码	011102003001	项目名称	瓷砖地面						计量单位	18m²	
清 单 综 合 单 价 组 成 明 细											
定额编号	定额名称	单位	数量	单价				合价			
				人工费	材料费	机械费	管理费和利润	人工费	材料费	机械费	管理费和利润
11-3-37hs	地板砖楼地面干硬性水泥砂浆周长不大于3200mm［干拌］	10m²	1.801	322.54	808.61	9.30	159.66	580.90	1456.31	16.76	287.54
	瓷砖切割、45°角对缝等	m	12.8	0.00	1.06	0.00	0.00	0.00	13.57	0.00	0.00
人工单价		小　计						580.90	1469.88	16.76	287.54
120.00元/工日		未计价材料费						—			
清单项目综合单价								2355.05/18.005 = 130.8			
材料费明细	主要材料名称、规格、型号				单位	数量		单价	合价	暂估单价	暂估合价
	地板砖 800mm×800mm				m²	19.811				65.00	1287.72
	其他材料费							—	182.16	—	
	材料费小计							—	182.16	—	1287.72
项目编码	011102003002	项目名称	瓷砖地面						计量单位	2.73m²	
清 单 综 合 单 价 组 成 明 细											
定额编号	定额名称	单位	数量	单价				合价			
				人工费	材料费	机械费	管理费和利润	人工费	材料费	机械费	管理费和利润
11-3-34s	地板砖楼地面干硬性水泥砂浆周长不大于1600mm［干拌］	10m²	0.273	316.54	862.36	9.30	156.70	86.42	235.42	2.54	42.78
人工单价		小　计						86.42	235.42	2.54	42.78
120.00元/工日		未计价材料费						—			
清单项目综合单价								367.18/2.734 = 134.3			
材料费明细	主要材料名称、规格、型号				单位	数量		单价	合价	暂估单价	暂估合价
	CT02地板砖 400mm×400mm				m²	2.7983				75.00	209.87
	其他材料费							—	25.56	—	
	材料费小计							—	25.56	—	209.87

续表

项目编码	011102001001	项目名称	过门石							计量单位	0.24m^2
清单综合单价组成明细											
定额编号	定额名称	单位	数量	单价				合价			
				人工费	材料费	机械费	管理费和利润	人工费	材料费	机械费	管理费和利润
11-3-5s	石材块料楼地面干硬性水泥砂浆不分色[干拌]	10m^2	0.024	247.04	1915.82	11.67	122.50	5.93	45.98	0.28	2.94
人工单价		小计						5.93	45.98	0.28	2.94
120.00元/工日		未计价材料费						—			
清单项目综合单价								55.13/0.242 = 227.81			
材料费明细	主要材料名称、规格、型号					单位	数量	单价	合价	暂估单价	暂估合价
	石材块料					m^2	0.2436			173.95	42.37
	其他材料费							—	3.61	—	
	材料费小计							—	3.61	—	42.37
项目编码	011102003003	项目名称	地面瓷砖串边							计量单位	0.12m^2
清单综合单价组成明细											
定额编号	定额名称	单位	数量	单价				合价			
				人工费	材料费	机械费	管理费和利润	人工费	材料费	机械费	管理费和利润
11-3-40s	地板砖串边砖、过门砖干硬性水泥砂浆[干拌]	10m^2	0.012	441.34	763.11	9.30	219.17	5.30	9.16	0.11	2.63
	瓷砖切割、45°角对缝等	m	6.040	0.00	1.06	0.00	0.00	0.00	6.40	0.00	0.00
人工单价		小计						5.30	15.56	0.11	2.63
120.00元/工日		未计价材料费						—			
清单项目综合单价								23.60/0.121 = 195.36			
材料费明细	主要材料名称、规格、型号					单位	数量	单价	合价	暂估单价	暂估合价
	地板砖 800mm×800mm					m^2	0.1236			65.00	8.03
	其他材料费							—	7.53	—	
	材料费小计							—	7.53	—	8.03
项目编码	011102003004	项目名称	地面瓷砖串边							计量单位	0.32m^2
清单综合单价组成明细											
定额编号	定额名称	单位	数量	单价				合价			
				人工费	材料费	机械费	管理费和利润	人工费	材料费	机械费	管理费和利润
11-3-40s	地板砖串边砖、过门砖干硬性水泥砂浆[干拌]	10m^2	0.032	441.34	763.11	9.30	218.44	14.13	24.42	0.30	6.99
	瓷砖切割、45°角对缝等	m	8.100	0.00	1.06	0.00	0.00	0.00	8.59	0.00	0.00
人工单价		小计						14.13	33.01	0.30	6.99
120.00元/工日		未计价材料费						—			
清单项目综合单价								54.42/0.324 = 167.96			
材料费明细	主要材料名称、规格、型号					单位	数量	单价	合价	暂估单价	暂估合价
	地板砖 800mm×800mm					m^2	0.3296			65.00	21.42
	其他材料费							—	11.59	—	
	材料费小计							—	11.59	—	21.42

续表

项目编码	011502003002	项目名称	石材装饰线							计量单位	11.3m
清单综合单价组成明细											
定额编号	定额名称	单位	数量	单价				合价			
				人工费	材料费	机械费	管理费和利润	人工费	材料费	机械费	管理费和利润
15-2-15	石材装饰线条(成品)胶黏宽度60mm	10m	1.130	70.80	157.48	1.55	35.04	80.00	177.95	1.75	39.60
人工单价		小计						80.00	177.95	1.75	39.60
120.00元/工日		未计价材料费						—			
清单项目综合单价								299.34/11.300 = 26.49			
材料费明细	主要材料名称、规格、型号					单位	数量	单价	合价	暂估单价	暂估合价
	石材装饰线 60mm直线型					m	11.978			14.16	169.61
	其他材料费							—	8.34	—	
	材料费小计							—	8.34	—	169.61
项目编码	011207001001	项目名称	墙面硬包饰面							计量单位	7.94m²
清单综合单价组成明细											
定额编号	定额名称	单位	数量	单价				合价			
				人工费	材料费	机械费	管理费和利润	人工费	材料费	机械费	管理费和利润
12-3-43h	造型层细木工板/在基层板上满铺板(人工×0.85)	10m²	0.794	92.82	597.56	8.81	45.94	73.70	474.46	6.99	36.48
12-3-42h	造型层密度板/在基层板上满铺板(人工×0.85)	10m²	0.794	84.66	313.11	8.81	41.90	67.22	248.61	6.99	33.27
14-1-112	防火涂料两遍 木板面	10m²	3.175	72.00	64.11	0.00	35.64	228.61	203.54	0.00	113.16
14-1-114	防火涂料每增一遍 木板面	10m²	3.175	31.20	27.85	0.00	15.45	99.06	88.41	0.00	49.04
12-3-43h	造型层细木工板/在基层板上满铺板(人工×0.85)	10m²	0.122	92.82	597.56	8.81	45.98	11.33	72.90	1.07	5.61
14-1-112	防火涂料两遍 木板面	10m²	0.122	72.00	64.11	0.00	35.66	8.78	7.82	0.00	4.35
14-1-114	防火涂料每增一遍 木板面	10m²	0.122	31.20	27.85	0.00	15.49	3.80	3.40	0.00	1.89
12-3-23h	成品木龙骨安装 平均中距不大于500mm截面积不大于20cm²/龙骨外挑(1.15倍)	10m²	0.794	142.14	147.61	0.00	70.35	112.86	117.20	0.00	55.86
14-1-113	防火涂料两遍 木方面	10m²	0.794	114.00	58.41	0.00	56.44	90.52	46.38	0.00	44.81
14-1-115	防火涂料每增一遍 木方面	10m²	0.794	51.60	25.42	0.00	25.54	40.97	20.19	0.00	20.28
	饰面	m²	7.938	0.00	88.50	0.00	0.00	0.00	702.51	0.00	0.00
14-4-9	满刮成品腻子内墙抹灰面两遍	10m²	0.154	39.60	132.83	0.00	19.65	6.11	20.48	0.00	3.03
人工单价		小计						742.95	2005.90	15.05	367.78
120.00元/工日		未计价材料费						—			
清单项目综合单价								3131.62/7.938 = 394.51			
料费明细	主要材料名称、规格、型号					单位	数量	单价	合价	暂估单价	暂估合价
	其他材料费							—	2005.90	—	
	材料费小计							—	2005.90	—	0.00

续表

项目编码	011204003001	项目名称	瓷砖墙面							计量单位	74.05m²
清单综合单价组成明细											
定额编号	定额名称	单位	数量	单价				合价			
				人工费	材料费	机械费	管理费和利润	人工费	材料费	机械费	管理费和利润
12-2-31hs	全瓷墙面砖1000mm×800mm钢丝网挂贴[干拌]	10m²	7.405	691.56	1027.74	25.02	342.32	5120.99	7610.45	185.27	2534.89
12-2-52	墙面砖45° 角对缝	10m	1.280	157.20	10.39	7.80	77.81	201.22	13.30	9.98	99.60
人工单价		小计						5322.20	7623.75	195.25	2634.49
120.00元/工日		未计价材料费						—			
清单项目综合单价								15789.59/74.046 = 213.24			
材料费明细	主要材料名称、规格、型号					单位	数量	单价	合价	暂估单价	暂估合价
	全瓷墙面砖 400mm×800mm					m²	77.7525			70.00	5442.68
	其他材料费							—	2194.64	—	
	材料费小计							—	2194.64	—	5442.68
项目编码	011204003002	项目名称	瓷砖墙面							计量单位	2.88m²
清单综合单价组成明细											
定额编号	定额名称	单位	数量	单价				合价			
				人工费	材料费	机械费	管理费和利润	人工费	材料费	机械费	管理费和利润
12-3-31	型钢龙骨	t	0.118	2834.40	6484.02	576.97	1403.05	334.46	765.11	68.08	165.56
12-2-32h	全瓷墙面砖1000mm×800mm铝方管龙骨干挂	10m²	0.288	729.60	1713.58	19.76	361.15	210.13	493.51	5.69	104.01
人工单价		小计						544.59	1258.62	73.77	269.57
120.00元/工日		未计价材料费						—			
清单项目综合单价								2146.52/2.880 = 745.32			
材料费明细	主要材料名称、规格、型号					单位	数量	单价	合价	暂估单价	暂估合价
	全瓷墙面砖 400mm×800mm					m²	3.024			70.00	211.68
	其他材料费							—	1046.94	—	
	材料费小计							—	1046.94	—	211.68
项目编码	011204003003	项目名称	瓷砖墙面							计量单位	3.92m²
清单综合单价组成明细											
定额编号	定额名称	单位	数量	单价				合价			
				人工费	材料费	机械费	管理费和利润	人工费	材料费	机械费	管理费和利润
12-3-31	型钢龙骨	t	0.216	2834.40	6484.02	576.97	1403.06	612.23	1400.55	124.62	303.06
12-2-32h	全瓷墙面砖1000mm×800mm铝方管龙骨干挂	10m²	0.392	729.60	1713.58	19.76	361.15	286.00	671.72	7.75	141.57
人工单价		小计						898.23	2072.27	132.37	444.63
120.00元/工日		未计价材料费						—			
清单项目综合单价								3547.48/3.920 = 904.97			
材料费明细	主要材料名称、规格、型号					单位	数量	单价	合价	暂估单价	暂估合价
	全瓷墙面砖 400mm×800mm					m²	4.116			70.00	288.12
	其他材料费							—	1784.15	—	
	材料费小计							—	1784.15	—	288.12

续表

项目编码	011407001001	项目名称	乳胶漆墙面							计量单位	1.27m²
定额编号	定额名称	单位	数量	单价				合价			
				人工费	材料费	机械费	管理费和利润	人工费	材料费	机械费	管理费和利润
14-3-7	室内乳胶漆两遍 墙、柱面 光面	10m²	0.127	45.60	47.02	0.00	22.52	5.80	5.97	0.00	2.86
14-3-11	室内乳胶漆每增一遍 墙、柱面 光面	10m²	0.127	19.20	23.51	0.00	9.53	2.44	2.99	0.00	1.21
14-4-9	满刮成品腻子 内墙抹灰面 两遍	10m²	0.127	39.60	132.83	0.00	19.61	5.02	16.87	0.00	2.49
14-4-10	满刮成品腻子内墙抹灰面每增一遍	10m²	0.127	24.00	53.40	0.00	11.89	3.04	6.78	0.00	1.51
人工单价120.00元/工日		小　计						16.30	32.61	0.00	8.07
清单项目综合单价								57.00/1.273 = 44.78			
材料费明细	主要材料名称、规格、型号					单位	数量	单价	合价	暂估单价	暂估合价
	乳胶漆					kg	0.5298	16.81	8.91		
	其他材料费							—	23.70	—	
	材料费小计							—	32.61	—	0.00

项目编码	011302001001	项目名称	吊顶天棚							计量单位	10.28m²
定额编号	定额名称	单位	数量	单价				合价			
				人工费	材料费	机械费	管理费和利润	人工费	材料费	机械费	管理费和利润
13-3-9h	钉铺纸面石膏板基层 轻钢龙骨	10m²	1.028	129.60	215.99	0.00	64.15	133.23	222.04	0.00	65.95
13-2-16h	装配式U型轻钢天棚龙骨网格尺寸600mm×600mm跌级上人型/采用单层结构(人工×0.85)	10m²	0.514	250.92	370.36	31.90	124.20	128.98	190.36	16.40	63.84
13-2-13h	装配式U型轻钢天棚龙骨网格尺寸600mm×600mm平面不上人型/采用单层结构(人工×0.85)	10m²	0.514	178.50	239.91	27.11	88.35	91.75	123.31	13.94	45.41
人工单价120.00元/工日		小　计						353.95	535.71	30.34	175.20
清单项目综合单价								1095.16/10.278 = 106.55			
材料费明细	主要材料名称、规格、型号					单位	数量	单价	合价	暂估单价	暂估合价
	纸面石膏板 1200mm×3000mm×9.5mm					m²	21.7936	9.22	200.94		
	其他材料费							—	334.77	—	
	材料费小计							—	535.71	—	0.00

项目编码	011407002001	项目名称	天棚喷刷涂料							计量单位	11.31m²
定额编号	定额名称	单位	数量	单价				合价			
				人工费	材料费	机械费	管理费和利润	人工费	材料费	机械费	管理费和利润
14-3-9	室内乳胶漆两遍 天棚	10m²	1.131	56.40	49.45	0.00	27.92	63.79	55.93	0.00	31.58
14-3-13	室内乳胶漆每增一遍 天棚	10m²	1.131	22.80	24.72	0.00	11.28	25.79	27.96	0.00	12.76
14-4-11	满刮成品腻子 天棚抹灰面 两遍	10m²	1.131	44.40	132.83	0.00	21.98	50.21	150.23	0.00	24.86
14-4-12	满刮成品腻子天棚抹灰面每增一遍	10m²	1.131	26.40	53.40	0.00	13.07	29.85	60.39	0.00	14.78
人工单价120.00元/工日		小　计						169.64	294.51	0.00	83.98
清单项目综合单价								548.13/11.306 = 48.48			
材料费明细	主要材料名称、规格、型号					单位	数量	单价	合价	暂估单价	暂估合价
	乳胶漆					kg	4.9538	16.81	83.27		
	其他材料费							—	211.24	—	
	材料费小计							—	294.51	—	0.00

8. 人材机分析汇总表(见表III-19)

表III-19 人材机分析汇总表

工程名称：1号住宅楼一层公共区域装饰工程

序号	名称、规格、型号	单位	数量	单价(含税)	单价(除税)	合价(除税)	税率/%	备注
1	综合工日(装饰)	工日	95.8037	123.00	123.00	11783.86	—	
2	细木工板 1220mm×2440mm×18mm	m^2	2.2712	52.17	46.17	104.86	13	
3	地板砖 800mm×800mm	m^2	1.7922	63.33	56.04	100.43	13	暂估价
4	CT02 地板砖 400mm×400mm	m^2	2.7983	63.33	56.04	156.81	13	暂估价
5	地板砖 800mm×800mm	m^2	19.811	106.83	94.54	1872.93	13	暂估价
6	全瓷墙面砖 400mm×800mm	m^2	84.8925	120.70	106.81	9067.37	13	暂估价
7	纸面石膏板 1200mm×3000mm×9.5mm	m^2	23.1398	10.42	9.22	213.35	13	
8	石材装饰线大于 300mm	m	5.3424	286.00	253.10	1352.16	13	暂估价
9	石膏装饰线 50mm(阴阳角)	m	4.8124	8.00	7.08	34.07	13	暂估价
10	石膏装饰线 150mm(阴阳角)	m	23.4472	20.00	17.70	415.02	13	暂估价
11	硬塑料线条 40mm×30mm	m	23.5532	9.17	8.12	191.25	13	
12	乳胶漆	kg	5.4836	19.00	16.81	92.18	13	
13	型钢	kg	354.04	4.70	4.16	1472.81	13	
14	角钢 40mm×4mm	kg	156.3339	4.70	4.16	650.35	13	
15	吊筋	kg	7.1522	4.11	3.64	26.03	13	
16	镀锌低碳钢丝 8 号	kg	2.8836	6.50	5.75	16.58	13	
17	扁钢(综合)	kg	0.0792	4.54	4.02	0.32	13	
18	铜丝ϕ1.6～5mm	kg	5.7515	45.00	39.82	229.02	13	
19	塑料薄膜	m^2	0.3299	2.06	1.82	0.60	13	
20	白布	m^2	0.0086	2.70	2.39	0.02	13	
21	棉纱	kg	1.2172	2.70	2.39	2.91	13	
22	麻袋布	m^2	0.0528	9.00	7.96	0.42	13	
23	无纺布	m	17.9792	0.08	0.07	1.26	13	
24	六角螺栓	kg	0.1928	11.50	10.18	1.96	13	

续表

序号	名称、规格、型号	单位	数量	单价(含税)	单价(除税)	合价(除税)	税率/%	备注
25	自攻螺钉镀锌(4～6mm)×(10～16mm)	100个	5.4619	2.00	1.77	9.67	13	
26	膨胀螺栓	套	192.5939	0.75	0.66	127.11	13	
27	膨胀螺栓 M8×90mm	套	23.9524	1.00	0.88	21.08	13	
28	角码	个	23.143	0.50	0.44	10.18	13	
29	石料切割锯片	片	2.8511	94.90	83.98	239.43	13	
30	砂纸	张	13.7185	0.50	0.44	6.04	13	
31	电焊条	kg	11.2783	8.70	7.70	86.84	13	
32	低合金钢焊条 E43 系列	kg	1.556	11.64	10.30	16.03	13	
33	合金钢钻头	个	12.9451	9.44	8.35	108.09	13	
34	钢钉	100个	1.9175	21.50	19.03	36.49	13	
35	气动钢钉 ST-50	100个	0.6985	11.65	10.31	7.20	13	
36	气动排钉 F10	100个	2.1328	5.37	4.75	10.13	13	
37	气动排钉 F20	100个	8.337	7.15	6.33	52.77	13	
38	气动排钉 F30	100个	10.2047	8.99	7.96	81.23	13	
39	射钉	个	7.8642	0.12	0.11	0.87	13	
40	水泥钉 M3×40mm	kg	2.7769	18.00	15.93	44.24	13	
41	圆钉	kg	0.6058	6.50	5.75	3.48	13	
42	钢丝网	m^2	77.7525	7.55	6.68	519.39	13	
43	铁件	kg	118.6509	6.50	5.75	682.24	13	
44	铁件(综合)	kg	10.8182	5.18	4.58	49.55	13	
45	白水泥	kg	3.0276	0.86	0.76	2.30	13	
46	石材块料	m^2	6.5882	179.17	173.95	1146.01	13	暂估价
47	胶合板 1220mm×2440mm× 5mm	m^2	0.1913	23.09	20.43	3.91	13	
48	密度板 1220mm×2440mm×9mm	m^2	8.337	23.40	20.71	172.66	13	
49	细木工板 18mm	m^2	3.4545	53.21	47.09	162.67	13	
50	细木工板 1220mm×2440mm×18mm	m^2	9.618	48.32	42.76	411.27	13	
51	瓷砖踢脚线 600mm×100mm	m^2	3.5018	74.33	65.78	230.35	13	

续表

序号	名称、规格、型号	单位	数量	单价(含税)	单价(除税)	合价(除税)	税率/%	备注
52	锯成材	m^3	0.0037	2544.44	2251.72	8.33	13	
53	镜面不锈钢板δ_1	m^2	0.2385	205.00	181.42	43.27	13	
54	轻钢龙骨不上人型(平面) 600mm×600mm	m^2	5.397	20.55	18.19	98.17	13	
55	轻钢龙骨不上人型(跌级) 600mm×600mm	m^2	5.397	23.00	20.35	109.83	13	
56	6 号镀锌方管	m	7.2218	6.45	5.71	41.24	13	
57	3 号镀锌方管	m	10.1112	6.17	5.46	55.21	13	
58	通贯龙骨	m	2.6423	4.50	3.98	10.52	13	
59	4 号方钢龙骨	m	28.7014	9.70	8.58	246.26	13	
60	木龙骨 25mm×30mm	m	11.0071	3.00	2.65	29.17	13	
61	木龙骨 26mm×68mm	m	11.9906	6.00	5.31	63.67	13	
62	支撑卡	个	6.2897	0.50	0.44	2.77	13	
63	石材踢脚板 直线形	m^2	0.203	178.33	157.81	32.04	13	暂估价
64	石材装饰线 80mm 异形	m	42.135	215.00	190.27	8017.03	13	暂估价
65	石材装饰线60mm 直线形	m	11.978	215.00	190.27	2279.05	13	暂估价
66	石材装饰线不大于 100mm	m	19.186	165.00	146.02	2801.54	13	暂估价
67	石材装饰线 b=580mm	m	2.6712	220.00	194.69	520.06	13	暂估价
68	成品腻子	kg	21.8352	12.90	11.42	249.36	13	
69	红丹防锈漆	kg	0.1144	12.64	11.19	1.28	13	
70	防火涂料	kg	28.9268	14.50	12.83	371.13	13	
71	嵌缝石膏	kg	3.4195	6.00	5.31	18.16	13	
72	防腐油	kg	1.246	4.50	3.98	4.96	13	
73	油漆溶剂油	kg	0.0129	15.00	13.27	0.17	13	
74	石材养护液	kg	0.0809	1.50	1.33	0.11	13	
75	稀释剂	kg	2.4279	16.00	14.16	34.38	13	
76	108 胶	kg	1.20	2.50	2.21	2.65	13	
77	AB 干挂胶	kg	1.1215	39.80	35.22	39.50	13	
78	白乳胶	kg	5.5341	11.00	9.73	53.85	13	
79	玻璃胶 310g	支	0.0072	13.00	11.50	0.08	13	

续表

序号	名称、规格、型号	单位	数量	单价(含税)	单价(除税)	合价(除税)	税率/%	备注
80	大理石胶	kg	3.7095	11.00	9.73	36.09	13	
81	硅胴结构胶	kg	1.36	113.42	100.37	136.50	13	
82	结构胶 300mL	支	5.8514	68.63	60.73	355.36	13	
83	密封胶	kg	1.3956	22.50	19.91	27.79	13	
84	干粉型胶黏剂	kg	21.8262	8.00	7.08	154.53	13	
85	万能胶	kg	0.3555	16.00	14.16	5.03	13	
86	快黏粉	kg	21.6954	4.45	3.94	85.48	13	
87	美纹纸胶带	m	27.6577	0.25	0.22	6.08	13	
88	泡沫垫杆	m	13.8288	0.40	0.35	4.84	13	
89	钢管ϕ48.3mm×3.6mm	m	0.3386	17.28	15.29	5.18	13	
90	方钢管 25mm×25mm×2.5mm	m	0.3146	9.30	8.23	2.59	13	
91	通贯龙骨连接件	个	1.0483	1.03	0.91	0.95	13	
92	不锈钢连接件	个	88.741	12.00	10.62	942.43	13	
93	锯末	m^3	0.1363	21.80	19.29	2.63	13	
94	水	m^3	1.1267	10.10	9.81	11.05	3	
95	电	kW·h	4.2249	0.80	0.71	3.00	13	
96	回转扣件	个	0.048	10.00	8.85	0.42	13	
97	直角扣件	个	0.1946	9.50	8.41	1.64	13	
98	对接扣件	个	0.0468	10.00	8.85	0.41	13	
99	木脚手板	m^3	0.0018	2871.00	2540.71	4.46	13	
100	木脚手板 $\varDelta$=5cm	m^3	0.0115	1950.00	1725.66	19.86	13	
101	底座	个	0.0137	4.70	4.16	0.06	13	
102	干硬性水泥砂浆 1∶3(干拌)地面	m^3	0.4682	385.57	374.34	175.27	3	
103	水泥抹灰砂浆 1∶1(干拌)抹灰	m^3	0.0066	567.95	551.41	3.62	3	
104	水泥抹灰砂浆 1∶1(干拌)地面	m^3	0.001	567.95	551.41	0.57	3	
105	水泥抹灰砂浆 1∶2(干拌)	m^3	2.4792	470.53	456.83	1132.57	3	
106	水泥抹灰砂浆 1∶2(干拌)地面	m^3	0.0224	470.53	456.83	10.25	3	

续表

序号	名称、规格、型号	单位	数量	单价(含税)	单价(除税)	合价(除税)	税率/%	备注
107	水泥抹灰砂浆 1∶2.5(干拌)抹灰	m^3	0.0079	439.43	426.63	3.36	3	
108	水泥抹灰砂浆 1∶3(干拌) 抹灰	m^3	0.0118	387.59	376.30	4.44	3	
109	水泥抹灰砂浆 1∶3(干拌) 地面	m^3	0.0337	387.59	376.30	12.68	3	
110	素水泥浆(干拌)地面	m^3	0.0229	964.31	936.22	21.48	3	
111	素水泥浆(干拌)	m^3	0.0748	964.31	936.22	70.02	3	
112	素水泥浆(湿拌)	m^3	0.0002	964.31	936.22	0.19	3	
113	载重汽车 6t	台班	0.1104	510.00	477.10	52.67	—	
114	干混砂浆罐式搅拌机	台班	0.196	228.71	225.86	44.28	—	
115	木工圆锯机 500mm	台班	0.03	30.63	28.23	0.85	—	
116	石料切割机	台班	4.5622	49.74	48.43	220.95	—	
117	电动切割机	台班	0.2265	12.30	12.00	2.72	—	
118	交流弧焊机 32kV · A	台班	3.2524	104.40	94.74	308.13	—	
119	电动空气压缩机 0.6m^3/min	台班	0.4226	42.63	40.21	16.99	—	
120	双组分注胶机	台班	0.0507	237.90	235.92	11.97	—	
121	瓷砖切割、45° 角对缝等	m	68.78	1.20	1.06	72.91	13	
122	石材切割磨边倒角等	m	1.02	10.00	8.85	9.03	13	
123	石材磨边	m	1.02	5.00	4.42	4.51	13	
124	饰面	m^2	7.938	100.00	88.50	702.51	13	暂估价
	人工费合计：					11783.86		
	材料费合计：					39407.50		
	其中：暂估材料费					28497.03		
	机械费合计：					658.56		

【考核与评价】

工作任务 3 分部分项工程量清单、措施项目清单、规费税金清单共 50 项，每项 2 分，每项综合单价误差 1%及以内评定为满分 2 分，1%～3%评定为 1.5 分，3%～5%评定为 1 分，5%～10%评定为 0.5 分，大于 10%不计分。合计 100 分。

课后备忘录

鲁班精神　精益求精

第4篇　工作过程指导

本篇对第3篇工作任务1的各项工程量、定额项目的选取及取费程序进行详细讲解，供同学们自学参考及核对工程量与工程造价，并进行自我考核与评价。

典型工作任务31问

1. 问：建筑工程费用表各种费用及计算程序是怎样规定的？

答：第一步确定工程类别。

2008年4月1日以前，定额计价方式的取费是按照2003版《山东省建筑工程消耗量定额》(简称2003版建筑定额)及其配套的《山东省建筑工程费用及计算规则》(2006年2月)计取的。新建建筑工程的装饰工程，按下列规定确定其工程类别。

(1) 每平方米建筑面积装饰定额人工费合计在100元以上的，为Ⅰ类工程。

(2) 每平方米建筑面积装饰定额人工费合计在50元以上、100元以下的，为Ⅱ类工程。

(3) 每平方米建筑面积装饰定额人工费合计在50元以下的，为Ⅲ类工程。

(4) 每平方米建筑面积装饰定额人工费计算：按定额第九章计算全部装饰工程量(包括外墙装饰)，套用价目表中相应项目的定额人工费，合计后除以被装饰建筑物的建筑面积。

(5) 单独外墙装饰，每平方米外墙装饰面积装饰定额人工费合计在50元以上的，为Ⅰ类工程；装饰定额人工费合计在50元以下、20元以上的，为Ⅱ类工程；装饰定额人工费合计在20元以下的，为Ⅲ类工程。

(6) 单独招牌、灯箱、美术字为Ⅲ类工程。

2008年4月1日以后，根据山东省建设厅鲁建标字〔2008〕10号《关于发布我省建设工程定额人工最低单价、综合工日单价改为44元/工日及有关问题的通知》要求，结合山东省实际，对《山东省建筑工程费用组成及计算规则》工程类别划分中装饰工程类别划分标准进行调整，如以下①、②、③所述。

①装饰工程。

单位：元/m^2

工程类别项目名称	Ⅰ	Ⅱ	Ⅲ
定额人工费	＞160	＞60	≤60

注：每平方米建筑面积装饰定额人工费计算：按2003版建筑定额第九章计算出全部装饰工程量(包括外墙装饰)综合工日，乘以鲁建标字〔2008〕10号文发布的综合工日单价，计算出人工费，合计后除以建筑物的建筑面积。

②单独外墙装饰。

单位：元/ m^2

工程类别项目名称	Ⅰ	Ⅱ	Ⅲ
定额人工费	＞65	＞30	≤30

注：每平方米单独外墙装饰面积装饰定额人工费计算：按2003版建筑定额第九章计算出全部单独外墙装饰工程量综合工日，乘以鲁建标字〔2008〕10号文颁发的综合工日单价，计算出人工费，合计后除以单独外墙装饰面积。

③ 单独招牌、灯箱、美术字为Ⅲ类工程。

2016 年 11 月，山东省住房和城乡建设厅发布了 2016 版《山东省建筑工程消耗量定额》(简称《2016 版建筑定额》)及其配套的《山东省建设工程费用项目组成及计算规则》，即现行的建筑工程费用表。各种费用及计算程序详见本书第 1 篇 0.4 节内容。

第二步确定企业管理费率、利润率、税金率。

查见本书第 1 篇 0.4.4 小节内容，企业管理费率、利润率、税金率表，表中一般计税法适用于施工企业为一般纳税人，简易计税法适用于施工企业为小规模纳税人。

第三步确定各项措施费、规费费率。

查见本书第 1 篇 0.4.4 小节内容，措施费、规费费率表。不同时期措施费率、规费费率也不同。

根据《财政部、国家发展改革委员会关于取消和停止征收 100 项行政事业性收费的通知》(财综〔2008〕78 号)，自 2009 年 1 月 1 日起，全国统一取消工程质量监督费、工程定额测定费。

本书第 1 篇 0.4.4 小节内容为现行措施费及规费，后期如有建设行政主管部门发布新的政策文件，要及时调整。

第四步根据取费程序计取各项费用。

根据定额计价计算程序计取各项费用，详见本书第 1 篇 0.4.3 小节内容。在实际工作中一般采用软件计取各项费用。

说明：2003 版建筑定额装饰工程省价人工工日单价自 2003 年 4 月 1 日起为 22 元/工日；自 2004 年 4 月 1 日起调整为 28 元/工日；自 2006 年 10 月 18 日起调整为 36 元/工日；自 2008 年 4 月 1 日起调整为 44 元/工日；自 2010 年 8 月 15 日起调整为 53 元/工日，自 2013 年 4 月 1 日起调整为 66 元/工日，自 2015 年 5 月 16 日起调整为 76 元/工日。

2016 年建筑定额省价装饰工程人工工日单价 103 元/工日；2018 年 11 月 29 日起调整为 120 元/工日。随着经济的增长，建筑定额人工工日单价还会提高，后期的调整文件可关注山东省住建厅及各地区住建局官方网站。

第五步确定是否有扣除项目。

单位工程造价如有应扣除的甲供材料及设备，应在完税造价的基础上扣除甲供材料及设备，并根据采购与保管分工和方式的不同，采购保管费按比例分配，详见第 23 问。

注意：消耗量定额《山东省建筑工程价目表》材料价格取定表中的材料单价，已包括采购及保管费。

2. 问：甲供材料费从基价、市地价里直接扣除对吗？

答：不对。甲供材料应在完税造价之后扣除；否则措施费、规费及税金计算都会偏低。

3. 问：表Ⅲ-3 定额号中的“h”或“hs”表示什么意思？

答：这是福莱易通计价软件的设定，“h”表示此项定额有换算，“s”表示此项定额里有商品混凝土或预拌砂浆，“hs”表示此项定额既有换算又有商品混凝土或预拌砂浆。目前山东省建筑业普遍使用预拌砂浆，而 2016 版建筑定额的装饰工程均采用现场搅拌砂浆。根据 0.3 节定额总说明中的第(7)条，采用预拌砂浆时要进行定额换算，因此工作任务 1 中的表Ⅲ-3 装饰工程结算定额表里的定额编号带“s”的，除了说明的换算内容以外均为使用预拌砂浆的换算。

4. 问：装饰工程预算定额表的地区单价是怎样规定的？

答：各地区建设行政主管部门一般通过互联网适时发布每个季度的参考信息价格，如“××市×年×季度”参考价。通常，工程材料价格的取定是根据施工合同约定的地区价格执行，若合同中没有约定，通常执行施工期间的工程所在地区价格。

5. 问：表Ⅲ-3 定额号列中的 11-×-×是怎样规定的？

答：11-×-×表示现行 2016 版《山东省建筑工程消耗量定额》第 11 章的定额编号。若工程所在地在其他省市，则一般执行工程所在省市的建设行政主管部门发布的定额。

6. 问：表Ⅲ-3 和表Ⅲ-4 中的基价、定额合价、市地价、工程合价及人工费分别指什么？

答：基价即基准价，指定额发布时期的山东省省价，即

∑[(定额工日消耗数量×省人工单价)+(定额材料消耗数量×省材料单价)+(定额机械台班消耗数量×省机械台班单价)]

定额合价=基价×相应分项工程量

市地价指工程所在地区的适时单价，即

∑[(定额工日消耗数量×地区人工单价)+(定额材料消耗数量×地区材料单价)+(定额机械台班消耗数量×地区机械台班单价)]

工程合价=市地价×相应分项工程量

基价与市地价的内涵范围一致，均为人工费+材料费+机械费，只是选用的人材机单价不同。

人工费指基价中的人工费，即定额工日消耗数量×省人工单价。

7. 问：表Ⅲ-4 中的综合工日单价是怎样规定的？

答：综合工日省价根据山东省住房和城乡建设厅发布的政策文件执行，综合工日地区单价根据各地区、市住房和城乡建设部门发布的政策文件执行，当施工合同约定了人工工日单价时，要执行合同约定。合同约定的综合工日单价一般为市场价或地区价，省价人工单价作为计算各项其他费用的基础，一般不做改动。

8. 问：表Ⅲ-3 中第 1 项的工程量是怎样计算的？为什么套用 11-3-37 子目？

答：这是本工程 800mm×800mm 地砖地面的工程量。根据建筑做法说明、地面布置图，标注 800mm×800mm 地砖的部分，地砖工程量计算如表Ⅳ-1 所示。

表Ⅳ-1　地砖工程量计算表

部　位	计算式	面积/m^2
①～③轴交Ⓑ～Ⓒ轴	(7.2×2−0.24−0.12×3)×(6.6−0.12+0.01)−<扣柱>0.26×0.5+0.26×0.4+0.08×0.26×3+0.13×0.26	89.232
①～③轴交Ⓐ～(1/A)轴	(7.2×2−0.24−0.12−0.2)×(6.6−0.12×2)−<扣柱>0.26×0.4+0.08×0.26	87.897

续表

部　位	计算式	面积/m^2
⑤～1/7 轴交Ⓐ～Ⓒ轴	(7.2×2+3.6−0.2−0.12)×(6.6×2+2.1−0.12×2)=17.68×15.06=266.261 扣卫生间：(3.6−0.12+0.2)×6.6=24.288 扣内墙：0.24×(7.2−0.25×2+8.7−0.26−0.12)=0.24×15.02=3.605 扣柱：0.5×0.5+0.26×0.4×3+0.05×0.5×2=0.612 加展厅⑤轴处：(8.7−0.12−0.26)×0.45=3.744 说明：展厅⑤轴处门连窗安装在 800mm×800mm 地砖之上，⑤轴墙与外墙柱平齐	241.500
合　计		418.629

查《山东省建筑工程消耗量定额》第 11 章，11-3-31、11-3-37 两项均为周长 3200mm 以内的地板砖地面铺贴，但采用的砂浆不同，11-3-37 为 1∶3 干硬性水泥砂浆，11-3-31 子目为 1∶2.5 水泥砂浆，根据室内装修做法表的地面做法说明，应套用 11-3-37，并进行结合层调整。11-3-37 定额子目结合层为 20mm 厚，设计为 30mm 厚，因此加套 11-3-73。

9. 问： 表Ⅲ-3 中第 3 项的工程量是怎样计算的？为什么套用定额 11-3-45 子目？

答： 这是本工程的地砖踢脚线的工程量。根据建筑做法说明、地面布置图，标注地砖的房间，除卫生间无踢脚线外，其他均做地砖踢脚线。踢脚线工程量计算如表Ⅳ-2 所示。

表Ⅳ-2　踢脚线工程量计算表

房　间	计算式	面积/m^2
小型餐厅 1	房间内墙长=(6.6−0.12×2+3.6−0.12−0.06)×2 =19.56(m) 踢脚块料面积=19.56〈块料长度〉×0.15〈踢脚高度〉−0.15〈门洞口〉−0.015〈门套〉	2.769
小型餐厅 2	同上	2.769
雅间 1	房间内墙长=(6.6−0.12×2+7.2−0.12×2)×2 =26.64(m) 踢脚块料面积=26.64〈块料长度〉×0.15〈踢脚高度〉−0.15〈门洞口〉−0.015〈门套〉	3.831
雅间 2	同上	3.831
备用办公室	房间内墙长=(7.2−0.2−0.12+6.6−0.12×2)×2=26.48(m) 踢脚块料面积=26.48〈块料长度〉×0.15〈踢脚高度〉−0.15〈门洞口〉−0.015〈门套〉	3.807
大厅、展厅、走廊	房间内墙长=(7.2×4+7.8−0.2−0.12+8.7−0.12×2−3.6+0.12+0.04)=86.04(m) 踢脚块料面积=86.04〈块料长度〉×0.15〈踢脚高度〉+0.26×2×0.15〈柱〉−2.235〈门洞口〉−0.105〈内门套〉+0.048〈外门侧壁〉 说明：⑥轴的墙与外墙柱平齐	10.692
餐厅	房间内墙长=7.2×2+3.6−0.12−0.2+6.6×2+2.1−0.12×2=65.48(m) 踢脚块料面积=65.48〈块料长度〉×0.15〈踢脚高度〉+(0.5×4−0.24×2−0.29×2+0.05×2+0.26×2×2)×0.15〈柱〉−0.495〈门洞口〉−0.045〈门套〉 说明：1/7 轴位于墙中，⑦轴的墙与外墙柱平齐	9.594
合计		37.293

查《山东省建筑工程消耗量定额》第 11 章，11-3-45 为直线形地板砖踢脚板水泥砂浆铺贴，本工程采用的踢脚板高 150mm，因此套用 11-3-45，地板砖踢脚板水泥砂浆直线形子目。

10. 问：第 3 篇工作任务 1，表Ⅲ-3 中第 4 项的工程量是怎样计算的？为什么套用定额 11-3-36 子目？

答：这是本工程的 600mm×600mm 地砖地面的工程量。根据附录 1 建筑做法说明、地面布置图，标注 600mm×600mm 地砖的部分为走廊，地砖面积计算如下：

(7.2×3−0.12+0.2)×(2.1−0.12×2)=21.68×1.86=40.325 (m^2)

查《山东省建筑工程消耗量定额》第 11 章，11-3-36 为周长 2400mm 以内的地板砖地面铺贴，本工程采用的结合层为 30mm 厚 1∶3 干硬性水泥砂浆，11-3-37 定额子目结合层为 20mm 厚，因此加套 11-3-37。

11. 问：表Ⅲ-3 中第 6 项工程量是怎样计算的？为什么套用定额 11-3-5 子目？

答：这是本工程的楼梯间地面的工程量。根据附录 1 建筑做法说明、地面布置图，楼梯间为大理石地面，大理石工程量计算如下：

④轴处 LT：6.6×(3.6−0.12−0.04)−(0.26×0.16+0.03×0.25+0.06×0.25)〈柱〉−0.3×(1.8−0.12)〈第一个踏步占地〉=21.99(m^2)

⑧轴处 LT：(8.7−0.12×2)×(3.6−0.12−0.04)−(0.26×0.16×2+0.16×0.5×2+0.03×0.25+0.06×0.25)〈柱〉−0.3×(1.8−0.12)〈第一个踏步占地〉=29.013(m^2)

合计：21.99+29.013=51.003(m^2)

查《山东省建筑工程消耗量定额》第 11 章，11-3-1～11-3-6 均为大理石地面铺贴，本工程采用统一颜色，即不分色的大理石，接合层为 30mm 厚 1∶3 干硬性水泥砂浆，非胶黏剂，因此套用 11-3-5，石材块料楼地面干硬性水泥砂浆粘贴不分色子目。

12. 问：表Ⅲ-3 中第 7 项的工程量是怎样计算的？为什么套用定额 11-3-52 子目？

答：这是本工程的操作间地面的工程量。根据附录 1 建筑做法说明、地面布置图，操作间为 108mm×108mm 缸砖地面，缸砖工程量计算如下：

(7.2+7.8−0.12−0.04)×(6.6−0.12×2)−(0.4×0.26+0.5×0.26+0.16×0.26+0.21×0.26+0.08×0.26+0.13×0.26)〈柱〉=14.84×6.36−0.385=93.997(m^2)

查《山东省建筑工程消耗量定额》第 11 章，11-3-52～11-3-55 均为缸砖地面铺贴，本工程缸砖勾缝，结合层为 1∶3 水泥砂浆，非胶黏剂，因此套用 11-3-52，缸砖楼地面水泥砂浆勾缝子目。

13. 问：表Ⅲ-3 中第 8 项的工程量是怎样计算的？为什么套用定额 11-3-56 子目？

答：这是本工程操作间的地砖踢脚线的工程量。根据附录 1 建筑做法说明、地面布置图，操作间做地砖踢脚线。踢脚线工程量计算如表Ⅳ-3 所示。

表Ⅳ-3　踢脚线工程量计算表

房　间	计算式	面积/m^2
操 作 间	房间内墙长=(7.2+7.8−0.12−0.04+6.6−0.12×2)×2=42.4(m) 踢脚块料面积 = 42.4〈块料长度〉×0.15〈踢脚高度〉+0.26×4×0.15〈柱〉−0.15〈门洞口〉−0.015〈门套〉	6.351

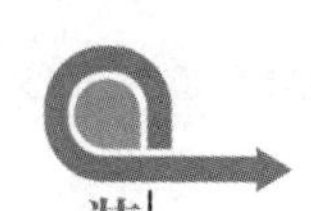

查《山东省建筑工程消耗量定额》第 11 章，11-3-56、11-3-57 子目均为缸砖踢脚板铺贴，本工程缸砖踢脚板，结合层为水泥砂浆，非胶黏剂，因此套用 11-3-56，缸砖踢脚板水泥砂浆粘贴子目。

14. 问：表Ⅲ-3 中第 9、10 项的工程量是怎样计算的？为什么套用定额 11-3-33、11-3-73 子目？

答：这是本工程的卫生间地面的工程量。根据附录 1 建筑做法说明、地面布置图，卫生间为 300mm×300mm 地砖地面，地砖工程量计算如下：

⑦轴处：(3.6−0.12−0.04)×(6.6−0.12×2)−0.12×(3.49+2.38+2.14)〈120 墙〉−(0.16×0.26+0.21×0.26)〈柱〉−0.25×0.25×2〈通风道〉−0.4×0.4〈拖布池〉+0.9×0.12×2〈门洞口〉=3.44×6.36−0.912−0.096−0.125−0.16+0.216=20.801 (m^2)

③轴处：(3.6−0.12−0.04)×(6.6−0.12×2)−0.12×(3.49+2.38+2.14)〈120 墙〉−(0.16×0.26)〈柱〉−0.25×0.25×2〈通风道〉−0.4×0.4〈拖布池〉+0.9×0.12×2〈门洞口〉=3.44×6.36−0.912−0.042−0.125−0.16+0.216=20.855 (m^2)

合计：20.801+20.855=41.656(m^2)

查《山东省建筑工程消耗量定额》第 11 章，11-3-33、11-3-27 子目均为地板砖地面铺贴，本工程采用结合层为 30mm 厚 1∶3 水泥砂浆，非胶黏剂，因此套用 11-3-33 地板砖楼地面周长 1200mm 以内砂浆粘贴子目，并进行定额换算。11-3-33 定额子目结合层为 20mm 厚，因此加套 11-3-73。

15. 问：表Ⅲ-3 中第 11 项的工程量是怎样计算的？为什么套用定额 11-3-38 子目？

答：这是本工程的 1000mm×1000mm 地砖地面的工程量。根据附录 1 建筑做法说明、地面布置图，标注 1000mm×1000mm 地砖的部分，地砖工程量计算如下：

(7.8−0.2×2)×(8.7−0.12×2)+0.24×6.6=62.604+1.584=64.188(m^2)

查《山东省建筑工程消耗量定额》第 11 章，11-3-38 子目为周长 4000mm 以内的地板砖干硬性水泥砂浆铺贴。

说明：本工程 M1 安装在地砖之上。

16. 问：表Ⅲ-3 中第 12 项的工程量是怎样计算的？为什么套用定额 11-2-1 子目？

答：这是本工程机房的水泥砂浆地面的工程量。根据附录 1 建筑做法说明、地面布置图，水泥砂浆地面工程量计算如下：

(3.6−0.12×2)×(6.6−0.12×2)=3.36×6.36=21.37(m^2)

查《山东省建筑工程消耗量定额》第 11 章，11-2-1 子目为水泥砂浆楼地面 20mm。

说明：根据工程量计算规则，水泥砂浆楼地面属于整体面层，按主墙间净面积计算，不扣除不大于 0.3m^2 柱所占面积，门洞的开口部分也不增加。

17. 问：表Ⅲ-3 中第 13 项的工程量是怎样计算的？为什么套用定额 11-3-12 子目？

答：这是本工程门洞开口部分的过门石地面的工程量。根据附录 1 建筑做法说明、地面布置图，过门石工程量计算如下：

(1×6+1.5×4+0.8×2)×0.24+1.5×3×0.37=4.929(m^2)

查《山东省建筑工程消耗量定额》第 11 章，套用 11-3-12，串边过门石水泥砂浆粘贴子目。

18. 问：表Ⅲ-3 中第 14 项的工程量是怎样计算的？为什么套用定额 11-3-20 子目？

答：这是本工程楼梯间地面踢脚板的工程量。根据附录 1 建筑做法说明、地面布置图，踢脚板工程量计算如下：

④轴处：(6.6×2+3.6−0.12−0.04)×0.15=16.64×0.15=2.496(m^2)

⑧轴处：L=(8.7−0.12×2+3.6−0.12−0.04)×2−1.5×2〈门洞口〉+0.12×4〈门洞侧壁〉+0.16×4〈柱〉=23.8−3+0.48+0.64=21.92(m)

H=0.15m

S=21.92×0.15=3.288(m^2)

合计：2.496+3.288=5.784(m^2)

说明：本项采用近似计算法，未扣除楼梯梯段板所占地面踢脚板面积。

查《山东省建筑工程消耗量定额》第 11 章，11-3-20 子目为石材块料踢脚板直线形砂浆粘贴子目。

19. 问：表Ⅲ-3 中的第 15 项的工程量是怎样计算的？为什么套用定额 12-2-28 子目？

答：这是本工程卫生间墙面面砖的工程量。根据附录 1 建筑做法说明、卫生间详图，墙面砖工程量计算如下：

③轴处：

墙面块料面积 1=(4.32+3.44)×2〈长度〉×2.4〈高度〉−0.9×2.1×2−0.8×2.1〈门窗洞口〉+ 0.03×5.1×2+0.03×5〈门窗侧壁〉=15.52×2.4−5.46+0.456=32.244(m^2)

墙面块料面积 2=(2.38+1.97)×2〈长度〉×2.4〈高度〉−0.9×2.1〈门窗洞口〉+0.03×5.1〈门窗侧壁〉+0.25×2×2.4〈通风道〉= 8.7×2.4−1.89+0.153+1.2=20.343(m^2)

墙面块料面积 3=(3.44+1.92)×2〈长度〉×2.4〈高度〉+0.09×2×2.4〈通风道〉−0.9×2.1〈门窗洞口〉+0.03×5.1〈门窗侧壁〉= 10.72×2.4+0.432−1.89+0.153=24.423 (m^2)

合计：32.244+20.343+24.423=77.01(m^2)

⑤轴处同③轴处。77.01×2=154.02(m^2)

说明：墙面砖的铺贴高度按实际高度计算。

本工程设计做法为 300mm×600mm 瓷砖胶黏剂粘贴，查《山东省建筑工程消耗量定额》第 12 章，12-2-28 子目为胶黏剂粘贴全瓷墙面砖周长 1800mm 以内。

20. 问：表Ⅲ-3 中第 16、17 项的工程量是怎样计算的？为什么套用定额 12-1-10、14-4-16 子目？

答：这是本工程除卫生间外所有内墙面一般抹灰的工程量。根据附录 1 建筑做法说明，墙面抹灰工程量计算如表Ⅳ-4 所示。

表Ⅳ-4 墙面抹灰工程量计算表

房 间	计算式	面积/m^2
小型餐厅 1	18.84〈长度〉×3.1〈高度〉−5.88〈门窗洞口〉 说明：柱面不抹灰	52.524
小型餐厅 2	18.71〈长度〉×3.1〈高度〉−7.455〈门窗洞口〉	50.546
雅间 1	25.18〈长度〉×3.1〈高度〉−13.44〈门窗洞口〉	64.618
雅间 2	25.88〈长度〉×3.1〈高度〉−11.235〈门窗洞口〉	68.993

续表

房　间	计算式	面积/m^2
备用办公室	26.18〈长度〉×3.1〈高度〉−13.44〈门窗洞口〉 说明：③轴柱面抹灰	67.718
操作间	38.68〈长度〉×3.1〈高度〉−35.58〈门窗洞口〉	84.328
大厅	房间内墙长=(7.8−0.2−0.12)×2+8.7−0.12−0.38−2.1+0.12×2=21.3(m) 21.3〈长度〉×2.9〈高度〉−21.12〈门窗洞口〉	40.650
走廊	房间内墙长=(7.2×3+0.2−0.12)×2+2.1−0.12×2−3.6+0.12+0.04=41.78(m) 41.78〈长度〉×2.9〈高度〉−18.03〈门窗洞口〉	103.132
展厅	房间内墙长=(7.2−0.2−0.04)×2+8.7−0.12−0.38=22.12(m) 22.12〈长度〉×3.8〈高度〉−8.505〈门窗洞口〉	75.551
餐厅	房间内墙长=7.2×2+3.6−0.12−0.2+6.6×2+2.1−0.12×2−0.4×2−0.5×3−0.16−0.38×2−0.21−0.26=61.79(m) 61.79〈长度〉×3.1〈高度〉−54.765〈门窗洞口〉	136.784
机房	19.02〈长度〉×3.8〈高度〉−5.88〈门窗洞口〉	66.396
楼梯间 1	7.92〈长度〉×3.9〈高度〉+8.7〈长度〉×3.82〈高度〉−3.15〈门窗洞口〉	60.972
楼梯间 2	11.92〈长度〉×3.9〈高度〉+11.72〈长度〉×3.82〈高度〉−12.33〈门窗洞口〉	78.928
合计		951.14

查《山东省建筑工程消耗量定额》第 12 章，12-1-10 子目为混合砂浆厚 9mm+6mm 混凝土墙(砌块墙)。

第 17 项是本工程全部墙面专用界面剂的工程量。根据附录 1 建筑做法说明，内墙面均刷一遍专用界面剂，工程量计算如下：

951.14+154.01=1005.16(m^2)

查《山东省建筑工程消耗量定额》第 14 章，14-4-16 子目为乳液界面剂涂敷。实际工程中若采用甩水泥浆做法，则不能套用此定额子目，可以按市场价计算。

21. 问：表Ⅲ-3 中第 18、20 项的工程量是怎样计算的？为什么套用定额 14-3-7、14-3-11 子目？

答：这是本工程除卫生间外所有内墙面、柱面乳胶漆的工程量。根据附录 1 建筑做法说明，乳胶漆工程量计算如下：

墙、柱面乳胶漆面积=墙面乳胶漆面积+柱面乳胶漆面积

柱面乳胶漆面积的计算如表Ⅳ-5 所示。

表Ⅳ-5　柱面乳胶漆工程量计算表

房　间	计算式	面积/m^2
小型餐厅 1	(0.16+0.26)×2×3.1〈高度〉	2.604
小型餐厅 2	(0.08+0.26+0.13+0.26)×3.1〈高度〉	2.263
雅间 1	(0.08+0.26+0.13+0.26)×2×3.1〈高度〉	4.526
雅间 2	(0.16+0.26+0.08+0.26)×3.1〈高度〉	2.356

续表

房　间	计算式	面积/m^2
备用办公室	(0.08+0.26)×3.1〈高度〉	1.054
操作间	[0.08+0.26+0.13+0.26+(0.4+0.26×2)×2+0.16+0.26+0.21+0.26]×3.1〈高度〉	10.726
大厅	0.26×2.9〈高度〉	0.754
展厅	(0.05×2+0.26+0.16)×3.8〈高度〉	1.976
餐厅	[(0.26×2+0.4+0.05+0.5)×2+0.26+0.21+0.16+0.26]×3.1〈高度〉	11.873
机房	(0.26+0.16)×3.8〈高度〉	1.596
楼梯间 1	(0.26+0.16)×3.8〈高度〉	1.596
楼梯间 2	[(0.26+0.16)×2+0.16×2+0.5+0.21×2+0.5]×3.8〈高度〉	9.804
合计		51.128

墙、柱面乳胶漆面积=951.14+51.128=1002.27(m^2)

说明：乳胶漆工程量按本章各自的抹灰工程量计算规则计算，因此不扣除踢脚线所占面积。

22. 问：关于内装饰工程脚手架是怎样计算的？

答：内墙面装饰不能利用原砌筑脚手架，按装饰面执行里脚手架计算规则计算装饰脚手架(不扣除门窗洞口面积)，套用《山东省建筑工程消耗量定额》第 7 章，双排里脚手架乘以系数 0.3 计算。

内装饰脚手架工程量计算如表Ⅳ-6 所示。

表Ⅳ-6　内装饰脚手架工程量计算

房　间	计算式	面积/m^2
小型餐厅 1	房间周长=19.56m 19.56×3〈高度〉×0.3	17.604
小型餐厅 2	同上	17.604
雅间 1	房间周长=26.64m 26.64×3〈高度〉×0.3	23.976
雅间 2	同上	23.976
备用办公室	房间周长=26.48m 26.48×3〈高度〉×0.3	23.832
操作间	房间周长=42.40m 42.40×3〈高度〉×0.3	38.160
大厅	房间周长 =7.6×2+8.7−2.1+8.46=30.26(m) 30.26×2.8〈高度〉×0.3	25.418
走廊	房间周长=7.2×6+2.1−0.24−3.46=41.60(m) 41.60×2.8〈高度〉×0.3	34.944
展厅	房间周长=7.0×2+8.7−0.24+8.46=30.92(m) 30.92×3.8〈高度〉×0.3	35.249

续表

房　间	计算式	面积/m²
餐厅	房间周长=65.48m 65.48×3〈高度〉×0.3	58.932
机房	房间周长=19.44m 19.44×3.8〈高度〉×0.3	22.162
楼梯间 1	房间周长=20.28m 20.28×3.8〈高度〉×0.3	23.119
楼梯间 2	房间周长=23.64m 23.64×3.8〈高度〉×0.3	26.950
卫生间 1	房间周长=15.52+8.8+10.72=35.04(m) 35.04×2.4〈高度〉×0.3	25.229
卫生间 2	同上	25.229
合计		422.384

查《山东省建筑工程消耗量定额》第 17 章，套用 17-2-6“双排里脚手架钢管架 3.6m 以内”子目，基价乘以系数 0.3。

23. 问：关于甲方供料应当怎样扣除？

答：建筑工程材料的采购及保管费率为 2.5%。根据采购与保管分工或方式的不同，采购及保管费一般按下列比例分配。

① 建设单位采购、付款、供应至施工现场，并自行保管，施工单位随用随领，采购及保管费全部归建设单位。

② 建设单位采购、付款、供应至施工现场，交由施工单位保管，建设单位计取采购及保管费的 40%，施工单位计取 60%。

③ 施工单位采购、付款、供应至施工现场，并自行保管，采购及保管费全部归施工单位。

本工程为以上第 2 种情况，因此，施工单位退料时应该扣除 40%的采购及保管费，即 2.5%×40%=1%。

本工程所采用的墙砖、地砖均为甲方供料，退料表如表Ⅳ-7 所示。

表Ⅳ-7　工程退料表

工程名称：某办公楼一层装饰工程　　　　第 1 页 共 1 页

序号	材料名称规格	单位	工程价(含税)	工程价(除税)	退料价(除税)	甲供数量	退料金额(除税)
1	地板砖 300×300	m²	57.00	50.44	49.94	42.49	2121.76
2	地板砖 600×600	m²	74.33	65.78	65.12	79.37	5168.75
3	地板砖 800×800	m²	106.83	94.54	93.59	431.19	40357.06
4	地板砖 1000×1000	m²	131.67	116.52	115.35	70.61	8145.20

续表

序号	材料名称规格	单位	工程价(含税)	工程价(除税)	退料价(除税)	甲供数量	退料金额(除税)
5	缸砖 150×150	m^2	40.50	35.84	35.48	96.00	3406.23
6	全瓷墙面砖 300×600	m^2	68.67	60.77	60.16	16.17	972.82
	合 计						60171.83

说明：退料价=工程价×0.99

税率按现行 13%计算。除税价=含税价−含税价÷(1+13%)×13%

24. 问：表Ⅲ-3 中第 21、22 项的工程量是怎样计算的？为什么套用定额 13-2-13、13-3-32 子目？

答：根据附录 1 建筑做法说明、一层天花图，小型餐厅、备用办公室、走廊、餐厅轻钢龙骨矿棉板吊顶的工程量。第 21 项轻钢龙骨工程量计算如表Ⅳ-8 所示。

表Ⅳ-8 轻钢龙骨工程量计算表

房 间	计算式	面积/m^2
小型餐厅	(7.2−0.48)×(6.6−0.24)=6.72×6.36	42.739
备用办公室	(7.2−0.2−0.12)×(6.6−0.12×2)=6.88×6.36	43.757
走廊	7.2×3×(2.1−0.12×2)=21.6×1.86	40.176
餐厅	(7.2×2−0. 4)×(6.6−0.12×2)=14×6.36=89.04(m^2) (7.2+3.6−0.12+0.4−0.24)×(8.7−0.12+0.12)−(3.6−0.12)×0.24=10.84×8.7−3.48×0.24=93.473(m^2) 89.04+93.473	182.513
合计		309.185

查《山东省建筑工程消耗量定额》第 13 章，13-2-13 子目为不上人型装配式 U 型轻钢龙骨平面网格 600mm×600mm。

第 22 项矿棉板面层工程量计算如表Ⅳ-9 所示。

表Ⅳ-9 面层工程量计算表

房 间	计算式	面积/m^2
小型餐厅	(7.2−0.48)×(6.6−0.24)=6.72×6.36=42.739(m^2) 扣灯面积=1.2 ×0.6×6=4.32(m^2)	38.419
备用办公室	(7.2−0.2−0.12)×(6.6−0.12×2)=6.88×6.36 扣灯面积=0.6×0.6×8=2.88	40.877
走廊	7.2×3×(2.1−0.12×2)=21.6×1.86	40.176
餐厅	(7.2×2−0. 4)×(6.6−0.12×2)=14×6.36=89.04(m^2) (7.2+3.6−0.12+0.4−0.24)×(8.7−0.12+0.12)−(3.6−0.12)×0.24=10.84×8.7−3.48×0.24=93.473(m^2) 扣灯面积=0.6×0.6×24=8.64	173.873
合计		293.345

查《山东省建筑工程消耗量定额》第 13 章，13-3-32 子目为天棚其他饰面矿棉板搁在龙骨上。

注意：因单个灯孔面积大于 $0.3m^2$，吊顶面层计算时应扣除灯孔所占的面积。

25. 问：表III-3 中第 23、24 项的工程量是怎样计算的？为什么套用定额 13-2-17、13-3-30 子目？

答：根据附录 1 建筑做法说明、一层天花图，操作间、卫生间的轻钢龙骨塑钢板吊顶的工程量。工程量计算如表Ⅳ-10 所示。

表Ⅳ-10　工程量计算表

房　间	计算式	面积/m^2
操作间	(7.2+7.8−0.12+0.2−0.24)×(6.6+2.1−0.24)=14.84×8.46	125.546
卫生间 1	(6.6−0.24)×(3.6+0.2−0.24−0.12)=6.36×3.44	21.878
卫生间 2	同上	21.878
合计		169.302

查《山东省建筑工程消耗量定额》第 13 章，13-2-17 子目为装配式 U 型轻钢天棚龙骨网格尺寸＞600mm×600mm 平面不上人型。13-3-30 子目为天棚其他饰面塑钢扣板。

26. 问：表III-3 中第 25~35 项的工程量是怎样计算的？怎样套用定额子目？

答：根据附录 1 建筑做法说明、一层天花图、PP-2、PP-5，有轻钢龙骨和木龙骨，界限比较清晰，从 PP-2、PP-5 得知靠墙四周木龙骨有跌级，按照工程量计算规则中间部分 PP-2：2.4m＞1.8m，PP-5：3.91m＞1.8m，因此跌落线向房间中心方向每边各加 0.6m 为界限，中间区域为平面吊顶顶棚，其余为跌级吊顶。本工程的龙骨同时采用轻钢龙骨及木龙骨，这也是吊顶常采用的一种设计。工程量的计算如表Ⅳ-11 所示。

查《山东省建筑工程消耗量定额》第 13 章，13-2-2 子目为方木天棚龙骨(成品)平面双层；13-2-4 子目为方木天棚龙骨(成品)跌级双层；13-2-19 子目为装配式 U 型轻钢天棚龙骨网格尺寸大于 600mm×600mm 跌级不上人型；13-2-17 子目为装配式 U 型轻钢天棚龙骨网格尺寸大于 600mm×600mm 平面不上人型；13-3-28 子目为天棚其他饰面镜面玻璃，跌级面层人工×1.1；13-3-8 子目为钉铺细木工板基层木龙骨，跌级基层人工×1.1；13-3-7 子目为钉铺细木工板基层轻钢龙骨，跌级基层人工×1.1；13-3-9 子目为钉铺纸面石膏板基层，跌级面层人工×1.1。

表Ⅳ-11　工程量计算表

房　间	计算式	面积/m^2
雅间 1	①平面天棚双层木龙骨：1.2×1.2=1.44(m^2) ②跌级天棚龙骨：(7.2−0.24)×(6.6−0.24)−1.44=42.826(m^2) 其中轻钢龙骨：1.53×[(7.2−0.24−1.815)+(6.6−0.24−1.815)] ×2=30.386(m^2) 双层木龙骨：42.826−30.386=12.44(m^2) ③细木工板基层：底面 1.44+42.826=44.266 侧面(2.98−2.83+3.15−2.83)×(7.2−0.24−1.6+6.6−0.24−1.6) ×2=9.513(m^2) ④面层：茶镜 0.6×(6.6−0.24) =3.816(m^2)(不含灯槽 0.2m) 纸面石膏板 44.266+9.513−3.816=49.963(m^2)	—

续表

房　间	计算式	面积/m²
雅间2	同上	—
大厅	①平面天棚轻钢龙骨：(2.98−1.2)×(3.76−1.2)=4.557(m²) (7.8−0.24)×(1.5+0.26+0.62)=17.993(m²) ②跌级天棚双层木龙骨：(7.8−0.24)×(6.6+2.1−0.24)−17.993−4.557=41.408(m²) ③细木工板基层：底面 4.557+17.993+41.408=63.958(m²) 侧面(3.67−2.8)×(3.76+1.1×2+2.98+1.1×2)×2+(3.67−3.55)×(3.76+2.98)×2=21.001(m²) ④纸面石膏板面层：63.958+21.001=84.959(m²)	—
合计	①平面天棚双层木龙骨：1.44×2	2.88
	②跌级天棚轻钢龙骨：30.386×2	60.772
	③跌级天棚双层木龙骨：12.44×2+41.408	66.288
	④平面天棚轻钢龙骨：4.557+17.993	22.55
	⑤茶镜面层：3.816×2	7.632
	⑥木龙骨上钉铺细木工板基层：平面 1.44×2	2.88
	⑦木龙骨上钉铺细木工板基层：跌级(12.44+9.513)×2+41.408+21.001	106.315
	⑧轻钢龙骨上钉铺细木工板基层：平面 4.557+17.993	22.55
	⑨轻钢龙骨上钉铺细木工板基层：跌级 30.386×2	60.772
	⑩纸面石膏板：平面 2.88+22.55	25.43
	⑪纸面石膏板：跌级 98.683+60.772	159.455

注意：龙骨定额子目分平面和跌级，基层及面层定额子目不分平面和跌级，跌级基层及面层均需调整人工系数 1.1。目前，建筑业采用的木龙骨一般为成品龙骨，若使用现场制作、安装的木龙骨则套用定额子目要改变。

27. 问：表Ⅲ-3 中第 36 项的工程量是怎样计算的？为什么没有套用定额子目？

答：根据 PP-2、PP-5 得知雅间及大厅均设灯槽。根据第 1 篇 3.1 节天棚工程定额说明，平面天棚及跌级天棚不包括灯光槽的制作安装，灯槽工程量的计算如表Ⅳ-12 所示。

表Ⅳ-12　工程量计算表

房　间	计算式	面积/m²
雅间1	(6.6−0.24)+(2.4+0.9×2+2.4+0.9+0.95)+(2.4+0.1) ×2	8.45
雅间2	同上	8.45
大厅	3.96+(3.76+1.1×2+2.98+1.1×2) ×2+ (3.76+2.98) ×2	39.72
合计		56.62

查《山东省建筑工程消耗量定额》，此项无定额可套，可以按市场价(成活价)计算。

28. 问：表Ⅲ-3 中第 37～40 项的工程量是怎样计算的？怎样套用定额子目？

答：根据建筑做法说明，木制作表面均刷防火涂料三遍。防火涂料工程量计算如表Ⅳ-13 所示。

表Ⅳ-13　工程量计算表

项　目	工程量	面积/m²
13-2-2	木龙骨：2.88	2.88
13-2-4	木龙骨：66.29	66.288
合计		69.168
13-3-8	细木工板基层：2.88×2	5.76
13-3-8h	细木工板基层：106.31×2	212.62
13-3-7	细木工板基层：22.55×2	45.1
13-3-7h	细木工板基层：60.77×2	121.54
合计		385.02

注意：木龙骨防火涂料工程量=木龙骨安装的工程量。

基层暂按两面刷计算，若实际施工为单面刷时，则工程量要按单面计算。

查《山东省建筑工程消耗量定额》第 13 章，14-1-113 子目为防火涂料两遍木方面，设计防火涂料为 3 遍，加套 14-1-115 防火涂料每增一遍木方面。14-1-112 子目为防火涂料两遍木板面，加套 14-1-114 防火涂料每增一遍木板面。

29. 问：表Ⅲ-3 中第 41、42 项的工程量是怎样计算的？怎样套用定额子目？

答：根据建筑做法说明，此项为展厅、机房、楼梯间顶棚。工程量计算如表Ⅳ-14 所示。

表Ⅳ-14　工程量计算表

房间或定额号	工程量	面积/m²
展厅	(7.2−0.24) ×(8.7−0.24) ×1.1	66.300
机房	(3.6−0.24) ×(6.6−0.24)	21.37
楼梯间	梯段：(3.6−0.24) ×(1.85−0.12+0.3×13) ×1.37=25.916 楼层平台：(3.6−0.24) ×[6.6−0.24−(1.85−0.12+0.3×13)]=2.453	28.369
13-3-9	25.43	25.43
13-3-9h	159.46	159.46
合计		300.93

说明：根据结构施工图(附图略)，判定展厅为有梁板。楼梯踏步按 300mm 宽计算。

查《山东省建筑工程消耗量定额》第 14 章，14-4-14 子目为满刮成品腻子两遍不抹灰天棚，14-3-9 子目为室内乳胶漆两遍天棚。

30. 问：为什么《山东省建筑工程价目表》中的基价分含税基价与除税基价?

答：含税基价是指基价中的材料、机械单价均使用含税价组成的基价，除税基价是指基价中的材料、机械单价均使用不含税价组成的基价。在装饰工程预算定额表中，基价及市地价均为除税价。

31. 问：装饰工程定额表中的基价及市地价采用除税价时，工程造价计算是否偏低?

答：装饰工程定额表中的基价及市地价采用除税价，工程造价计算正确。根据国家税务总局规定，施工企业采购材料及机械设备时，要注意索要增值税专用发票，以备纳税人向主管税务局(所)办理退税。增值税缴纳基数为当期销项税额(开具的工程款发票税额)扣除进项税额(材料设备采购的发票税额)。因此，装饰工程定额表中的基价及市地价均采用除税价。

附图 1　典型工作任务 1——某办公楼施工图

一层建筑做法说明：

(1) 框架柱除Ⓑ轴的②～⑦轴截面尺寸为 500mm×500mm 外，其余均为 500mm×400mm(平行于Ⓐ轴为 400mm)。

(2) 除卫生间内墙为 120mm 厚外，其余内墙均为 240mm 厚，外墙轴线内尺寸均为 120mm。

(3) 除大厅门外，其他门洞开口处地面均为水泥砂浆铺贴花岗岩过门石，宽为 240mm(内门)、370mm(外门)。

(4) 卫生间安装 250mm×250mm 通风道。

(5) 内门门套贴脸宽 50mm，外门不带门套。

(6) 一层层高为 3900 mm。

(7) 与墙平齐的柱面抹灰，突出墙面的柱面不抹灰。

(8) 所有木制作表面均需防火处理达到 B1 级，木饰面基层涂防火涂料 3 遍。

(9) 腻子乳胶漆天棚均为两遍腻子、两遍乳胶漆。

(10) 门窗表如表附图 1-1 所示。

附图 1-1　门窗表

名　称	设计编号	标准图	洞口尺寸/mm	
			宽　度	高　度
门	M1	0762 建施 1-02	6600	3200
	M2	L03J602 参 DLM100-15	1500	3200
	M3	L92J601 M2-565	1500	2500
	M4	L92-601 M2-235	1000	2100
	M5	L92-601 M2-115	900	2100
	M6	L92-601 M2-35	800	2100
	M7	L92-601 M2-541	1500	2100
	M8	L92-601 M2-349	1200	2400
窗	C1	L99J605 参 TC-123	2550	2100
	C2	L99J605 参 TC-123	2700	2100
	C3	L99J605 参 TC-86	1500	2100
	C4	0762 建施 1-02	6900	2100
	C5	L99J605 参 TC-87	1800	2100

(11) 室内装修如表附图 1-2 所示。

附图 1-2　室内装修做法表

页码及代号	做法说明
其他房间 地面	(1) 8～10mm 厚的地面砖铺实拍平，稀水泥浆(或彩色水泥浆)擦缝(操作间 1∶1 水泥砂浆勾缝) (2) 30mm 厚的 1∶3 干硬性水泥砂浆 (3)素水泥浆一道 (4) 60mm 厚的 C15 混凝土垫层 (5) 300mm 厚的 3∶7 灰土夯实或 150mm 厚的小毛石灌浆 M5 水泥砂浆 (6)素土夯实，压实系数不小于 0.9
卫生间 地面	(1) 8～10mm 厚的防滑地面砖铺实拍平，稀水泥浆(或彩色水泥浆)擦缝 (2) 30mm 厚的 1∶3 干硬性水泥砂浆 (3) 1.5mm 厚的合成高分子防水涂料 (4)刷基层处理剂一道 (5) 20mm 厚的 1∶3 水泥砂浆抹平 (6)素水泥浆一道 (7) 60mm 厚的 C15 混凝土垫层并找坡 (8) 300mm 厚的 3∶7 灰土夯实或 150mm 厚的小毛石灌 M5 水泥砂浆 (9)素土夯实，压实系数不小于 0.9
楼梯间 地面	(1) 20mm 厚的磨光花岗石(大理石)板，稀水泥浆或彩色水泥浆擦缝 (2) 30mm 厚的 1∶3 干硬性水泥砂浆 (3) 素水泥浆一道 (4) 60mm 厚的 C15 混凝土垫层 (5) 300mm 厚的 3∶7 灰土夯实或 150mm 厚的小毛石灌浆 M5 水泥砂浆 (6)素土夯实，压实系数不小于 0.9
其他房间 踢脚 (高 150mm)	(1) 5～7mm 厚的面砖，水泥浆擦缝或填缝剂填缝 (2) 3～4mm 厚的 1∶1 水泥砂浆加水重 20%建筑胶黏结层 (3) 6mm 厚的 1∶2 水泥砂浆 (4) 9mm 厚的 1∶3 水泥砂浆 (5)刷专用界面剂一道 (6)加气混凝土砌块墙
楼梯间 踢脚 (高 150mm)	(1) 8～10mm 厚的磨光花岗石(大理石)板，稀水泥浆擦缝 (2) 3～4mm 厚的 1∶1 水泥砂浆加水重 20%建筑胶黏结层 (3) 6mm 厚的 1∶2 水泥砂浆 (4) 9mm 厚的 1∶3 水泥砂浆 (5)刷专用界面剂一道 (6)加气混凝土砌块墙

续表

页码及代号	做法说明
其他房间及楼梯间内墙面	(1)刷白色乳胶漆 3 遍 (2) 6mm 厚的 1∶2 水泥砂浆找平 (3) 9mm 厚的 1∶3 水泥砂浆 (4)刷专用界面剂一遍 (5)加气混凝土砌块墙
卫生间内墙面	(1) 4~5mm 厚的面砖 300mm×600mm，白水泥擦缝 (2)专用胶黏剂黏结层 (3) 1.5mm 厚的聚合物水泥防水涂料(Ⅰ型) (4) 9mm 厚的 1∶3 水泥砂浆压实抹平 (5)刷专用界面剂一遍 (6)加气混凝土砌块墙
展厅、机房、楼梯间天棚	(1) 现浇混凝土楼板清理干净 (2) 2～3mm 厚柔韧性腻子两遍，分遍刮平 (3) 表面喷刷乳胶漆两遍
卫生间、操作间天棚	(1) 现浇混凝土楼板 (2) ϕ8mm 钢筋吊杆，中距横向 500mm，中距纵向 900mm (3) 轻型主龙骨 CB38mm 中距 900～1200mm，用吊件直接吊挂在预留钢筋吊杆下 (4) U 型轻钢次龙骨 CB19mm 中距 500～600mm (5) 200mm 塑钢板面层，用自攻螺钉固定 (6)钉(黏)塑料线条
餐厅、备用办公室、走廊天棚	(1) 现浇混凝土楼板 (2) ϕ8mm 钢筋吊杆，中距横向 500mm，中距纵向 900mm (3) 轻型主龙骨 CB38mm 中距 900～1200mm，用吊件直接吊挂在预留钢筋吊杆下 (4) U 型轻钢次龙骨 CB19mm 中距 600mm，横撑龙骨中距 600mm (5) 600mm×600mm 矿棉板面层，搁在龙骨上

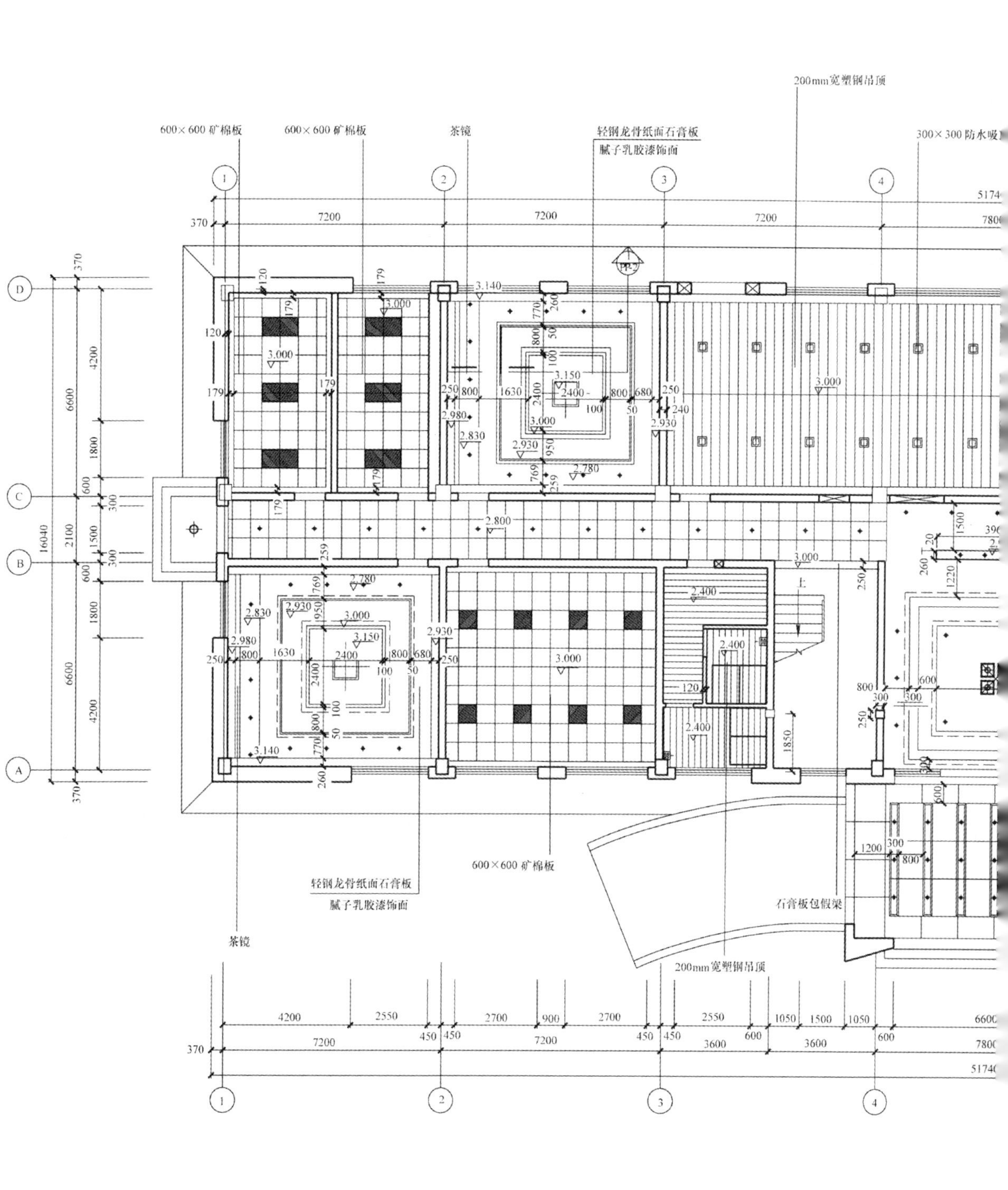

一层天棚图 1:

本层建筑面积：810

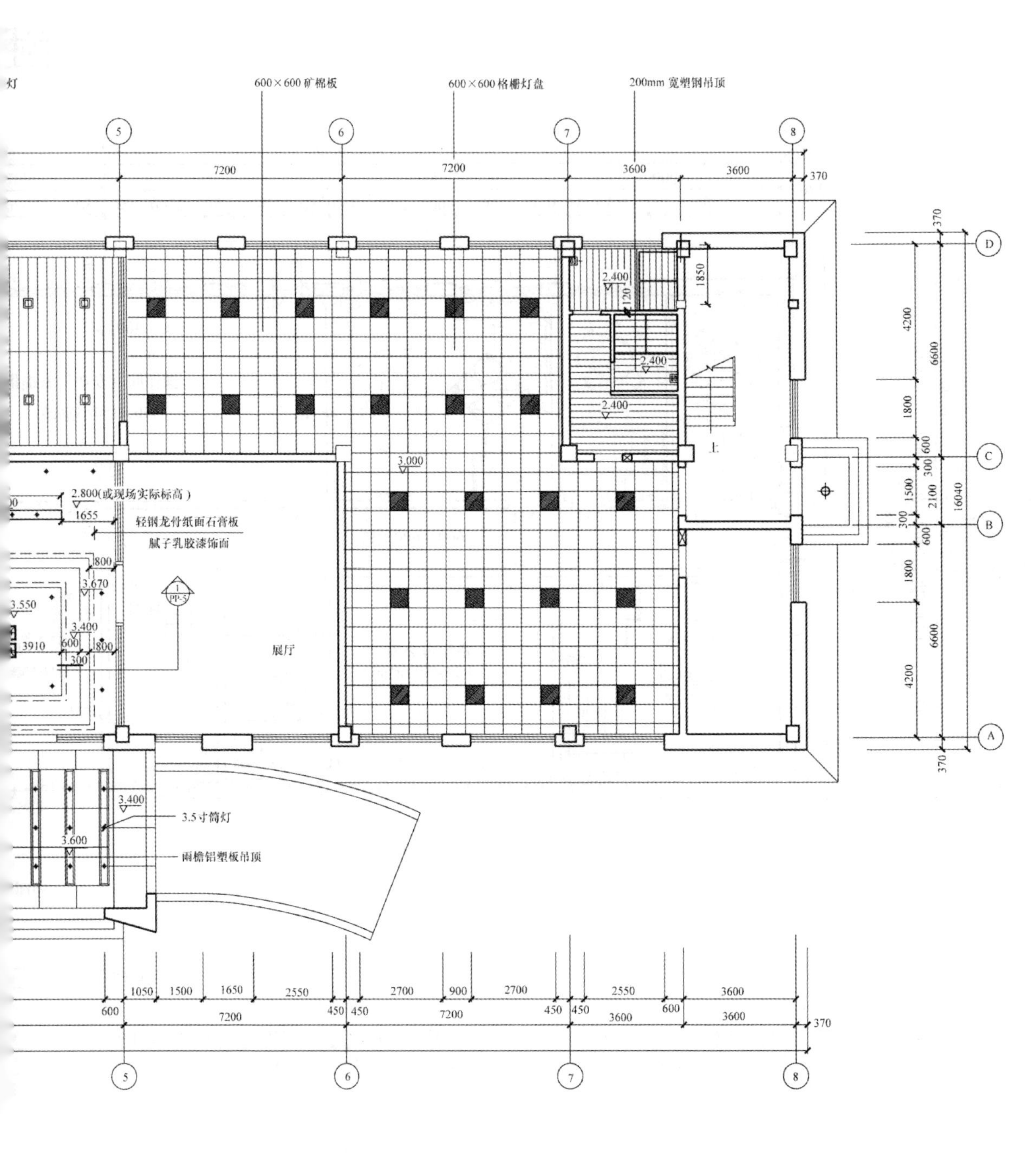

00
84m²

项目名称：办公楼装修工程

图纸编号：02

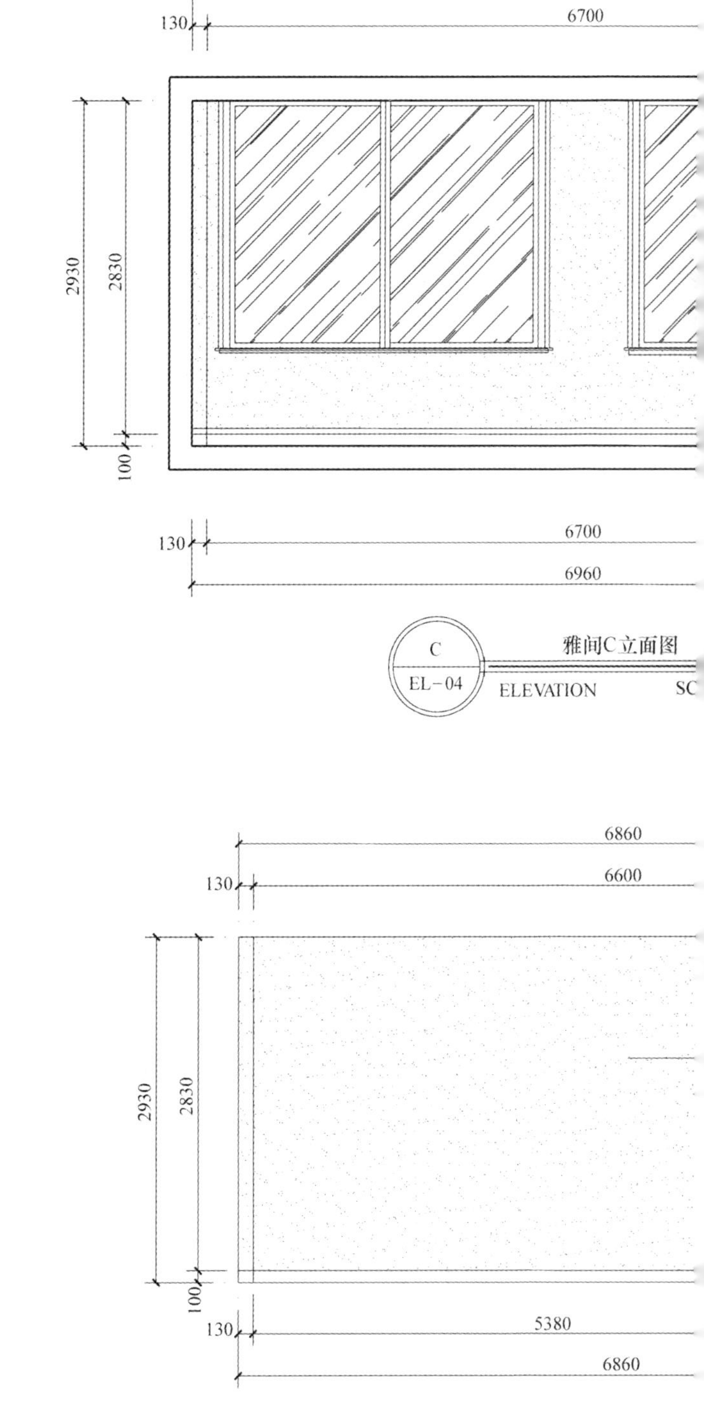

C
EL-04
雅间C立面图
ELEVATION
SC

D
EL-04
雅间D立
ELEVATION

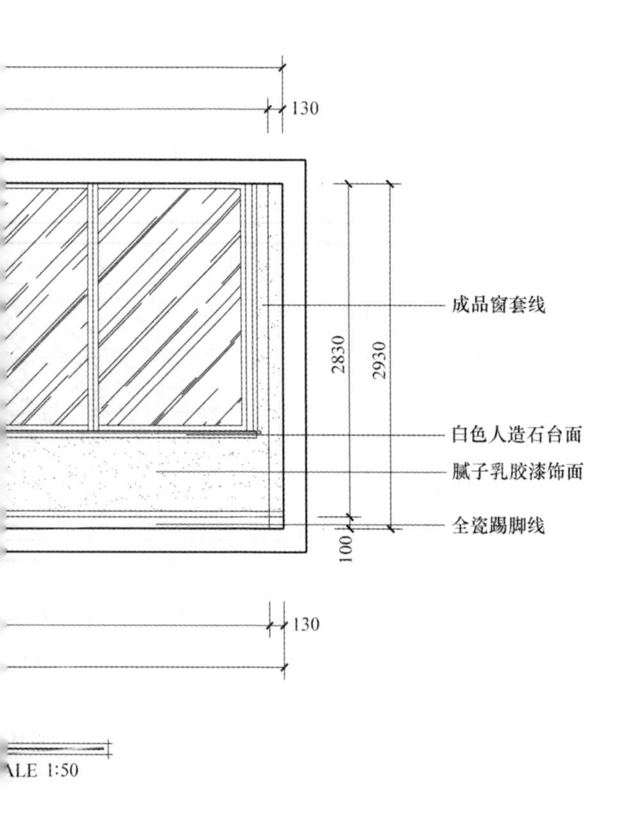

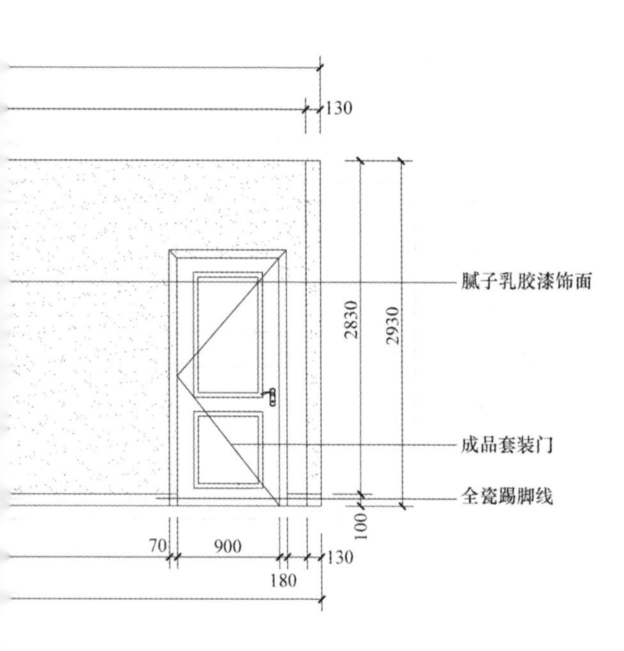

项目名称：办公楼装修工程

图纸编号：04

附图

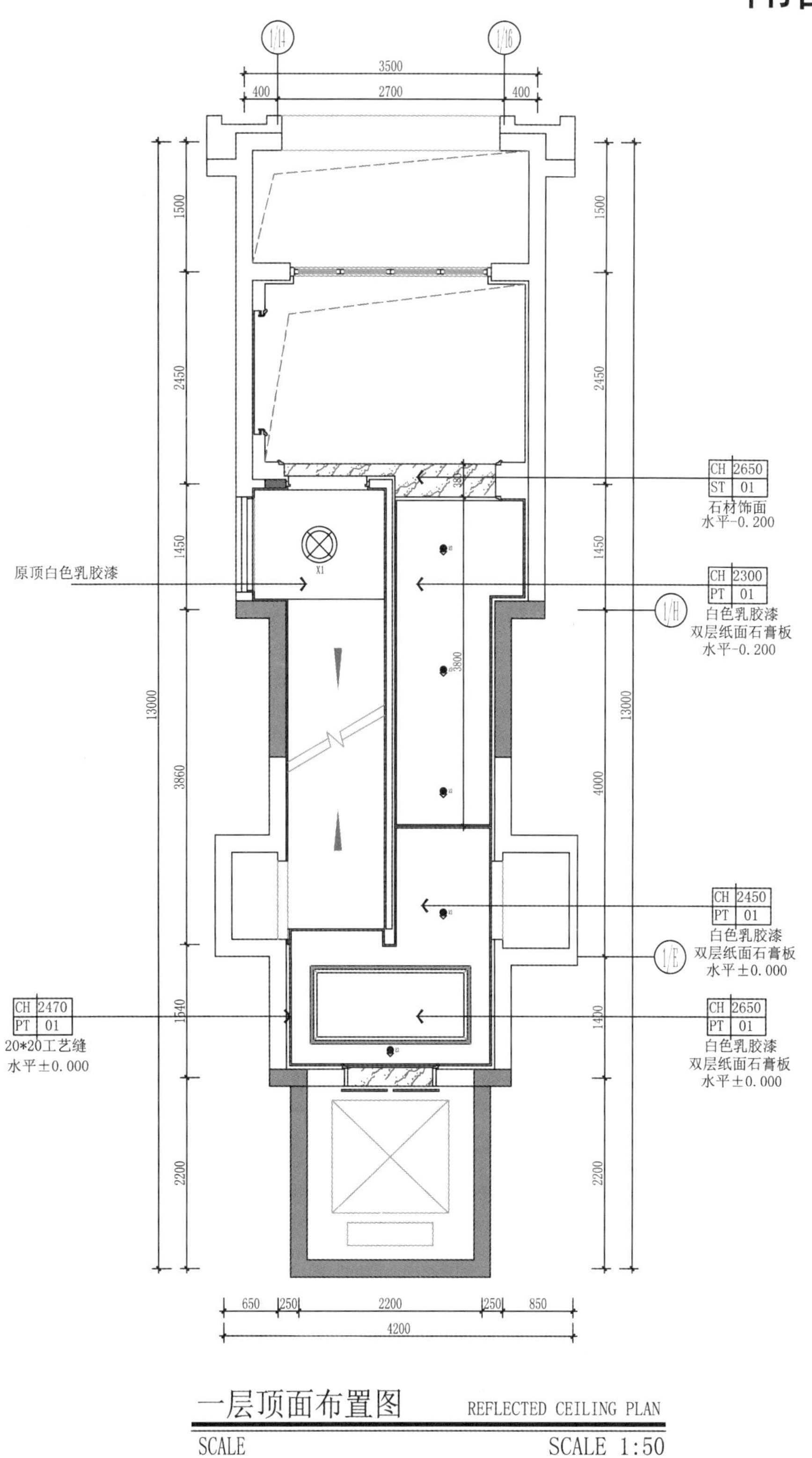

一层顶面布置图 REFLECTED CEILING PLAN

SCALE SCALE 1:50

]2

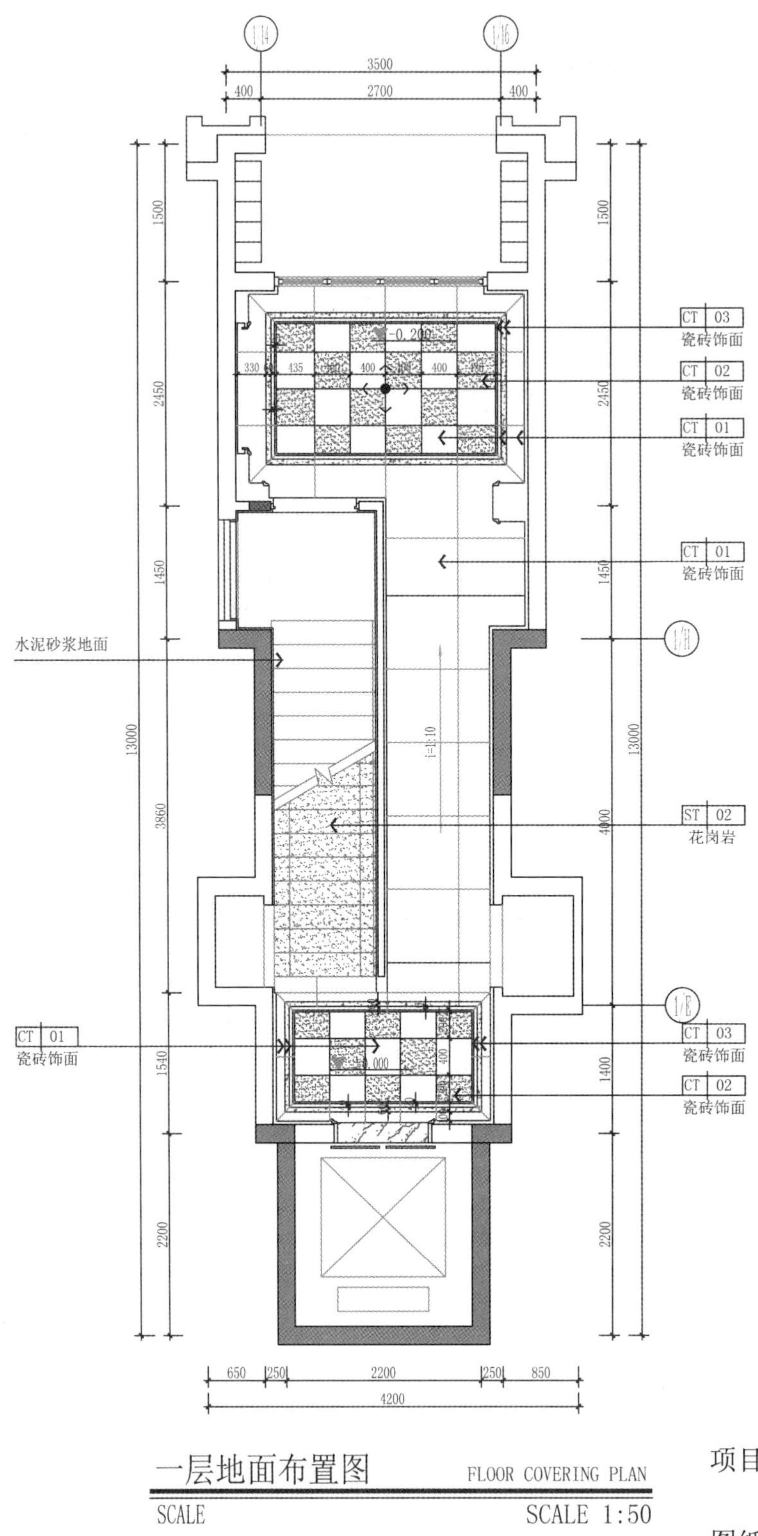

一层地面布置图 FLOOR COVERING PLAN

SCALE SCALE 1:50

项目名称：1 号住宅楼公共区域装修工程

图纸编号：01-01

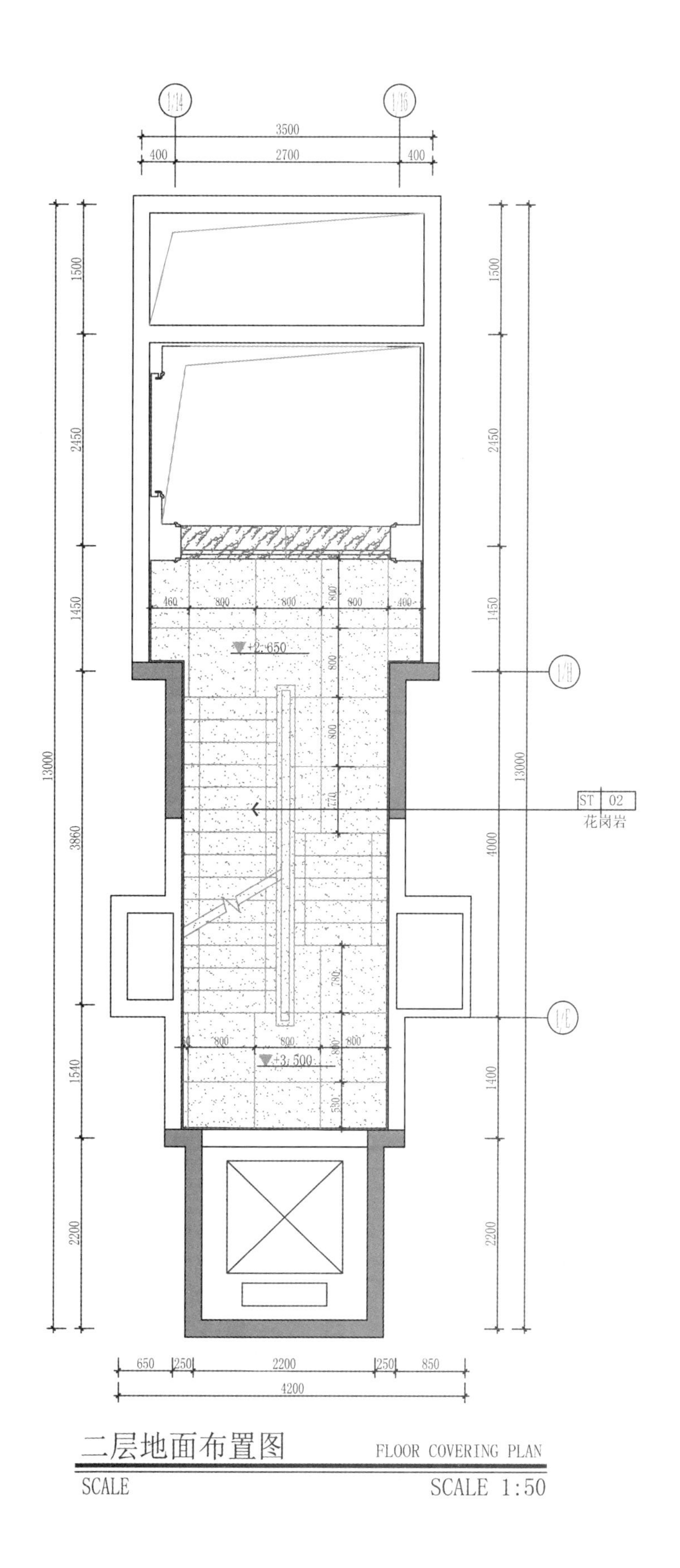

二层地面布置图 FLOOR COVERING PLAN

SCALE SCALE 1:50

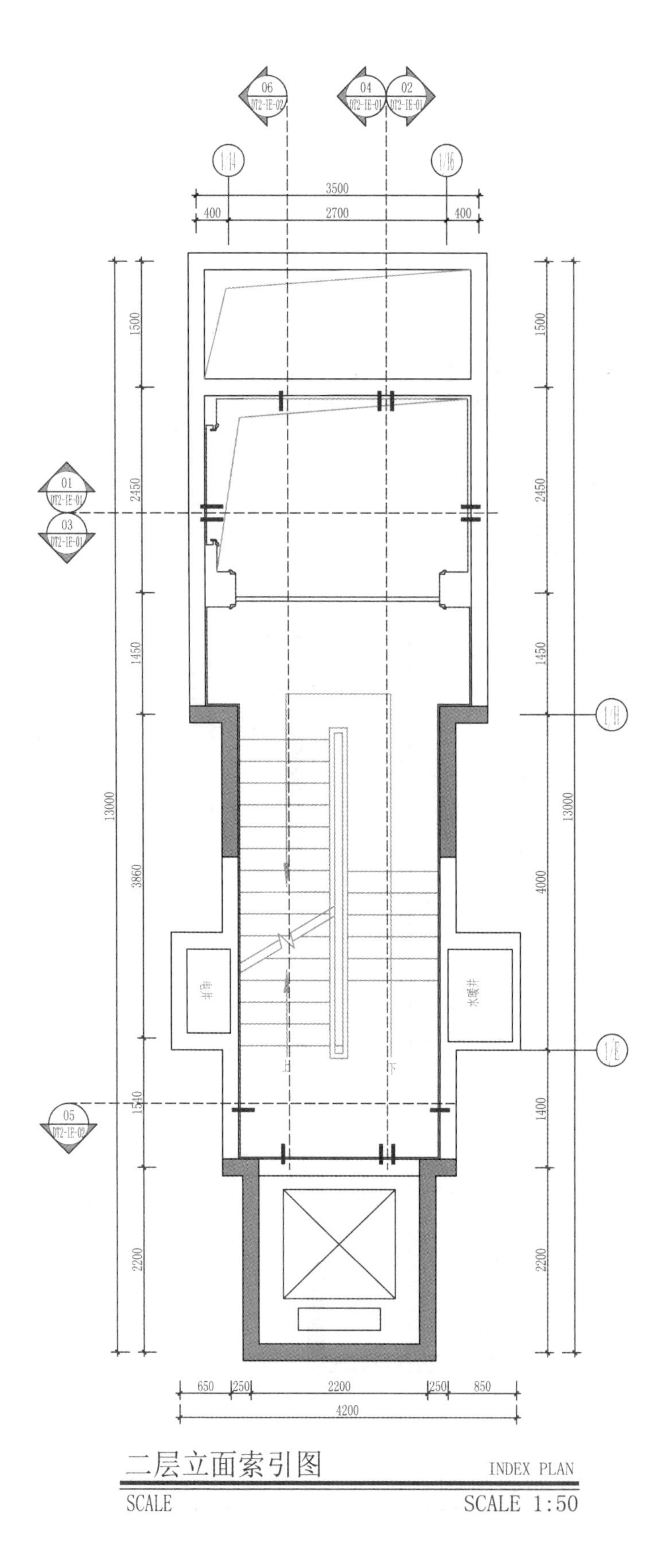

二层立面索引图 INDEX PLAN

SCALE SCALE 1:50

项目名称：1 号住宅楼公共区域装修工程

图纸编号：01-03

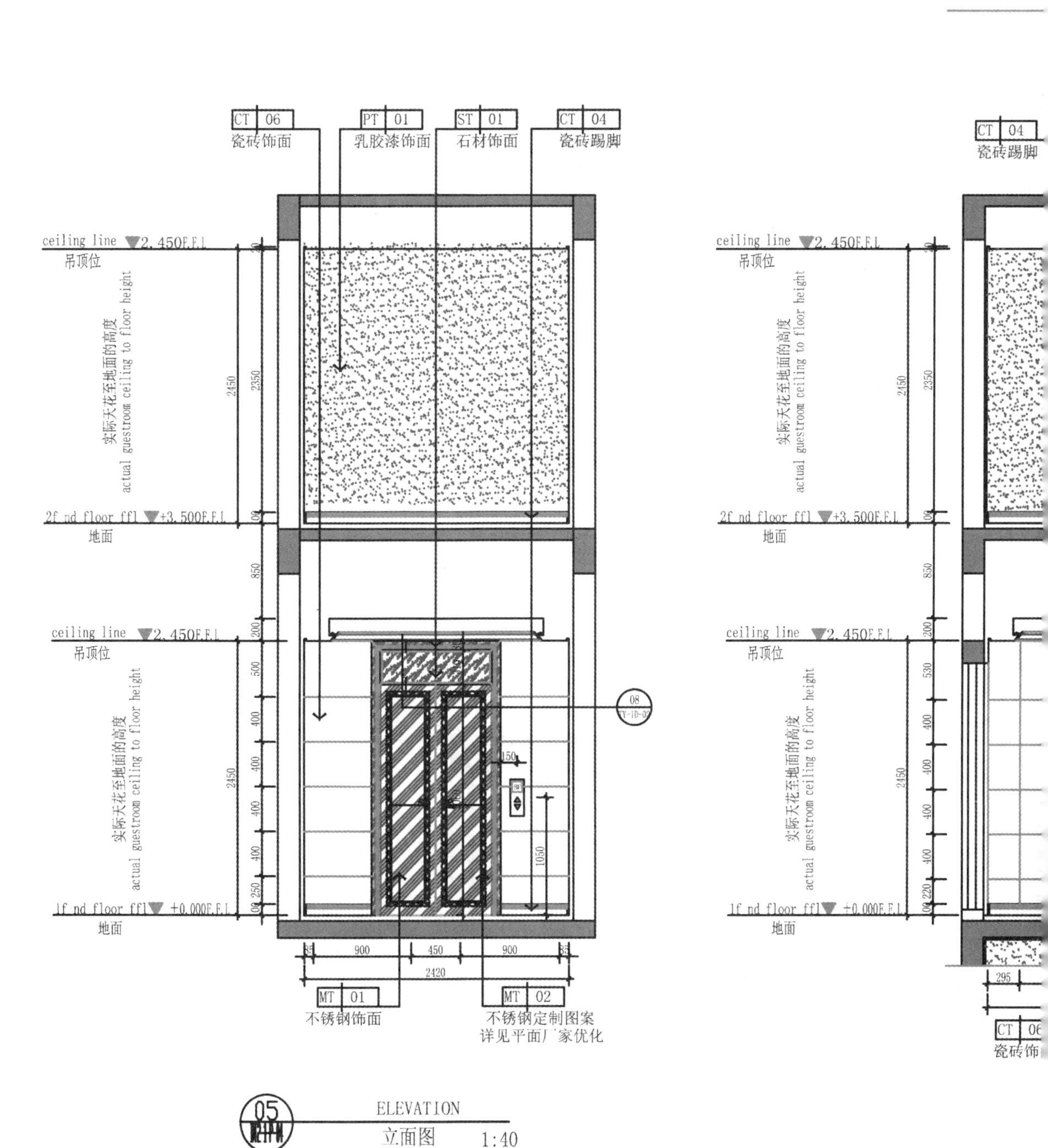

05
ELEVATION
立面图 1:40

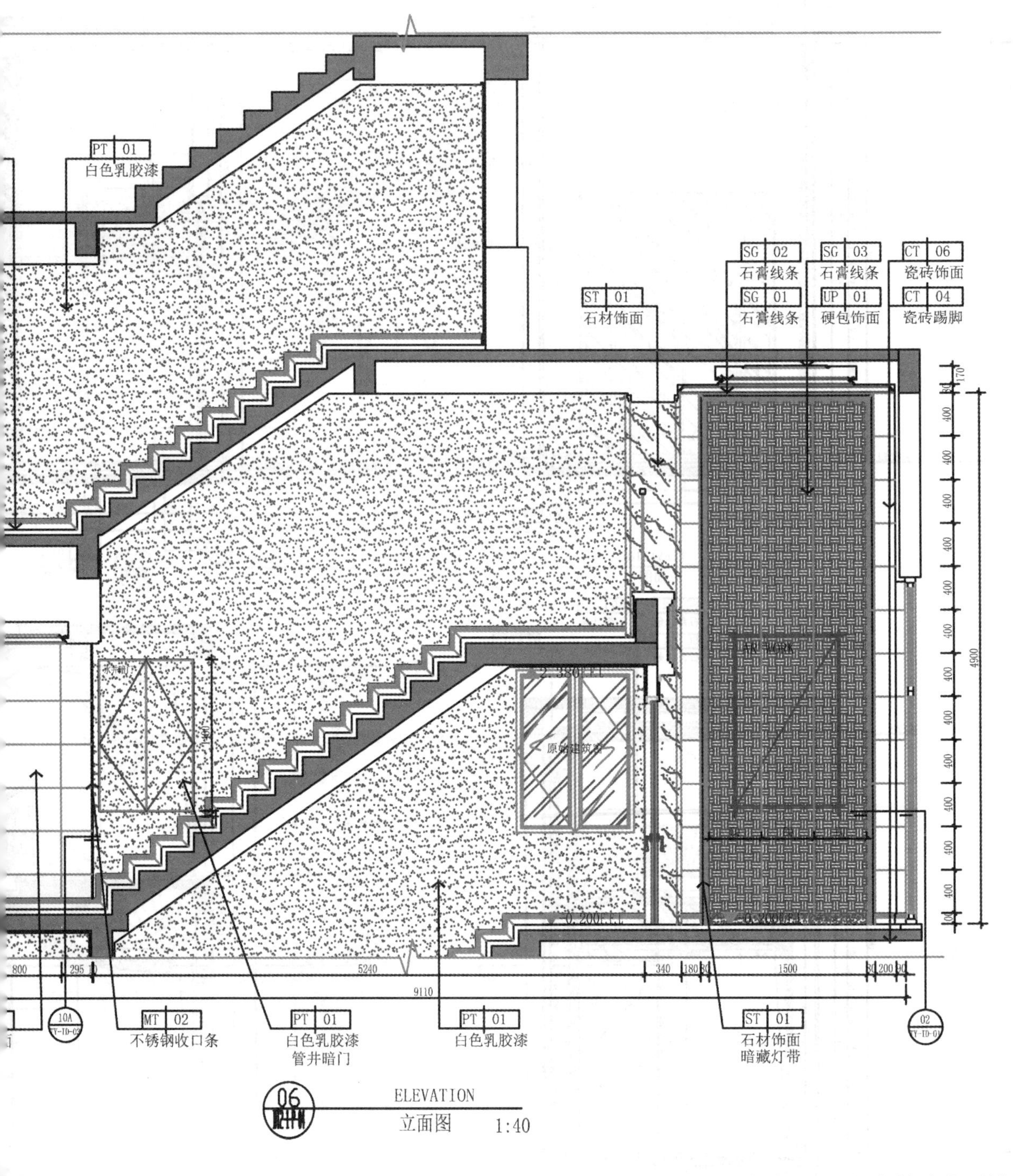

项目名称：1号住宅楼公共区域装修工程

图纸编号：03

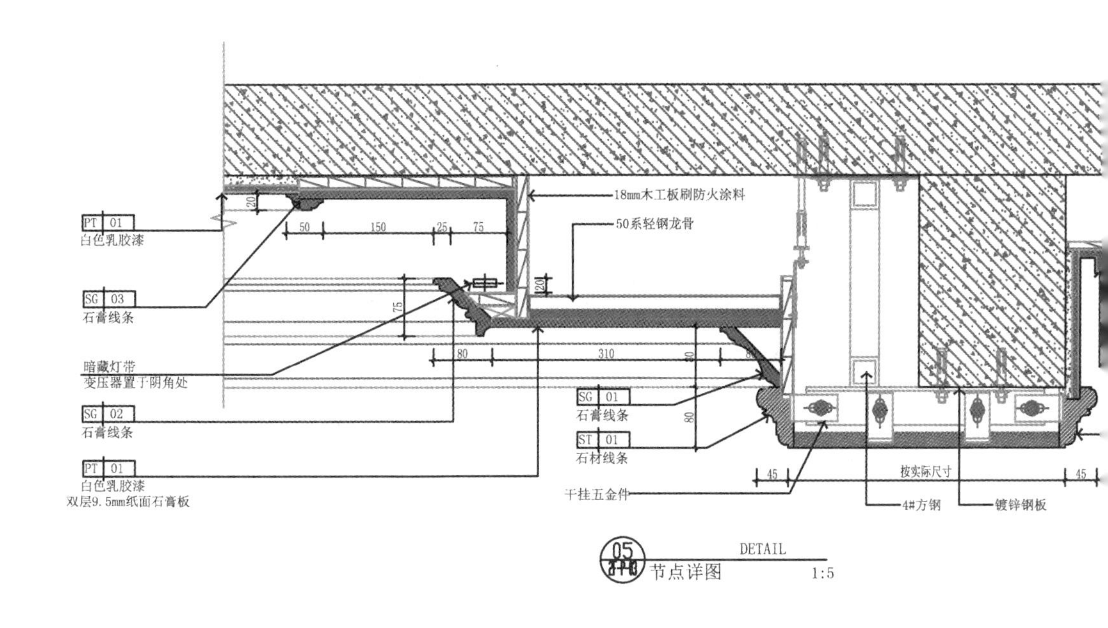
18mm木工板刷防火涂料
50系轻钢龙骨
PT 01
白色乳胶漆
SG 03
石膏线条
暗藏灯带
变压器置于阴角处
SG 02
石膏线条
PT 01
白色乳胶漆
双层9.5mm纸面石膏板
SG 01
石膏线条
ST 01
石材线条
干挂五金件
按实际尺寸
4#方钢
镀锌钢板
50
150
25
75
20
75
80
310
80
45
45
DETAIL
05
节点详图
1:5

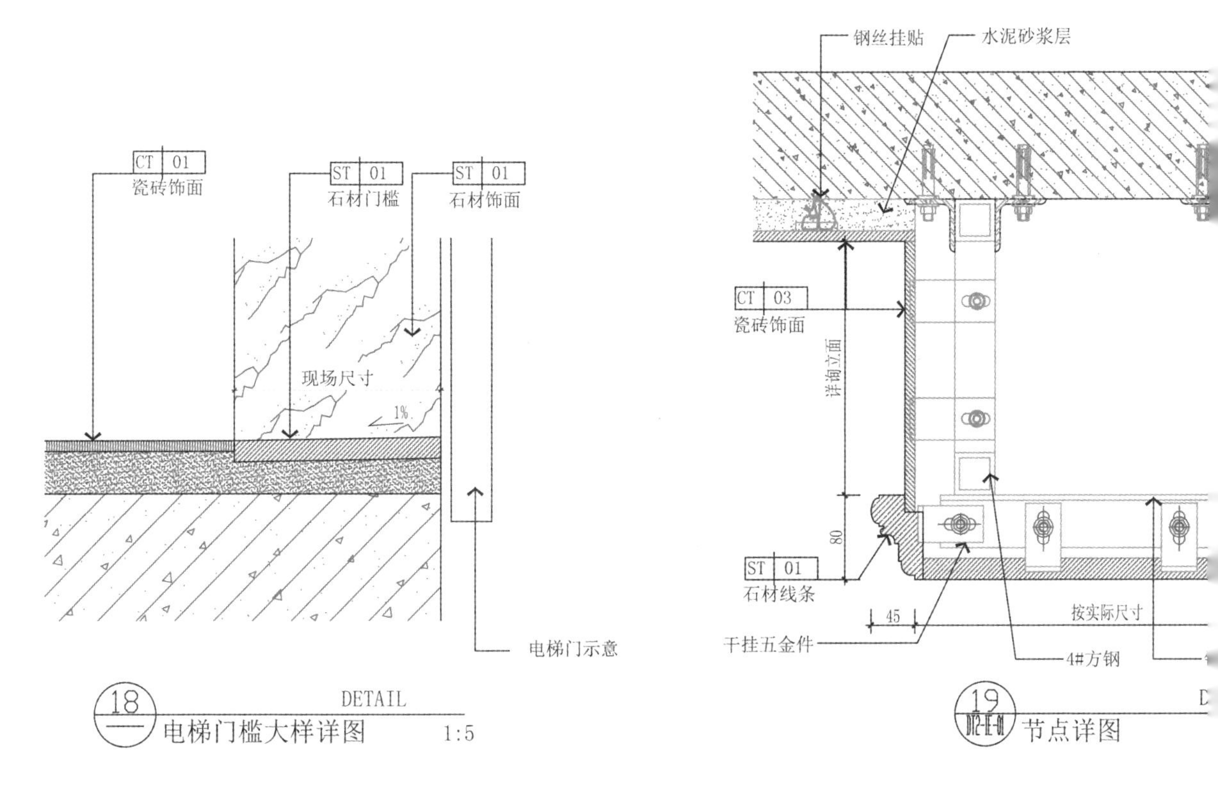
CT 01
瓷砖饰面
ST 01
石材门槛
ST 01
石材饰面
现场尺寸
1%
电梯门示意
18
DETAIL
电梯门槛大样详图
1:5
钢丝挂贴
水泥砂浆层
CT 03
瓷砖饰面
详询立面
80
ST 01
石材线条
45
按实际尺寸
干挂五金件
4#方钢
19
节点详图

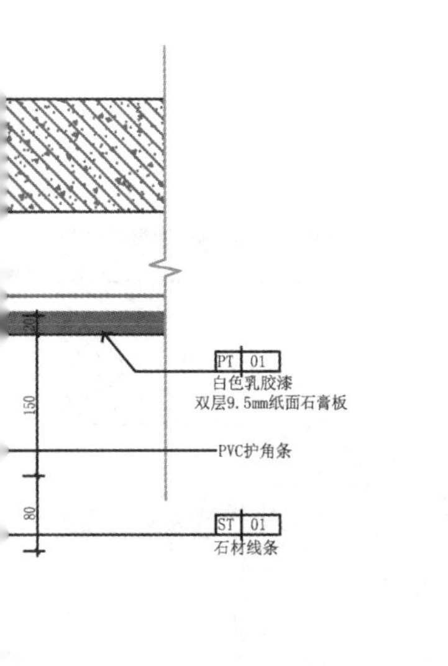

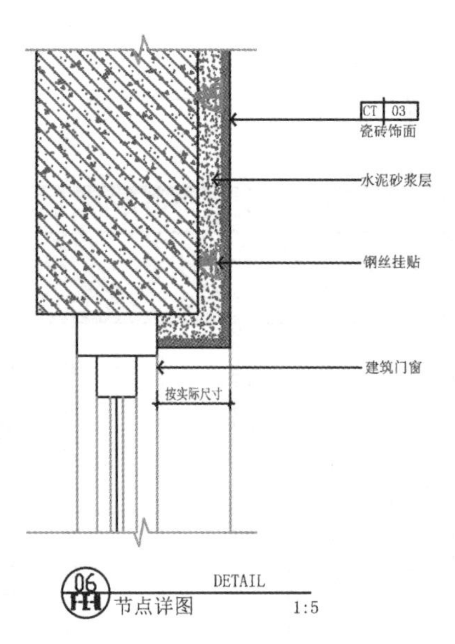

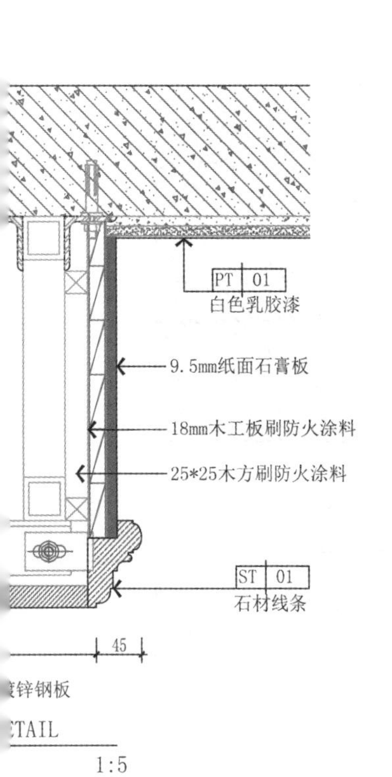

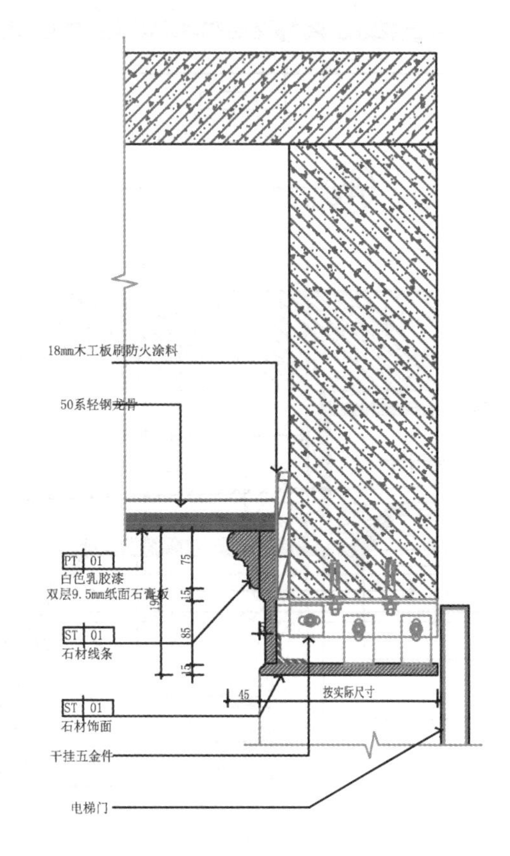

08 节点详图 DETAIL 1:5

项目名称：1 号住宅楼公共区域装修工程

图纸编号：05

附图 2　典型工作任务 2、3——1 号住宅楼公共区域装饰施工图

设计说明如下。

(1) 标高标注方法。以下地面标高及吊顶标高均为装修完成面标高，各层均以该层的电梯间地面完成面标高为该层的±0.00。标高符号的横线上面表示相对本层地面±0.00 标高算起的相对高度，以 m 为单位。

(2) 顶棚乳胶漆饰面要求批灰 3 遍，第一遍批灰腻子需调入 10%清油，用打浆机搅拌均匀后批刮，清油建议采用醇酸清漆，稀料稀释后滚涂，风干 24h 后滚涂第二遍，清油涂刷需均匀到位。防火等级达到 A 级耐火等级。

(3) 吊顶用的石膏板无特殊说明均为 9.5mm 厚的纸面石膏板。

(4) 墙面瓷砖后背割开一个小槽，嵌入铜丝(弯成小 S 钩放入槽内)，铜丝和瓷砖交接处使用专用结构胶固定，墙面用的砂浆配合比为 1∶3 干硬性水泥砂浆，黏结层采用 10∶1=水泥∶107 胶水泥浆，砂浆厚度为 30mm。墙面瓷砖固定后用填缝剂填缝。

(5) 铺瓷砖地面用的砂浆配合比为 1∶3 干硬性水泥砂浆，黏结层采用 10∶1=水泥∶107 胶水泥浆，砂浆厚度为 30mm。留缝均为 3mm，填专用填缝剂(色另定)。

(6) 湿贴石材 6 面均需做防污染处理，铺贴完表面需做镜面处理。

(7) 所有木制作表面均需防火处理达到 B1 级，木饰面基层涂防火涂料不少于 3 遍。

(8) 未尽事宜按国家有关施工验收规范执行。

(9) 装饰材料代码规范表如下。

代　码	名　称
ST	石材
CT	瓷砖
WD	木饰面/木材
MT	金属
UP	皮、布
PT	涂料

参考文献

[1] 中华人民共和国住房和城乡建设部等. 建设工程工程量清单计价规范(GB 50500—2013)[M]. 北京：中国计划出版社，2013.

[2] 中华人民共和国住房和城乡建设部标准定额司. 房屋建筑与装饰工程工程量计算规范》征求意见稿.

[3] 山东省住房和城乡建设厅. 山东省建筑工程消耗量定额(SD 01-31-2016)[M]. 北京：中国计划出版社，2016.

[4] 山东省工程建设标准定额站. 山东省建筑工程价目表(2017 年 11 月).

[5] 山东省住房和城乡建设厅. 《山东省建设工程费用项目组成及计算规则》(2016 年 11 月).

[6] 山东省工程建设标准定额站. 《山东省建筑工程消耗量定额》交底培训资料(2017 年 1 月).

[7] 山东省工程建设标准定额站. 关于调整定额价目表和机械台班、仪器仪表台班单价表的通知(鲁标定字〔2018〕11 号).

[8] 山东省住房和城乡建设厅. 关于调整建设工程计价依据增值税税率的通知(鲁建标字〔2018〕12 号).

[9] 山东省住房和城乡建设厅 山东省财政厅. 关于停止实施主管部门代收、代拨建筑企业养老保障金制度的通知(鲁建建管字〔2018〕17 号).

[10] 山东省住房和城乡建设厅. 关于调整建设工程定额人工单价及各专业定额价目表的通知(鲁建标字〔2018〕45 号).

[11] 山东省工程建设标准定额站. 关于发布定额价目表和机械台班、仪器仪表台班单价表的通知鲁标定字〔2019〕3 号.

[12] 山东省住房和城乡建设厅 山东省发展和改革委员会. 关于在房屋建筑和市政工程中落实优质优价政策的通知(鲁建建管字〔2019〕16 号).

[13] 山东省住房和城乡建设厅. 关于调整建设工程规费项目组成的通知(鲁建标字〔2019〕22 号).

[14] 山东省住房和城乡建设厅. 关于调整建设工程定额人工单价及各专业定额价目表的通知(鲁建标字〔2020〕24 号).

[15] 山东省住房和城乡建设厅标准定额站http://zjt.shandong.gov.cn/.